UTB

Eine Arbeitsgemeinschaft der Verlage

Böhlau Verlag · Wien · Köln · Weimar
Verlag Barbara Budrich · Opladen · Toronto
facultas.wuv · Wien
Wilhelm Fink · München
A. Francke Verlag · Tübingen und Basel
Haupt Verlag · Bern
Verlag Julius Klinkhardt · Bad Heilbrunn
Mohr Siebeck · Tübingen
Nomos Verlagsgesellschaft · Baden-Baden
Ernst Reinhardt Verlag · München · Basel
Ferdinand Schöningh · Paderborn · München · Wien · Zürich
Eugen Ulmer Verlag · Stuttgart
UVK Verlagsgesellschaft · Konstanz, mit UVK / Lucius · München
Vandenhoeck & Ruprecht · Göttingen · Bristol
vdf Hochschulverlag AG an der ETH Zürich

für

Sabine und Aaron

Ingo Balderjahn

Nachhaltiges Management und Konsumentenverhalten

UVK Verlagsgesellschaft mbH · Konstanz
mit UVK/Lucius · München

Prof. Dr. Ingo Balderjahn lehrt Betriebswirtschaftslehre – insbesondere Marketing – an der Universität Potsdam.

Online-Angebote oder elektronische Ausgaben sind erhältlich unter www.utb-shop.de.

Bibliografische Information der Deutschen Bibliothek
Die Deutsche Bibliothek verzeichnet diese Publikation in der Deutschen Nationalbibliografie; detaillierte bibliografische Daten sind im Internet über <http://dnb.ddb.de> abrufbar.

Covermotiv: © Ion Pop, fotolia.de
Einbandgestaltung: Atelier Reichert, Stuttgart
Druck und Bindung: fgb · freiburger graphische betriebe, Freiburg

UVK Verlagsgesellschaft mbH
Schützenstr. 24 · 78462 Konstanz
Tel. 07531-9053-0 · Fax 07531-9053-98
www.uvk.de

UTB-Nr. 3902
ISBN 978-3-8252-3902-2

Vorwort

Vor über 25 Jahren, 1986, veröffentlichte ich meine Dissertationsschrift zum Thema *„Umweltbewußtes Konsumentenverhalten"*. Eine Thematik, die bis zu diesem Zeitpunkt nicht einmal international im Fokus der Wissenschaft stand. Das hat sich aber schnell und umfassend in den Folgejahren geändert. Heute liegen Fachaufsätze, Studien, Sammelbände und Monographien, die im weitesten Sinne Themen des betrieblichen Umweltschutzes, des Umweltmanagements, des Öko-Marketing und des umweltfreundlichen Konsumentenverhaltens behandeln, in einer kaum noch zu überschauenden und nicht mehr beherrschbaren Anzahl vor. Spätestens seit der *Erklärung von Rio de Janeiro 1992* wurde der Umweltschutzgedanke in das umfassendere Konzept einer nachhaltigen Entwicklung (*„Sustainable Development"*) integriert. Dieses Leitbild fand nicht nur Eingang in die gesellschaftspolitische Diskussion, sondern auch zunehmend in die wissenschaftliche Forschung. Neben der Umweltverträglichkeit werden seit dem verstärkt auch Fragen nach einer umfassenden Verantwortung von Unternehmen, die auch die Sozialverträglichkeit wirtschaftlichen Handelns umfasst, diskutiert und mit dem Leitbild einer *Corporate Social Responsibility* (CSR) abgebildet. Nach dem *Grünbuch der Europäischen Kommission* zur sozialen Verantwortung beinhaltet Corporate Social Responsibility (CSR) *„einen Prozess, nach dem die Unternehmen auf freiwilliger Basis soziale Belange und Umweltbelange in ihre Unternehmenstätigkeit und in ihre Wechselbeziehungen mit den Stakeholdern integrieren"*. Auf der dritten Nachfolgekonferenz 2012 in Rio de Janeiro (*„Rio+20"*) wurde das Konzept einer *„Green Economy"*, einer Wirtschaftsform, die der Armutsbekämpfung dient, gesellschaftliche Wohlfahrt und Wachstum schafft sowie die soziale Gerechtigkeit bei gleichzeitigem Schutz der natürlichen Lebensgrundlagen vorantreibt, auf die Agenda gesetzt. Mit der *„Green Economy"* ist nun klar der Fokus einer nachhaltigen Entwicklung auf die Wirtschaft und deren Akteure gerichtet. Von Unternehmen wird erwartet, dass sie sowohl den gesellschaftlichen Wohlstand fördern als auch sozial- und umweltgerecht handeln.

Aber auch die Konsumenten tragen Mitverantwortung (*Consumer Social Responsibility*) für die ökologischen und sozialen Probleme und Fehlentwicklungen in Wirtschaft und Gesellschaft. Ihre Konsum- und Lebensstile wirken sich mittel- und unmittelbar auf die Umwelt, das Klima, den Ressourcenabbau und die sozialen Bedingungen globaler Produktions- und Handelsstrukturen aus. Das vorliegende Buch betrachtet deshalb sowohl die Beiträge, die Unternehmen durch nachhaltiges Management und soziale Verantwortungsübernahme für eine sozial gerechte und ökologisch verträgliche Zukunftsentwicklung leisten können, als auch die Möglichkeiten der Konsumenten, durch verantwortungsbewusste Kaufentscheidungen Ressourcen zu schonen, Treibhausgasemissionen zu begrenzen und die Einhaltung sozialer Arbeitsstandards innerhalb globaler Wertschöpfungsketten zu fordern und zu sichern. Mein besonderer Dank gilt meiner Sekretärin, Frau Ines Belitz, für die immer zuverlässige und gewissenhafte Unterstützung bei der Abfassung des Buchmanuskriptes.

Berlin und Potsdam im Dezember 2012
Ingo Balderjahn

Eingrenzungen

Inhalt

Abkürzungen

BMAS	Bundesministerium für Arbeit und Soziales
BMU	Bundesministerium für Umwelt, Naturschutz und Reaktorsicherheit
BSCI	Business Social Compliance Initiative
BSR	Business for Social Responsibility
CEO	Chief Executive Officer (geschäftsführendes Vorstandsmitglied)
ConSR	Consumer Social Responsibility
CSD	Commission on Sustainable Development
CSR	Corporate Social Responsibility
DCGK	Deutscher Corporate Governance Kodex
DPSIR	Driving forces, Pressures, States, Impacts and Responses
EEA	European Environment Agency (Europäische Umweltagentur)
EGV	Vertrag zur Gründung der Europäischen Gemeinschaft
EMAS	Environmental Management and Audit Scheme
EU	Europäische Union
EUA	Europäischen Umweltagentur
FLO	Fairtrade Labelling Organizations International
FTA	Foreign Trade Association
GRI	Global Reporting Initiative
IAA	Internationales Arbeitsamt
IAO	Internationale Arbeitsorganisation
ILO	International Labour Organization
ISO	International Organisation for Standardization
LCA	Life Cycle Assessment
MDG	Millennium Development Goals

NGO	Nichtregierungsorganisation (Non-Governmental Organization)
OECD	Organisation for Economic Co-operation and Development (Organisation für wirtschaftliche Zusammenarbeit und Entwicklung
SAAS	Social Accountability Accreditation Services
SAI	Social Accountability International
UBA	Umweltbundesamt
UNCED	United Nations Conference on Environment and Development
UNCSD	United Nations Conference on Sustainable Development
UNEP	United Nations Environment Programme (Umweltprogramm der Vereinten Nationen)
WBCSD	World Business Council for Sustainable Development
WCED	World Commission on Environment and Development
WSSD	World Summit on Sustainable Development

1 Grundlagen

1.1 Das Nachhaltigkeitskonzept

☐ Lernziele

Nach Lektüre dieses Kapitels sollten Sie …

- den Begriff der *Nachhaltigen Entwicklung* erläutern können.
- die Entstehungsgeschichte des Begriffs „Sustainable Development“ kennen.
- die für die Umsetzung der nachhaltigen Entwicklung tragenden drei Leitprinzipien begründen können.
- die Inhalte der sozialen, ökologischen und ökonomischen Dimension der nachhaltigen Entwicklung beschreiben können.

1.1.1 Begriff der Nachhaltigen Entwicklung

Der Begriff Nachhaltigkeit findet seinen Ursprung vor ca. 300 Jahren in der Forstwirtschaft und erfasste dort die Forderung, nur so viel Holz zu schlagen, wie durch planmäßige Aufforstung auch wieder nachwachsen kann. Ohne den Begriff Nachhaltigkeit zu nennen, kann das 1972 erschienene Buch „Grenzen des Wachstums: Bericht des *Club of Rome* zur Lage der Menschheit“ von *Dennis L. Meadows*, *Donella H. Meadows* und *Erich Zahn* als Beginn der neuzeitlichen Nachhaltigkeitsdebatte aufgefasst werden. Dieser Bericht verdeutlichte eindringlich, dass ein weltweit gemeinsames und abgestimmtes Handeln notwendig ist, um den Ressourcenverbrauch, die Umweltverschmutzung und die globale Klimaerwärmung infolge des zu erwartenden Wirtschafts- und Bevölkerungswachstums soweit zu reduzieren, dass für die Menschheit ein Überleben auf diesem Planeten langfristig (und nachhaltig) möglich ist.

Das Leitbild der Nachhaltigen Entwicklung (*Sustainable Development*) stellt nicht nur die Länder und Regierungen dieser Welt, sondern auch Unternehmen und Konsumenten vor große Herausforderungen.

☐ Merksatz

Sustainable Development ist ein gesellschaftspolitisches Leitbild für eine zukunftsfähige Entwicklung der Menschheit und für das nachhaltige Wirtschaften, wonach sich einerseits die Lebenschancen zukünftiger Generationen nicht gegenüber den Möglichkeiten der derzeitigen Generation verschlechtern dürfen (*inter-generative Gerechtigkeit*) und wonach sich andererseits ein Wohlstandsausgleich zwischen armen und reichen Ländern einstellen soll (*intra-generative Gerechtigkeit*).

Der Begriff „*Sustainable Development*" wurde erstmals im 1987 veröffentlichten Bericht „*Our Common Future*" der *UN Weltkommission für Umwelt und Entwicklung* (WCED = World Commission on Environment and Development, auch nach deren Vorsitzenden als *Brundtland Kommission* bezeichnet) mit der folgenden Formulierung definiert: „*Sustainable development is development that meets the needs of the present without compromising the ability of future generations to meet their own needs.*" (WCED 1987, Chapter 2, No. 1). In diesem Bericht wird eine „*zukunftsfähige*", über Generationen hinweg aufrechtzuerhaltende umwelt- und gesellschaftsverträgliche Entwicklung entworfen, die gewährleisten soll, dass es künftigen Generationen nicht schlechter gehen wird als den Menschen, die jetzt auf der Welt leben (*Prinzip der Generationengerechtigkeit*). Zudem weist der Bericht auf die starken Einwirkungen (*Impacts*) von Produktions- und Konsumprozessen auf die Umwelt hin und stellt fest, dass: „*Poverty is a major cause and effect of global environmental problems.*" (WCED 1987, *From One Earth to One World*, No. 8). Darüber hinaus sind das Bevölkerungswachstum, technische Entwicklungen, Handels- und Vertriebssysteme sowie institutionelle, politische und soziale Rahmenbedingungen weitere Treiber, die eine nachhaltige Entwicklung erfordern.

Sustainable Development stand 1992 in *Rio de Janeiro* im Zentrum der Konferenz der Vereinten Nationen für Umwelt und Entwicklung (*United Nations Conference on Environment and Development*: UNCED). 178 Staaten auf dieser *Rio-Konferenz*, die auch als *Erdgipfel* bezeichnet wird, bekannten sich zur gemeinsamen Verantwortung für den Erhalt der Lebensgrundlagen der Menschheit auf dieser Welt. Die wichtigsten Ergebnisse dieser Konferenz sind die Deklaration (*Rio-Erklärung*), der Beschluss zur *Agenda 21* sowie die Einrichtung einer Kommission der Vereinten Nationen für nachhaltige Entwicklung (*Commission on Sustainable Development: CSD*). Die *Rio-Erklärung* umfasst 27 Grundsätze und zielt auf die Förderung der Zusammenarbeit der Staaten zur Erhaltung der Menschheit. Als Meilenstein auf dem Weg zur Nachhaltigkeit gilt die Agenda 21, ein weltweites Aktionsprogramm mit konkreten Handlungsaufträgen in sozialen (Armutsbekämpfung, Existenzsicherung), ökologischen (Schutz der natürlichen Lebensgrundlagen) und ökonomischen Feldern (Übernahme von Verantwortung durch Unternehmen). Die *Commission on Sustainable Development* (CSD) ist eingerichtet worden, um die Implementierung der Agenda 21 auf lokaler, nationaler, regionaler und internationaler Ebene zu verfolgen. Getragen wurden die Debatten auf der *Rio-Konferenz* von der Erkenntnis, dass sich die *Konsum- und Lebensstile* der westlichen Industrieländer weder auf die derzeitige noch auf die zukünftige Weltbevölkerung übertragen lassen (UBA 1997, S. 4). In der Agenda 21 (1992, S. 18) heißt es dazu: *„Während in bestimmten Teilen der Welt ein sehr hoher Verbrauch besteht, bleiben die Grundbedürfnisse eines großen Teils der Menschheit unbefriedigt"*. Veränderte, nachhaltige Konsumgewohnheiten müssen auf die *„Deckung der Grundbedürfnisse der Armen, die Verringerung der Verschwendung und die Nutzung endlicher Ressourcen im Produktionsprozess"* gerichtet sein.

Im ersten Fünf-Jahres-Bericht (*Earth Summit*, „Rio+5" in New York) wurden im Juni 1997 die Fortschritte bei der Implementierung der Nachhaltigkeit dokumentiert und die Agenda 21 fortgeschrieben. Am 4. September 2002 („Rio+10") fand dann der „Weltgipfel" (*World Summit on Sustainable Development,* WSSD) in Johannesburg (Südafrika) zur Neubestätigung der Agenda 21 statt. Neben den Themen Ressourcenschutz und -effizienz, Umweltschutz, Armutsbekämpfung und Globalisierung ging es auch um die Bekräftigung der im Jahr 2000 verabschiedeten acht Millenniumsziele (*Millennium Development Goals*: MDG; z.B. Halbierung des Anteils der Weltbevölkerung, der unter extremer Armut und Hunger leidet; Verbesserung des Umweltschutzes), die bis 2015 erreicht werden sollen. Vom 20. bis zum 22. Juni 2012 fand die dritte Nachfolgekonferenz „Rio+20“ wieder in *Rio de Janeiro* (Brasilien) unter dem Motto *„The Future We Want“* statt (UNCSD 2012). Zentrale Themen dieser Konferenz waren die *„Green Economy“*, die Armutsbekämpfung sowie die Schaffung dafür notwendiger institutioneller Rahmenbedingungen. Das *Umweltprogramm der Vereinten Nationen* (UNEP) hat im Vorfeld der Rio+20 Konferenz das Konzept einer *„Green Economy“* zur nachhaltigen Wirtschaft und zur Armutsbekämpfung auf die Agenda gesetzt. Die *„Green Economy“* wird von der UNEP definiert als eine Wirtschaftsform, die *"improved human well-being and social equity, while significantly reducing environmental risks and ecological scarcities. In its simplest expression, a green economy is low-carbon, resource efficient and socially inclusive"* (UNEP 2011, S. 16). Dieses „neue“ Nachhaltigkeitsleitbild der *Green Economy* entwirft eine zukünftige Wirtschaftsform, die die gesellschaftliche Wohlfahrt und die soziale Gerechtigkeit bei gleichzeitigem Schutz der natürlichen Lebensgrundlagen vorantreibt. Der Grund für viele Krisen, Umweltverschmutzung und Armut wird von der UNEP in einer gravierenden globalen Fehlallokation von Kapital gesehen. Es wird argumentiert, dass relativ wenig Geld in erneuerbare Energien, Energieeffizienz, nachhaltige Landwirtschaft, Schutz von Ökosystemen sowie in Land- und Wasserschutz investiert wird (UNEP 2011, S. 14). Weiterhin können Unternehmen immer noch ihre Geschäfte machen, ohne für die damit verbundenen sozialen und ökologischen Externalitäten zur Verantwortung gezogen zu werden.

☐ Merksatz

Die *Green Economy* soll einen starken Antrieb für Wachstum und Arbeitsplätze geben und eine dauerhafte Beseitigung der weltweiten Armut bewirken.

Positiv an dieser UNEP-Initiative ist, dass die Wirtschaft in den Fokus der nachhaltigen Entwicklung gerückt wird. Allerdings engt das *„Green"* zu sehr auf die ökologische Seite der Nachhaltigkeit ein. Besser wäre die Bezeichnung *„Green and Fair Economy"*, um auch soziale Aspekte wirtschaftlicher Tätigkeit wie Armutsbekämpfung und soziale Gerechtigkeit mit zu erfassen (vgl. Germanwatch 2012, S. 6). Im Paragraf 69 des Abschlussdokuments der Rio+20 Konferenz werden Unternehmen direkt aufgefordert, nachhaltig zu wirtschaften und einen Beitrag zur *Green Economy* zu leisten: "*We also invite business and industry ... to contribute to sustainable development and to develop sustainability strategies that integrate, inter alia, green economy policies*" (www.earthsummit2012.org).

In Deutschland wurde 2001 der *Rat für nachhaltige Entwicklung* von der Regierung mit der Aufgabe einberufen, eine nationale *Nachhaltigkeitsstrategie* zu entwickeln. Unter dem Titel *„Perspektiven für Deutschland"* wurde die Nachhaltigkeitsstrategie 2002 erstmals publiziert und in Fortschrittsberichten 2004 und 2008 (*„Für ein nachhaltiges Deutschland"*) aktualisiert. Der Fortschrittsbericht 2012 befindet sich als Konsultationspapier im Dialogprozess (www.bundesregierung.de).

Die Grundlage der deutschen Nachhaltigkeitsstrategie bildet ein Katalog von 21 Nachhaltigkeitsindikatoren (z.B. Reduzierung von Treibhausgasen, Anteil erneuerbarer Energien, Erwerbstätigenquote), über die das *Statistische Bundesamt* im Zweijahresrhythmus einen Bericht abgibt (www.bundesregierung.de). Auch die europäische Union (EU) hat 2001 erstmals und 2006 in überarbeiteter Form eine Nachhaltigkeitsstrategie beschlossen (BMU 2011a), die sieben zentrale Herausforderungen benennt. Dazu gehören die Bereiche „Nachhaltiger Konsum und nachhaltige Produktion" (z.B. Dialogprozess zwischen Regierungen und der Wirtschaft) und „Globale Herausforderungen in Bezug auf Armut und nachhaltige Entwicklung" (z.B. Verbesserung von Umwelt- und Sozialstandards).

Nach allgemeiner Auffassung erstreckt sich das Nachhaltigkeitsgebot auf die Bereiche Umwelt- und Ressourcenschutz (ökologische Dimension), Schaffung eines angemessenen Lebensstandards und Existenzsicherung (ökonomische Dimension) sowie Schutz von

Menschen vor Armut, Ausbeutung und Unterdrückung (soziale Dimension). Dieses Leitbild kann den Entscheidungen und Handlungen einzelner politischer, gesellschaftlicher und wirtschaftlicher Akteure die Richtung geben, auf der Grundlage ökonomischer Fortschritte (*Profit*) Verantwortung für Umwelt (*Planet*) und Gesellschaft (*People*) zu übernehmen (Sheth et al. 2011, S. 24). Dabei können ökonomische, ökologische und soziale Bereiche einer nachhaltigen Entwicklung nicht isoliert voneinander betrachtet werden, sondern nur vernetzt. Zudem stellen sich Ökonomie, Ökologie und Gesellschaft in unterschiedlichen Situationen in unterschiedlichen Gewichtungen dar. In Unternehmen bedeutet nachhaltiges Wirtschaften insbesondere die Verfolgung ökologischer und sozialer Ziele sowie deren Integration im betrieblichen Zielsystem (*Corporate Sustainability*), während sich Nachhaltigkeit beim Konsumenten in der Tendenz ausdrückt, so zu konsumieren, dass die Lebens- und Konsummöglichkeiten anderer Menschen und zukünftiger Generationen möglichst nicht gefährdet werden (*Consumer Sustainability;* Belz/Peattie 2009; Belz et al. 2007; Schrader/Hansen 2001).

Merksatz

Nachhaltigkeit heißt, einfach ausgedrückt, unter wirtschaftlichen Bedingungen sozial gerecht und umweltverträglich zu produzieren, Handel zu treiben und zu konsumieren.

1.1.2 Leitprinzipien der Nachhaltigkeit

Das gesellschaftliche Leitbild der „*Nachhaltigen Entwicklung*“ kann direkt auf den Wirtschaftssektor und dort auf die beiden Hauptakteure, Unternehmen und Konsumenten, übertragen werden. Zur Umsetzung der Nachhaltigkeit in der Wirtschaft sind vier *Leitprinzipien* tragend (vgl. auch Souren/Wagner 2010):

[1] Das *Verantwortungsprinzip* stellt das ethisch-moralische Element nachhaltigen Wirtschaftens bei Unternehmen und Konsumenten dar. Die *Moral* stellt dem Individuum über Generationen weitergegebene soziale Regeln (oft implizit) zur Verfügung, die ihm als Orientierungshilfe bei Entscheidungen dienen und als

Maßstäbe dafür herangezogen werden können, ob Handlungen sozial erwünscht oder unerwünscht sind (Scherer/Picot 2008, S. 4). Die *Ethik* dagegen ist eine Wissenschaft, die Werte, Normen und Verhaltensweisen überprüft und beurteilt und insofern, herrschende Moralvorstellungen kritisch reflektiert. Eine solche Norm ist die sog. *„Goldene Regel“* der praktischen Ethik: *Verhalte dich anderen gegenüber so, wie du möchtest, dass sie sich dir gegenüber verhalten!* Die *Unternehmensethik* konzentriert sich dementsprechend auf unternehmerische Normen, Werte, Verhaltensweisen und deren Konsequenzen auf Mensch und Umwelt (z.B. Unternehmensverfassung, Organisation). Im Fokus stehen solche Normen und Werte, an denen sich im Unternehmen tätige Menschen orientieren (z.B. Führungsstile; vgl. Scherer/Picot 2008, S. 5). Während die deskriptive Unternehmensethik die Existenz und Wirkung von Normen analysiert und beschreibt, werden in der normativen Ethik Normen begründet und empfohlen. Die *„Generationengerechtigkeit“* des Nachhaltigkeitsgebots erfordert, dass jeder Einzelne, jeder Konsument und jede gesellschaftliche Gruppe, jede Organisation und damit auch jedes Unternehmen für die Folgen eigenen Handelns selbst geradestehen muss (Übernahme von Eigenverantwortung). Alle Menschen weltweit tragen nach diesem Leitprinzip die Verantwortung für den Erhalt und die Sicherung der sozialen und natürlichen Lebensgrundlagen der Menschen.

[2] Das *Kreislaufprinzip* ist ein Schlüsselprinzip ökologischen Wirtschaftens. Es zielt auf die Schaffung und Aufrechterhaltung geschlossener Stoffströme in allen Wertschöpfungsphasen. Das Kreislaufprinzip leitet sich aus der Ökosystemforschung ab, wonach eine dauerhafte Bewirtschaftung mit Rohstoffen nur dann möglich ist, wenn die Funktionen der natürlichen Umwelt für den Menschen (Versorgung mit Ressourcen und Aufnahme von Emissionen) dauerhaft nicht gefährdet werden und die Interdependenzen (Austauschbeziehungen) zwischen dem ökologischen und dem ökonomischen System, das die Umwelt für Produktion und Konsum in Anspruch nimmt, be-

kannt sind und von den Akteuren im Sinne der Nachhaltigkeit gestaltet werden.

Die Kreislaufwirtschaft (*Circular Economy*) ist darauf gerichtet, industrielle Stoffkreisläufe zu schließen (vgl. auch Dyckhoff/Souren 2008, S. 53ff.). Durch einen fortwährenden Wiedereinsatz von Rohstoffen, die aus Produktions- und Konsumabfällen (z.B. Altprodukte) zurückgewonnen und einer erneuten Verwendung zugeführt werden, wird einer Verminderung natürlicher Ressourcenbestände entgegengewirkt. Im Gegensatz zur Kreislaufwirtschaft steht die sog. *„Durchflusswirtschaft"*, die von der Unerschöpflichkeit der Rohstoffe und einer unbegrenzten Selbstreinigungskraft der Natur ausgeht. Während in der Durchflusswirtschaft verbrauchte Produkte als Abfälle auf der Deponie landen, werden diese bei der Kreislaufwirtschaft durch Phasen des Recycling und der Redistribution dem produzierenden Gewerbe in Form sog. *Sekundärrohstoffe* zur erneuten Verwendung wieder zugeführt. Das *Recycling* ist somit das Bindeglied zum Schließen von Stoffkreisläufen. An dieser Stelle ist auch der Konsument gefragt, der viel dazu beitragen kann, Abfallaufkommen zu reduzieren (z.B. Kauf von Getränken in Mehrwegverpackungen) und durch sachgerechtes Recycling dem Produktionssystem wieder wertvolle Rohstoffe zur Verfügung zu stellen.

Der Gesetzgeber hat mit dem 1996 in Kraft getretenen Kreislaufwirtschafts- und Abfallgesetz (KrW-/AbfG) den Versuch unternommen, den Einstieg in die Kreislaufwirtschaft festzuschreiben und zu fördern. Am 1. Juni 2012 trat das neue, novellierte Kreislaufwirtschaftsgesetz - KrWG - (*Gesetz zur Förderung der Kreislaufwirtschaft und Sicherung der umweltverträglichen Bewirtschaftung von Abfällen*) in Kraft, das die EU-Abfallrahmenrichtlinie (Richtlinie 2008/98/EG, AbfRRL) in deutsches Recht umsetzt. Das neue *Kreislaufwirtschaftsgesetz* legt eine fünfstufige Abfallhierarchie (§ 6 KrWG) mit der nach Vorrang geordneten Stufenfolge Abfallvermeidung, Wiederverwendung, Recycling, Verwertung von Abfällen (u.a. energetische Verwertung) und schließlich Abfallbeseitigung fest. Darüber hinaus sind nicht nur die ökologischen Auswirkungen der Bewirtschaftung von Abfällen, sondern auch technische, wirtschaftliche und soziale Folgen zu berücksichtigen (BMU 2012a). Das Gesetz geht vom Grundprinzip einer umfassenden *Produktverantwortung* von Herstellern (*Product Stewardship*) aus (Teil 3 KrWG). Hersteller haben die Möglichkeit, über einen produktionsintegrierten Umweltschutz, die Herstellung recyclingfreundlicher Produkte sowie durch Abfallmanagement und den Aufbau von betrieblichen Redistributionssystemen Stoffkreisläufe zu schließen.

[3] Das *Kooperationsprinzip* erfordert zum einen auf der politischen Ebene eine weltweite Zusammenarbeit aller Länder zur Förderung einer nachhaltigen Entwicklung und zum anderen auf wirtschaftlicher Ebene eine Zusammenarbeit aller an Wertschöpfungs- und Stoffkreisläufen beteiligten, betroffenen oder interessierten Akteure (z.B. Unternehmen, Konsumenten, Anspruchsgruppen). Die soziale Gemeinschaft sowie die natürliche Umwelt sind sog. „Öffentliche Güter" (*Common Goods*) die nur in Kooperation aller, die diese Güter nutzen, auf Dauer erhalten bleiben können. Kooperationen sind (vertraglich geregelte) Vereinbarungen zwischen rechtlich und wirtschaftlich selbständig bleibenden Individuen, Organisationen und sonstigen Akteuren (Balderjahn/Specht 2011, S. 156). Bei *Nachhaltigkeitskooperationen* handelt es sich um eine Form „freiwilliger" Zusammenarbeit eigenständiger Organisationen in sozialen und ökologischen Feldern. Sie dienen hauptsächlich der Festlegung, Durchsetzung und Überwachung von sozialen und ökologischen Mindeststandards über alle Phasen der Wertschöpfungskette bzw. eines Produktlebenszyklus hinweg, also von der Rohstoffgewinnung bis zur Entsorgung und zum Wiedereinsatz (*„von-der-Wiege-bis-zur-Bahre"-Prinzip).* Nachhaltigkeitsorientierte Kooperationen können folgende Ausrichtungen haben (Schneidewind et al. 1997, S. 42; Müller-Christ 2001, S. 92ff.):

- vertikal entlang der Wertschöpfungskette (z.B. Kontrolle sozialer und ökologischer Standards entlang der Wertschöpfungsketten),

- horizontal innerhalb einer Branche (z.B. Durchsetzen gemeinsamer Umwelt- und Sozialstandards wie z.B. das *Responsible Care Programm* der Chemischen Industrie),
- Kooperation mit dem Staat (z.B. in Form von Selbstverpflichtungsabkommen, Entwicklung umweltrelevanter technischer Normen; vgl. auch Lohmann 2000),
- Kooperation mit Nichtregierungsorganisationen (NGOs) (z.B. Kooperation mit Umweltschutzorganisationen zur Erhöhung von Glaubwürdigkeit und Reputation).

☐ Praxis

Das *Mobility Forum* des *United Nations Environment Programme (UNEP)*, dem alle führenden Automobilhersteller und einige andere Gruppen (Stakeholder) angehören, formulierte in seinem Report vom 19. August 2002 (UNEP 2002, S. 10):

„These complex tasks illustrate that the challenge of sustainable development requires new forms for partnerships and co-operation. (…) From the standpoint of the automotive industry, one of the most promising solutions consists of intensive cooperation with governments, institutions and private companies in form of public-private or private-private partnerships".

[4] Das *Anspruchsgruppenprinzip* erfordert, so wie es im *Grünbuch der Europäischen Kommission zur sozialen Verantwortung* (Europäische Kommission 2001, S. 5) formuliert ist, dass Unternehmen in Wechselbeziehung mit ihren Anspruchsgruppen (*Stakeholdern*) *„auf freiwilliger Basis soziale Belange und Umweltbelage in ihre Unternehmenstätigkeit integrieren"*. Anspruchsgruppen eines Unternehmens zeichnen sich dadurch aus, dass sie direkt oder indirekt von den Entscheidungen bzw. Aktivitäten des Unternehmens betroffen sind (z.B. Arbeitnehmer). Unternehmen müssen nach diesem Prinzip über die gesamte Wertschöpfungskette hinweg die Verantwortung gegenüber Anspruchsgruppen anerkennen und deren Erwartungen und Forderungen bei allen

betrieblichen Entscheidungen und Aktivitäten mit berücksichtigen. Unverantwortliches Verhalten von Unternehmen können Anspruchsgruppen durch Entzug ihrer Unterstützung sanktionieren (Verlust der „*license to operate*").

1.1.3 Dimensionen der Nachhaltigkeit

Die ökologische Dimension der Nachhaltigkeit

Als Basis nachhaltigen Wirtschaftens werden heute nahezu übereinstimmend die Bereiche Wirtschaftlichkeit, Umwelt- und Ressourcenschutz und soziale Verantwortung angesehen (Drei-Säulen-Modell, *Triple Bottom Line: People, Planet, Profit*). Aus diesen drei Bereichen leiten sich ökonomische, ökologische und soziale Ziele der Nachhaltigkeit ab. Die im Fortschrittsbericht 2012 der Bundesregierung formulierten vier Handlungsfelder *„Generationengerechtigkeit"*, *„Lebensqualität"*, *„Sozialer Zusammenhalt"* und *„Internationale Verantwortung"* sind mit den drei Dimensionen bzw. Zielbereichen der Nachhaltigkeit eng verschränkt (Die Bundesregierung 2012, S. 25).

Die natürliche Umwelt übernimmt folgende Funktionen:

- *Versorgungsfunktion*: Bereitstellung aller natürlichen Ressourcen wie Wasser, Boden, Rohstoffe, Luft und Energie zur notwendigen Befriedigung elementarer Bedürfnisse der Menschen.
- *Trägerfunktion*: Aufnahme von Schad- und Abfallstoffen aus den Wirtschaftskreisläufen (Emissionen).
- *Regelungsfunktionen*: Dauerhafte Erhaltung des ökologischen Gleichgewichts.

Ein Maß, das die Versorgungs- und die Trägerkapazität der Umwelt erfasst, ist der ökologische Fußabdruck (*Ecological Footprint*). Er ist ein Ausdruck dafür, wie viel biologische Kapazität der Erde von den Menschen in Anspruch genommen wird und wie viel davon dauerhaft von der Erde zur Verfügung gestellt werden kann (vgl. *Global Footprint Network* 2006).

☐ Merksatz

Der *ökologische Fußabdruck* gibt an, wie viel produktives Land benötigt wird, um die Ressourcen (Nahrung, Rohstoffe, Energie) zu beschaffen, die jeder Bewohner eines Landes verbraucht, und um den Abfall zu beseitigen, den jeder erzeugt.

Die menschliche Nachfrage nach natürlichen Ressourcen (ökologischer Fußabdruck) wird mit der (Bio-)Kapazität der Erde verglichen. Dieser Indikator misst die Land- und Wasserfläche (*„globale Hektar Fläche"*), die zur Bereitstellung und zur Erneuerung von Ressourcen unter Berücksichtigung gegenwärtiger Technologien benötigt wird, um den gegenwärtigen Konsum einer bestimmten Bevölkerung zu befriedigen. Heute benötigt die Weltbevölkerung zusammen schon eine Fläche von eineinhalb Erden, um den eigenen Verbrauch nachhaltig zu decken (sog. *Overshoot*). Der für Deutschland vom *Global Footprint Network* (2006) für das Jahr 2003 berechnete ökologische Fußabdruck beläuft sich auf 4,55 globale Hektar pro Kopf. Weltweit liegt dieser Wert bei 2,19 globalen Hektar (Abb. 1). Ein *globaler Hektar* umfasst die durchschnittliche Ressourcenproduktivität der genutzten Land- und Wasserflächen in einem Jahr. *„Würden alle Länder der Erde so viele natürliche Ressourcen für sich beanspruchen wie Deutschland, würde die Menschheit 2,5 Planeten benötigen, um ihre Bedürfnisse befriedigen zu können"* (Giljum et al. 2007, S. 20).

Im Abschlussbericht der Enquete-Kommission *„Schutz des Menschen und der Umwelt" des 13. Deutschen Bundestages* (Enquete-Kommission 1998, S. 21) wird als Ziel *„der Erhalt bzw. die Wiederherstellung der vielfältigen Funktionen der Natur zum Nutzen der Menschen"* formuliert. *„Anthropogene Eingriffe in die Umwelt sollen sich an der Leistungsfähigkeit der betroffenen Systeme orientieren"* (Enquete-Kommission 1998, S.20). Die Belastungsgrenzen der Ökosysteme dürfen nicht überschritten werden, um die Lebensgrundlagen der Menschen zu erhalten und zu schützen.

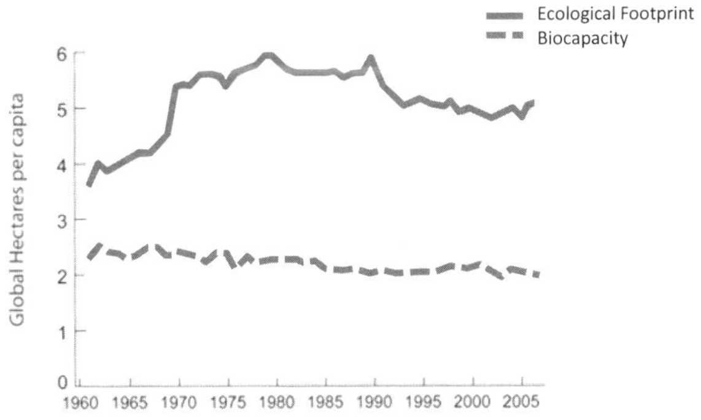

Abb. 1: Globale Hektar pro Kopf (*Ecological Footprint*) und Rohstoffversorgung (*Biocapacity*) in Deutschland seit 1961.

Quelle: Global Footprint Network

www.footprintnetwork.org/en/index.php/GFN/page/trends/germany/

Die ökologische Dimension umfasst für den Umweltschutz folgende zentrale Ziele:

- Ressourcenschonung,
- Reduktion der Luft-, Wasser- und Bodenbelastungen,
- Klimaschutz sowie die
- Erhaltung von Biodiversität und Artenvielfalt.

Das Ziel der „*Ressourcenschonung*" kann unter der Berücksichtigung der Regenerationsfunktion ökologischer Systeme nur dann erreicht werden, wenn die Abbaurate bei erneuerbaren Ressourcen ihre Regenerationsrate nicht übersteigt und das Ausmaß an Schad- und Abfallstoffen die Assimilationskapazität der Natur nicht überfordert. Der „*Klimaschutz*" erfordert insbesondere eine deutliche Verminderung der Freisetzung von Treibhausgasen (z.B. Kohlenstoffdioxid CO_2 und Methan CH_4). Die Bundesregierung hat versprochen, in Deutschland die Emission von Treibhausgasen bis 2020 um 40% unter das Niveau von 1990 zu vermindern. Schutz und Erhaltung der Lebewesen (z.B. Vogelarten) fordert das Ziel nach

„Artenvielfalt". Die Artenvielfalt ist ein Teilbereich der biologischen Vielfalt (*Biodiversität*). Neben der Artenvielfalt umfasst die Biodiversität auch die Vielfalt von Genen und Ökosystemen. Die allgemeinen Umweltschutzziele werden durch Indikatoren operationalisiert, d.h. messbar gemacht. Nur so ist es möglich, die Wirkung von durchgeführten Maßnahmen zu evaluieren und Veränderungen im Umweltschutz über einen längeren Zeitraum feststellen zu können (vgl. auch Umweltindikatoren des Umweltbundesamtes). So kann das Ziel der Ressourcenschonung u.a. durch die Indikatoren *„Energieproduktivität"* und *„Rohstoffproduktivität"* abgebildet werden.

Die zentralen Probleme des Umweltschutzes liegen im Erfordernis kooperativen Handelns und in z.T. erheblichen Informations- und Wissensdefiziten über ökologische Zusammenhänge und vertretbare Grenzen der Umwelteinwirkungen von Konsum- und Produktionsprozessen. Zur Darstellung von Ursache-Wirkungszusammenhängen innerhalb der natürlichen Umwelt verwendet die Europäische Umweltagentur (*European Environment Agency*: EEA) das sog. *DPSIR-Modell* (Abkürzung für *Driving forces, Pressures, States, Impacts and Responses; EEA 2011*). Die *Driving forces* (z.B. Produktions- und Konsumprozesse) verursachen die Umweltbelastungen (*Pressures*, z.B. CO_2-Emissionen) für bestimmte Umweltkompartiments (*States*, z.B. Erdatmosphäre), wodurch sich spezifische Umweltschäden ergeben (*Impacts*, z.B. Treibhauseffekt), auf die die Akteure reagieren (*Responses*, z.B. erhöhtes Umweltbewusstsein; vgl. Abb. 2).

Ursachen zunehmender Umweltverschmutzung sind u.a. das exponentielle Wachstum der Weltbevölkerung (von 4 Mrd. Menschen im Jahr 1975 auf knapp 7 Mrd. im Jahr 2011 und auf erwartete 9,6 Mrd. für das Jahr 2050), *Urbanisierung* (z.B. Entstehen von zahlreichen Megacities mit mehr als 10 Millionen Einwohnern), zunehmende Ressourcenknappheit durch Wirtschaftswachstum infolge der *Globalisierung* (z.B. deutliche Zunahme der globalen Nachfrage nach fossilen Energieträgern), spezifische Produktionsprozesse sowie vorherrschende Lebens- und Konsumstile in den wohlhabenden westlichen Nationen der Welt (vgl. auch Meffert/Kirchgeorg 1998, S. 10). Umweltschäden haben eine lokale (z.B. lokal begrenzte Schadstoffemissionen eines produzierenden Betriebes), regionale (z.B. Wassermangel) und globale Dimension (z.B. globale Klimaerwärmung). In erster Linie sind industrielle Produktions- und Konsumtionsprozesse für die aktuellen Umweltprobleme verantwortlich.

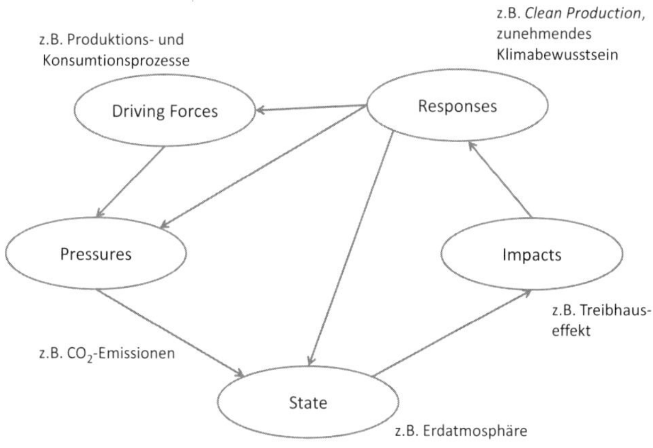

Abb. 2: Das DPSIR-Modell (*The DPSIR framework*)

Quelle: European Environment Agency (EEA 2011; mit eigenen Ergänzungen)

Die in diesen Prozessen stattfindenden Umwandlungsvorgänge zwischen Energie und Materie und die sich daraus ergebenden Konsequenzen für die Umwelt werden häufig mit dem *Entropiebegriff* beschrieben. Die *Entropie* ist ein Maß für die Umkehrbarkeit von Prozessen. Betrachtet werden Umwandlungsprozesse von Energie und Materie. Sind Prozesse irreversibel (nicht umkehrbar), so nimmt die Entropie in geschlossenen Systemen stetig zu, während sie für reversible (umkehrbare) Abläufe konstant bleibt. Damit ist die Entropie ein Maß für die Umkehrbarkeit von Prozessen (*Reversibilität*). Auf Produktions- und Konsumprozesse übertragen, besagt das *Entropiegesetz*, dass aus wertvollen Ressourcen (Zustand geringer Entropie) durch ständige Umwandlungsprozesse (z.B.

Downcycling) irreversibel nutzloser Abfall entsteht (Zustand hoher Entropie). Wertvolle Ressourcen werden bei Produktion und Konsum so lange umgewandelt und vermischt, bis sie als wertlose Abfälle deponiert werden müssen (Stephan 1995, S. 149). Nach dem Entropiegesetz verbrauchen alle wirtschaftlichen Aktivitäten unwiederbringlich freie Energie, so dass die gebundene Energie, und damit die Entropie, wohl zwangsläufig zunehmen wird (Dyckhoff 1995, S. 220).

Ökologisches Wirtschaften zielt auf eine Reduzierung von Rohstoffverbräuchen, Schadstoffemissionen und die Beherrschung von Risiken in Produktions- und Konsumprozessen bei zumindest gleich bleibender oder höherer Lebensqualität (Abb. 3).

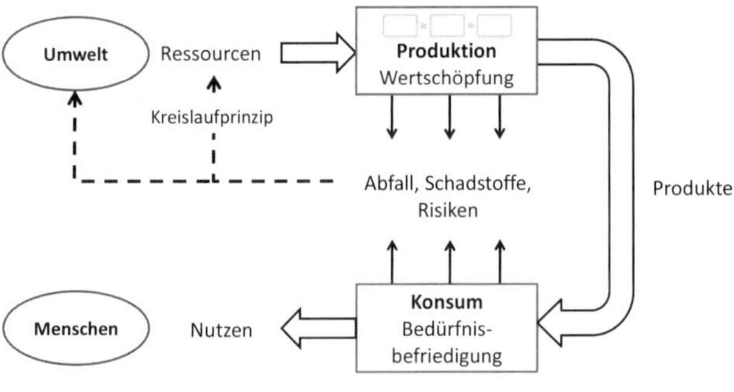

Abb. 3: Produktion und Konsum aus ökologischer Perspektive

Zielgröße ist die *ökologische Effizienz* (*Eco-efficiency*). Die ökologische Effizienz richtet sich auf die Umweltbelastung pro Produktions- bzw. Konsumtionseinheit (vgl. Müller-Christ 2001, S. 12) und kann als Quotient aus Umweltbelastung durch Leistungseinheit operationalisiert werden. Umfassender definieren DeSimone/Popoff (1997, S. 47) die *Eco-efficiency* über die Eigenschaft von Produkten, bei hoher Wettbewerbsfähigkeit und Nützlichkeit für den Konsumenten, während der Herstellung in der gesamten Wertschöpfungskette den Ressourcenverbrauch und Umweltemissionen so zu reduzieren, dass sich die Produkte im Einklang mit den dauerhaft zur Verfügung stehenden Kapazitäten der Erde befinden (vgl. auch Dyllick/Hockerts 2002). Konkrete Formen der ökologischen Effizienz sind die *Ressourcen- und Energieeffizienz*. Der *World Business Council for Sustainable Development* (WBCSD) definierte auf der Rio-Konferenz 1992 die ökologische Effizienz als die Bereitstellung von wettbewerbsfähigen Produkten und Dienstleistungen zur Befriedigung menschlicher Bedürfnisse und zur Schaffung bzw. Aufrechterhaltung einer angemessenen Lebensqualität bei progressiv sinkenden Umweltschäden und Ressourceneinsätzen während des gesamten Produktlebenszyklus (*Cradle to Grave*). Dadurch soll erreicht werden, dass die vorhandenen biologischen Kapazitäten der Erde dauerhaft ausreichen. Angaben darüber, um welchen Faktor der Ressourcenverbrauch reduziert bzw. die ökologische Effizienz erhöht werden muss, liegen zwischen 4 und 20 (Müller-Christ 2001, S. 535; Visser et al. 2007, S. 167f.). Eine erhöhte ökologische Effizienz lässt sich u.a. durch eine längere Haltbarkeit der Produkte, einen geringeren Materialeinsatz bzw. eine geringere Materialintensität, den Einsatz erneuerbarer Ressourcen, Recycling und eine Substitution von Materialeinsätzen durch Dienstleistungen erreichen.

Unternehmen können auf dieser Nachhaltigkcitsdimension u.a. folgende Beiträge leisten:

- Entwicklung und Einsatz umweltverträglicher Produktionstechnologien,
- Entwicklung und Produktion innovativer, umweltverträglicher Produkte (vgl. Dyckhoff 2000, S. 99ff.),
- Übernahme der Produktverantwortung für alle Wertschöpfungsphasen,
- Reduzierung von Risiken und Gefahrenpotenziale für die Umwelt,
- Verbesserung der Ressourcen- und Energieeffizienz,
- Verringerung der Treibhausgasemission und
- zunehmender Einsatz erneuerbarer Energien.

Konsumenten können ihre Konsumgewohnheiten den Belangen des Umweltschutzes anpassen und bevorzugt solche Produkte kaufen, die – relativ betrachtet – umweltverträglicher sind als andere.

Die soziale Dimension der Nachhaltigkeit

Die soziale Dimension der Nachhaltigkeit hat sich nach Auffassung der Enquete-Kommission *„Schutz des Menschen und der Umwelt"* an den grundlegenden Sozialnormen Gerechtigkeit, Sicherheit und Frieden zu orientieren (Enquete-Kommission 1998, S. 23). Es geht dabei um die Pflichten und Rechte von Individuen innerhalb des Gemeinschaftslebens hinsichtlich der Bereiche Grundbedarf, Gesundheit, Erwerbsfähigkeit und -möglichkeit, Bildungs- und Ausbildungschancen, Arbeitsbedingungen, Altersversorgung und Einkommens- und Vermögensverteilung (Enquete-Kommission, 1998, S. 23). In Unternehmen manifestiert sich die soziale Dimension nachhaltigen Wirtschaftens in der Bereitschaft zur Übernahme sozialer Verantwortung für das Gemeinwesen, für die Produkte und für die an der Wertschöpfung beteiligten abhängigen Beschäftigten des eigenen Unternehmens und für die der Lieferanten. Diese Verantwortungsübernahme kommt in der *Corporate Social Responsibility* (CSR) zum Ausdruck. CSR hat seit der Jahrhundertwende zunehmen die Begriffe Umweltschutz und Nachhaltigkeit in der Diskussion abgelöst und stellt sowohl als unternehmerisches Leitbild als auch als soziale Erwartung eine Verpflichtung zur umfassenden Übernahme von Verantwortung für Umwelt und Gesellschaft dar. "*CSR encompasses the economic, legal, ethical and philanthropic expectations that society has of organizations at a given point in time*" (Carroll 1991).

Die soziale Dimension nachhaltigen Wirtschaftens umfasst folgende zentrale Ziele:

- Bekämpfung von Armut, Unterdrückung und Ausbeutung,
- Schaffung von Transparenz und Partizipation,
- bessere Bildung und Ausbildung,
- Schutz und Förderung der menschlichen Gesundheit,
- keine Diskriminierung.

Für *Unternehmen* bietet sich eine große Palette von Möglichkeiten, sozial nachhaltig zu handeln. Dazu gehören:

- die Einhaltung einschlägiger Gesetze (z.B. zum Arbeitsschutz),
- die Durchsetzung internationaler Arbeitsstandards im eigenen Betrieb sowie bei den Zulieferern und Partnerunternehmen,
- gesundheitlicher Arbeitsschutz,
- Ächtung von Kinder- und Zwangsarbeit sowie physischer Disziplinierungsmaßnahmen,
- faire Entlohnung der Beschäftigten,
- Arbeitsplatzsicherheit,
- Produktsicherheit,
- Schaffung fairer Handelsbeziehungen,
- soziales Engagement in den Ländern, Regionen und Kommunen, in denen das Unternehmen tätig ist.

Soziale Aktivitäten lassen sich kaum nach einem Effizienzkriterium, so wie beim Umweltschutz, beurteilen, da standardisierbare Bezugsgrößen, wenn überhaupt, nur in Einzelfällen zur Verfügung stehen. An die Stelle der Effizienz tritt deshalb die *Soziale Effektivität*. Mit diesem Kriterium kann beurteilt werden, ob bestimmte Maßnahmen zur Erreichung vorgegebener sozialer Ziele geeignet sind.

Bei Konsumenten richtet sich die soziale Dimension auf einen sozialverträglichen Konsum. Entsprechend verstehen wir unter der *Consumer Social Responsibility* (ConSR) eine gesellschaftliche Erwartung an Konsumenten, verantwortungsbewusst zum Schutze von Umwelt und Gesellschaft zu konsumieren. Soziales Konsumbewusstsein (*Social Consciousness of Consumers*) kann als eine latente Disposition von Konsumenten definiert werden, soziale Aspekte bei Kaufentscheidungen bevorzugt zu berücksichtigen (z.B. bevorzugter Kauf von Fairtrade-Produkten).

Die ökonomische Dimension der Nachhaltigkeit

Die Erreichung ökologischer und sozialer Ziele ist immer im Kontext wirtschaftlicher Bedingungen zu sehen. Nur ein Unternehmen, das wettbewerbsfähig ist, hat das Potenzial zum sozial-ökologischen Engagement. Allerderdings kommt es hier auf eine Balance zwischen den

Zielen an: Die Wettbewerbsfähigkeit darf nicht zulasten sozialer und ökologischer Belange erzielt werden oder schlimmer noch, wenn Wettbewerbsfähigkeit erst durch eine gezielte Missachtung sozialer und ökologischer Notwendigkeiten erworben wird. Die ökonomische Dimension der Nachhaltigkeit beschränkt sich dennoch nicht nur auf die Sicherstellung der Wettbewerbsfähigkeit von Unternehmen, sondern erfasst den mit der Geschäftstätigkeit verbundenen ökonomischen Nutzen für die Gesellschaft. So formuliert die *Enquete-Kommission „Schutz des Menschen und der Umwelt" des 13. Deutschen Bundestages* (1998, S. 21) als ökonomische Zielsetzung der Nachhaltigkeit: *„Bedingungen zu schaffen und zu erhalten, die ein möglichst gutes Versorgungsniveau hervorbringen können"*. In der *„Erhaltung und nachhaltigen Sicherung der Wettbewerbs- und Marktfunktionen"* wird eine notwendige Voraussetzung für die Erreichung gesellschaftlicher Ziele gesehen (Enquete-Kommission 1998, S. 20). Die ökonomische Dimension nachhaltigen Wirtschaftens umfasst insbesondere das Ziel der Schaffung eines angemessenen Lebensstandards und damit verbunden die Beseitigung von Armut in einer Gesellschaft. Unternehmen können auf dieser Nachhaltigkeitsdimension signifikante Beiträge leisten. Dazu gehören:

- die Schaffung von Existenz sichernden Beschäftigungsmöglichkeiten bzw. Arbeitsplätzen,
- die Zahlung fairer Löhne,
- die korrekte Zahlung von Steuern,
- der Kampf gegen Korruption und Wirtschaftskriminalität (z.B. „Steuerflucht") im Unternehmen,
- die wirtschaftliche Unterstützung von Regionen mit Firmensitz (z.B. Übernahme von Infrastrukturkosten),
- die Beteiligung wirtschaftlich schwächerer Länder am eigenen Markterfolg.

Die *ökonomische Effizienz* ergibt sich aus dem Verhältnis des Ertrags einer wirtschaftlichen Handlung zu den dafür eingesetzten Mitteln (Balderjahn/Specht 2011, S. 14). Im Kontext der Nachhaltigkeit drückt sich die ökonomische Effizienz in der Fähigkeit einer Unternehmung aus, Gewinnpotenziale (Erträge) durch sozial-ökologisches Handeln (Mittel) auszuschöpfen und in Wettbewerbsvorteile umzusetzen. *Wertschöpfungspotenziale* durch nachhaltiges Handeln im Unternehmen können sich ergeben aus:

- den Möglichkeiten der Erschließung neuer Märkte für innovative, nachhaltige Produkte,
- Wettbewerbsvorteilen durch ökologische bzw. soziale Qualitäten der Produkte,
- Imagevorteilen durch Nachhaltigkeit im Vergleich zur Konkurrenz.

Praxis

PUMA hat mit Unterstützung von Beratungsgesellschaften eine ökologische Gewinn- und Verlustrechnung entwickelt und 2011 erstmals veröffentlicht. Darin werden die durch PUMAs Geschäftstätigkeit verursachten Umwelteffekte durch Wasserverbrauch, Treibhausgasemissionen, Landnutzung, Luftverschmutzung und Abfall für 2010 auf insgesamt 145 Millionen Euro beziffert (PUMA 2011, S. 8). 94% dieser Umweltkosten entfallen auf die Beschaffungskette, wobei der höchste Kostenanteil von 57% der Gesamtkosten auf die Produktion von Rohstoffen (u.a. Baumwolle, Leder) in der ersten Zulieferstufe (*Tier 4*) entfällt (PUMA 2011, S. 8). Von den Produkten sind es die Schuhe, die in der Herstellung die höchsten Umweltkosten verursachen (66%). Diese Methode wird als erster Schritt einer umfassenden nachhaltigen Gewinn- und Verlustrechnung verstanden. Im nächsten Schritt sollen die Kosten für die sozialen Auswirkungen (u.a. Ausgaben für Arbeitssicherheit und Gesundheitsschutz der Mitarbeiter) unter Beteiligung gesellschaftlicher Anspruchsgruppen ermittelt werden. Geplant ist, im letzten Entwicklungsschritt den von PUMA hervorgerufenen gesellschaftlichen Nutzen durch die *ökonomischen Effekte der Geschäftstätigkeit* zu schätzen. Während die ökologischen und sozialen Auswirkungen im Wesentlichen die Kostenseite der nachhaltigen Gewinn- und Verlustrechnung bilden, werden die ökonomischen Effekte (u.a. Schaffung von Arbeitsplätzen und Zahlung von Löhnen, Steuerzahlungen) auf der Gewinnseite verbucht. Wenn das gelingt, kann der nachhaltige, ökologische, soziale und ökonomische Nettoeffekt der Geschäftstätigkeit von PUMA berechnet werden. Auch wird zu erkennen sein, in welcher Balance sich ökologische und soziale Kosten einerseits und ökonomische Gewinne andererseits befinden.

Auch für Kaufentscheidungen von Konsumenten gilt das Gebot der Wirtschaftlichkeit (Preis-Leistungs-Verhältnis). Nur im Rahmen des verfügbaren Budgets können Ausgaben für umwelt- und sozial verträgliche Produkte getätigt werden. Solche Produkte haben aber oft einen höheren Preis als andere, so dass Konsumenten hier schnell vor einer Konsumrestriktion stehen können. Der Beitrag von Konsumenten liegt nun in der Bereitschaft, nachhaltige Produkte bevorzugt zu kaufen und gegebenenfalls einen Mehrpreis dafür zu akzeptieren.

☐ Kontrollfragen

[1] Wie wird der Begriff *„Sustainable Development"* definiert?

[2] Was wird unter einer *„Green Economy"* verstanden?

[3] Was wird unter dem *„Verantwortungsprinzip"* verstanden?

[4] Worauf richtet sich die Kreislaufwirtschaft?

[5] Warum erfordert eine nachhaltige Entwicklung kooperatives Handeln der Akteure?

[6] Was wird unter dem *„ökologischen Fußabdruck"* verstanden?

[7] Welches sind zentrale ökologische, soziale und ökonomische Nachhaltigkeitsziele?

[8] Welche Zusammenhänge stellt das DPSIR-Modell dar?

[9] Welche Möglichkeiten haben Unternehmen, sozial nachhaltig zu handeln?

1.2 Akteure nachhaltigen Wirtschaftens

Lernziele

Nach Lektüre dieses Kapitels sollten Sie …

- wissen, was Anspruchsgruppen (*Stakeholder*) sind.
- die zentrale Bedeutung von Anspruchsgruppen für das nachhaltige Wirtschaften erläutern können.
- wissen, was NGOs sind, welche Aufgaben sie wahrnehmen und wie sie ihre Forderungen durchsetzen können.
- die Möglichkeiten von Unternehmen im Umgang mit Anspruchsgruppen beschreiben können.

Corporate Social Responsibility (CSR) stellt nicht nur ein Leitprinzip unternehmerischer Entscheidungen dar, sondern erfasst auch die Erwartung der Gesellschaft als Ganzes beziehungsweise von einzelnen *Anspruchsgruppen* (*Stakeholder*), dass Unternehmen über gesetzliche Vorschriften hinaus, freiwillig sozial und ökologisch verantwortungsbewusst handeln.

Merksatz

Anspruchsgruppen eines Unternehmens sind Personen, Gruppen, Institutionen oder Organisationen, die Interesse an dem Unternehmen haben, direkt oder indirekt von den Entscheidungen bzw. Aktivitäten des Unternehmens betroffen sind und von deren Unterstützung der Geschäftserfolg der Unternehmung mehr oder weniger abhängig sein kann.

Freeman (1984, S. 25) definiert Anspruchsgruppen von Unternehmen als *„any group or individual who can affect or is affected by the achievement of the organization´s objective"*. Unternehmen sind Teil eines komplexen sozialen Systems (*Corporate Citizenship*), sie besitzen eine eigene Kultur (*Corporate Culture*) und eine Identität (*Corporate Identi-*

ty), sie wirken in soziale Beziehungen hinein (*Corporate Social Relationships*) und sind ebenso wie das Individuum den geltenden Gesetzen sowie den herrschenden Normen und Werten des jeweiligen Landes unterworfen (*Corporate Compliance*). Als soziale Institutionen sind Unternehmen fest eingebunden in ein System von interdependenten Beziehungen zu politischen, marktlichen und sozialen Akteuren und Stakeholdern. Neben den Gütermärkten (marktliche Umwelt) hat die soziale und ökologische Umwelt für Unternehmen in den letzten Jahrzehnten deutlich an Bedeutung zugenommen. So sehen sich Unternehmen als Mitverursacher von Umweltschäden einer ökologisch und sozial immer sensibler reagierenden Öffentlichkeit gegenüber. Zu dieser Entwicklung tragen auch zunehmend Medienberichte über Fälle von inhumanen Arbeitsbedingungen in Unternehmen, den sog. *Sweatshops*, bei.

Einflüsse aus dem politischen, marktlichen und gesellschaftlichen Umfeld von Unternehmen können durch das Wirken unterschiedlicher und autonom handelnder Anspruchsgruppen beschrieben werden. Insofern findet auch nachhaltiges Wirtschaften in den Sphären der Politik, des Marktes und der gesellschaftlichen Moral statt (Dyllick 1992b, S. 221ff.). Die Nachhaltigkeit ist ein gesellschaftspolitisches Leitbild, das von politisch legitimierten Organen, internationalen Organisationen und Initiativen sowie sonstigen sozialen und wirtschaftlichen Akteuren (z.B. Unternehmensverbände, Umweltschutzvereine) nur kollektiv erreicht und durch den Einsatz geeigneter Instrumente umgesetzt werden kann (z.B. Gesetze, Selbstverpflichtungen, Schaffung öffentlichen oder sozialen Drucks). Die *Politik* trifft legitimierte Entscheidungen für das Gemeinwesen. Insbesondere wenn die Märkte nicht ihre Aufgaben erfüllen (sog. *Marktversagen*), wird staatliche Wettbewerbs-, Umwelt- und Verbraucherpolitik erforderlich (Position des *Ordo-Liberalismus*). Der *Markt* bzw. der Marktmechanismus soll der optimalen Allokation knapper Ressourcen und der Befriedigung von Arbeits- und Konsumbedürfnissen der Menschen (humane Arbeitsbedingungen, gesunde Lebensmittel) sowie dem Erreichen wirtschaftlichen Wohlstandes (z.B. Gewinnen, Einkommen) dienen. Nachhaltigkeitsziele werden häufig im Unternehmen nur dann umgesetzt, wenn einerseits die Konsumenten dies wünschen und bereit sind, dafür ihren Beitrag zu leisten (*Pull-Prozesse*), und/oder andererseits, wenn politische Vorgaben, Gesetze oder gesellschaftlicher Druck nachhaltiges Verhalten erzwingen (*Push-Prozesse*; van Dam/Apeldoorn 1996, S. 48). Funktioniert der Markt nicht so, wie es die ökonomische Theorie formuliert (*Marktversagen*), und das ist die Regel, nicht die Ausnahme (*Theorieversagen*), können Unternehmen vor dem Problem stehen, dass internalisierte Kosten der Nachhaltigkeit (z.B. Investitionen in umweltverträglichere Produktionsprozesse) nicht auf den Preis angebotener Produkte übertragen werden können. Das ist der Fall, wenn es für den Konsumenten preiswertere Alternativen von solchen Anbietern gibt, die Umwelt- und Sozialkosten externalisieren (sog. *opportunistisches Verhalten*). Die *Moral* liefert den Akteuren eine Anzahl von Normen für gutes, richtiges, gerechtes und faires Verhalten. Diese moralischen Normen füllen häufig den organisationalen und individuellen Handlungsspielraum aus, der nicht durch Gesetze und Verträge verbindlich geregelt ist. Insbesondere sind es gesellschaftliche Anspruchsgruppen (*societal constituents*), die ihre Betroffenheit von wirtschaftlichen, ökologischen und sozialen Konsequenzen wirtschaftlichen Handelns persönlich oder gemeinsam mit anderen durch die Forderung nach einer *moralischen Legitimität* von Unternehmen zum Ausdruck bringen (Scholl 2001).

Es kann zwischen internen und externen Anspruchsgruppen unterschieden werden. Zu den unternehmensinternen Anspruchsgruppen gehören z.B. Aktionäre, Gesellschafter und Mitarbeiter. Unternehmensexterne Anspruchsgruppen können in marktbezogene (z.B. Nachfrager) und sozial-politische Anspruchsgruppen (z.B. der Staat, die Medien, NGOs) unterschieden werden (vgl. Abb. 4). Eine ergänzende Klassifikation unterscheidet zwischen primären und sekundären Anspruchsgruppen (Clarkson 1995, S. 106f.). *Primäre Anspruchsgruppen* haben eine ökonomische Beziehung zum Unternehmen und können so direkt Einfluss auf den finanziellen Geschäftserfolg der Unternehmen ausüben. Dazu gehören die Eigentümer (*Shareholder*), Gläubiger und Konsumenten. Bei den *sekundä-*

ren Anspruchsgruppen liegt eine soziale bzw. gesellschaftliche Beziehung zum Unternehmen vor.

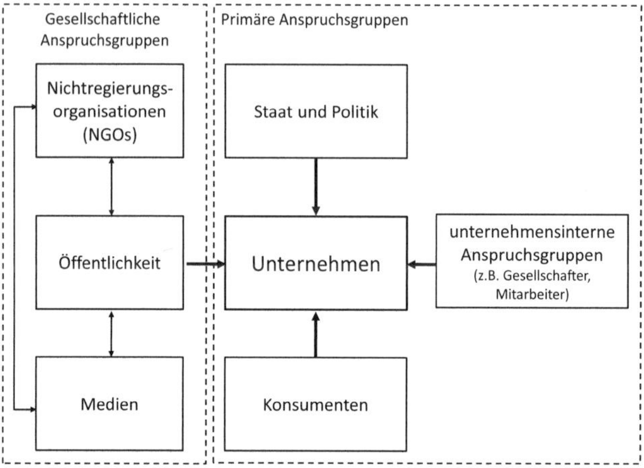

Abb. 4: Anspruchsgruppen von Unternehmen
Quelle: in grober Anlehnung an Kuhn 1993, S. 81.

Anspruchsgruppen formulieren Forderungen hinsichtlich des Verhaltens von Unternehmen und erwarten, dass diese beachtet und erfüllt werden. Bei Nichterfüllung müssen die Unternehmen mit Aktivitäten von Seiten der Anspruchsgruppen rechnen, die gravierende Konsequenzen zur Folge haben können (z.B. Betriebsstilllegungen, Boykottaufrufe). In den letzten Jahren haben insbesondere die sog. Nichtregierungsorganisationen (NGOs) an Bedeutung hinzugewonnen.

☐ Merksatz

Nichtregierungsorganisationen sind von staatlichen Institutionen und Einflüssen unabhängige Gruppierungen (z.B. Vereine) der *Zivilgesellschaft*, also des nicht politischen Teils der Gesellschaft, mit einer spezifischen Interessensausrichtung.

Hierzu gehören z.B. Greenpeace, der WWF, NABU, attac, Clean Clothes Campaign und Oxfam. Beispielsweise hat sich die *Clean Clothes Campaign* zum Ziel gesetzt *"to improving working conditions and supporting the empowerment of workers in the global garment and sportswear industries"* (www.cleanclothes.org). *Oxfam* setzt sich ein für *„eine gerechte Welt ohne Armut, in der die Grundrechte jedes Menschen gesichert sind"* (www.oxfam.de). NGOs übernehmen in der globalen Nachhaltigkeitsdiskussion und -auseinandersetzung folgende Aufgaben (vgl. BMU 2002, S. 42):

- Thematisierung nachhaltiger Fragestellungen (*agenda setting*),
- Beeinflussung des öffentlichen Meinungsbildungsprozesses (*opinion leading*),
- Einwirkung auf die Formulierung politischer Strategien (*policy formulation*),
- Forcierung der Implementierung eingegangener staatlicher Verpflichtungen (*policy implementation*),
- Liefern von relevanten Informationen zur Nachhaltigkeit (*provision of information*),
- Beobachtung und Bewertung globaler Wirtschaftsprozesse und deren Akteure (*business monitoring*),
- Beobachtung und Bewertung staatlicher Maßnahmen (*policy monitoring*).

Die Bedeutung einzelner Anspruchsgruppen ist für Unternehmen recht unterschiedlich. In einer Umfrage aus dem Jahr 2006 von *McKinsey* unter 391 CEOs weltweit zeigte sich, dass Mitarbeitern und Konsumenten die größte Bedeutung hinsichtlich sozialer Erwartungen beigemessen wird (Bielak et al 2007; vgl. Abb. 5).

Den NGOs hingegen wird in dieser Untersuchung keine sehr große Bedeutung zugebilligt. In einer von *Ernst & Young* 2011 durchgeführten Befragung von 500 mittelständischen Unternehmen in Deutschland zeigte sich, dass alle Unternehmen sich für ihre Mitarbeiter und Kunden besonders verantwortlich fühlen (Ernst & Young 2012). Aber auch für Mitbürger und für die Öffentlichkeit ganz allgemein fühlten sich die Mittelständler im hohen Maße verantwortlich. In der Wertschätzung relativ abgeschlagen liegen auch bei dieser Befragung die Medien und NGOs. Die Bedeutung von Anspruchsgruppen für Unternehmen leitet sich aus den ihnen zur Verfügung stehenden Sanktionsmitteln (Machtpotenzial) ab. Anspruchsgruppen und Unternehmen stehen in einem sehr dynamischen, wechselseitigen Verhältnis zueinander. Werden vom Unternehmen Ansprüche und Erwartungen nicht erfüllt, so stehen den Anspruchsgruppen zur Durchsetzung ihrer Forderungen folgende Maßnahmen zur Verfügung (Sanktionspotenzial und –mittel; Meffert/Kirchgeorg 1998, S. 94):

- Mobilisierung des öffentlichen Drucks über Medien (z.B. spektakuläre Aktionen mit hohem Aufmerksamkeitswert für die Öffentlichkeit),
- Mobilisierung politischen Drucks (z.B. Lobbyismus),
- Mobilisierung der Marktkräfte (z.B. Konsumboykotts) sowie
- direkte Zusammenarbeit mit Unternehmen (z.B. Kooperationen).

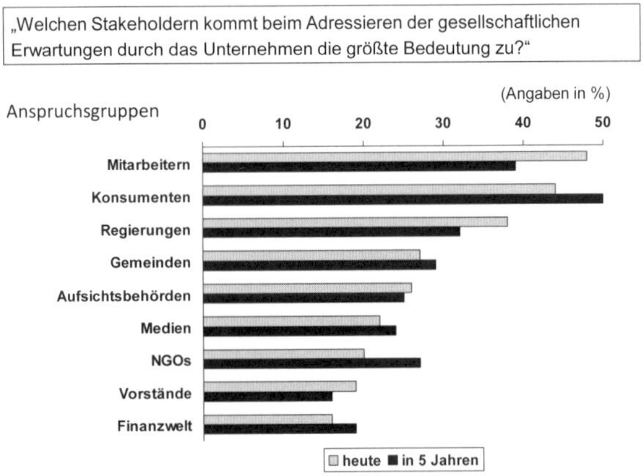

Abb. 5: Bedeutung von Anspruchsgruppen für Unternehmen: McKinsey-Umfrage 2006 unter 391 CEOs weltweit.

Quelle: Bielak et al. 2007, S. 2

Die *Betroffenheit* durch Anspruchsgruppen ist ein Ausdruck dafür, inwieweit ein Unternehmen durch Forderungen und Aktionen einzelner Anspruchsgruppen, nachhaltig zu wirtschaften, einem Sanktionspotenzial ausgesetzt ist, das den unternehmerischen Handlungsspielraum einschränkt. Es kann zwischen einer marktbezogenen und einer gesellschaftspolitischen Betroffenheit des Unternehmens unterschieden werden. Die *marktbezogene Betroffenheit* entsteht durch Nachhaltigkeitsforderungen von Marktteilnehmern wie z.B. von Kunden. Auf die Durchsetzung bzw. Förderung nachhaltigen Wirtschaftens ausgerichtete Aktivitäten des Staates (z.B. Gesetze) und sonstiger öffentlicher Akteure (z.B. Medien, NGOs) bringen Unternehmen in eine *gesellschaftspolitische Betroffenheit* (z.B. Aufdeckung von Missständen in den Medien). Die Betroffenheit der Unternehmen ist insgesamt durch die entsprechende Gesetzgebung (z.B. Umweltschutzgesetze) am größten, da sie kaum einen Handlungsspielraum ermöglicht. Große internationale Konzerne (*global player*) sehen sich aber auch oft einen sehr starken politischen und öffentlichen Druck, nachhaltig zu wirtschaften, ausgesetzt.

Der Umweltschutz wurde 1994 ins *Grundgesetz* aufgenommen (Artikel 20a). Auch die Landesverfassungen enthalten überwiegend Aussagen zum Umweltschutz. Der allgemeine Wunsch nach mehr Umweltschutz hat auf Seiten des Gesetzgebers zu einer kaum noch übersehbaren Flut von Gesetzen, Verordnungen und Regelungen geführt. Der Schwerpunkt der *Umweltschutzgesetzgebung* liegt beim Bund. Ländergesetze können Bundesgesetze ausfüllen (z.B. Kreislaufwirtschaftsgesetz) oder ergänzen (z.B. Wasserhaushaltsgesetz). Der Gesetzgebungsvollzug obliegt überwiegend den Bundesländern. Der Bund besitzt allerdings mit dem *Bundesministerium für Umwelt, Naturschutz und Reaktorsicherheit* (BMU), dem *Umweltbundesamt* (UBA) und dem *Rat der Sachverständigen für Umweltfragen* eine eigene Behördenstruktur. Auf europäischer Ebene wurde der Umweltschutz im *Vertrag von Maastricht* 1992 verankert. Die Grundlage für die *Europäische Umweltpolitik* bilden die Artikel 100a,b und 130r-t des *Vertrages zur Gründung der Europäischen Gemeinschaft* (EGV). Das Europäische Umweltrecht bedient sich in der Regel der Rechtsform der Richtlinie (z.B. zur Umweltverträglichkeitsprüfung). Teilweise wird Europäisches Umweltrecht in Form von Verordnungen umgesetzt (z.B. EG-Öko-Audit-VO). Grundprinzipien des Umweltrechts sind das Vorsorgeprinzip (vorausschauender Schutz der Umwelt), das Verursachungsprinzip (die Umwelt darf nicht folgenlos geschädigt werden) und das Kooperationsprinzip (richtet sich auf eine breite Beteiligung von Akteuren aus Wirtschaft und Gesellschaft).

Eine frühzeitige Identifikation von Forderungen und Erwartungen gesellschaftlicher Anspruchsgruppen ist für die Sicherung der gesellschaftlichen Legitimität und wirtschaftlichen Existenz für Unternehmen oft unabdingbar. Die Grundlage dafür bilden Kenntnisse darüber, welches die Anspruchsgruppen des Unternehmens sind und welche Forderungen an das Unternehmen herangetragen werden (*Anspruchsgruppenanalyse*). Unternehmen können mit folgenden Strategien auf Nachhaltigkeitsanforderungen von Anspruchsgruppen reagieren (vgl. Staehle 1999, S. 430f.):

- *Kooptation*: Aufnahme von Personen aus der Öffentlichkeit bzw. von NGOs in das Unternehmen und Beteiligung an der Verantwortung (Aufsichtsgremium) oder an der Machtausübung (Führungsposition).
- *Kooperation*: Zusammenarbeit und Eingehen von Partnerschaften mit Anspruchsgruppen.
- *Verhandeln* (*bargaining*): Aushandlungsprozesse unter Einsatz des jeweils zur Verfügung stehenden Sanktionspotenzials.
- *Lobbyismus*: Einflussnahme auf politische Prozesse im eigenen Interesse (z.B. Gesetzesinitiativen).
- *Koalition*: Zusammenschluss mit anderen Gruppen zur gemeinsamen Durchsetzung der Interessen.
- *Repräsentation*: Eingehen von Mitgliedschaften in anderen Organisationen zur Vertretung der Interessen des Unternehmens (z.B. Verbände).
- *Öffentlichkeitsarbeit* (*Public Relations*): Zielorientierte Selbstdarstellung des Unternehmens in der Öffentlichkeit.

☐ Kontrollfragen

[1] Was sind Anspruchsgruppen und welche Arten werden unterschieden?

[2] Welche allgemeinen Mechanismen in Politik, Markt und Moral sind für die nachhaltige Entwicklung von Bedeutung?

[3] Welche Anspruchsgruppen sind für Unternehmen von großer Bedeutung?

[4] Wovon sind Unternehmen am stärksten in ihrem Handlungsspielraum betroffen?

[5] Welche Strategien können Unternehmen im Umgang mit Anspruchsgruppen ergreifen?

1.3 Gesellschaftliche Verantwortung (Social Responsibility)

Lernziele

Nach Lektüre dieses Kapitels sollten Sie …

- die Zusammenhänge zwischen den vier Komponenten der Verantwortung erläutern können.
- den Begriff *Corporate Social Responsibility (CSR)* erläutern können.
- begründen können, warum Unternehmen Verantwortung für die Umwelt und Gesellschaft tragen.
- wissen, welche Bereiche bzw. Verantwortungsobjekte CSR umfasst.
- *Carrolls Pyramide* beschreiben können.
- die verschiedenen Initiativen zur Förderung einer Corporate Social Responsibility kennen.

1.3.1 Begriff der Verantwortung

Ursprünglich wurde unter Verantwortung die Rechtfertigung oder Verteidigung einer Handlung vor Gericht verstanden. Für die aus Entscheidungen und Handlungen von Individuen, Organisationen, Unternehmen und Institutionen folgenden Konsequenzen können diese zur Verantwortung bzw. zur Rechenschaft gezogen werden. Voraussetzung dafür ist, dass eine kausale Verknüpfung von der Entscheidung über die Handlung zu den Handlungsfolgen existiert. Die Handlungsfolgen müssen sich also kausal aus den Entscheidungen und Handlungen der zur Verantwortung gezogenen Akteure ableiten lassen können. Entscheidungen lösen Wirkungen aus, für die Verantwortung besteht oder übernommen werden kann (vgl. Küpper 1999, S. 39). Allerdings sind in den oft sehr vernetzten und komplexen Strukturen in Natur, Wirtschaft und Gesellschaft die Folgen von einzelnen Handlungen meist unbekannt bzw. für nicht alle Ereignisse oder Zustände auf dieser Welt können konkrete Handlungsursachen bzw. Verantwortliche isoliert ermittelt bzw. ausgemacht werden. Verantwortung entsteht dann, wenn ein *„Subjekt"* (der Verantwortungsträger, z.B. ein Manager oder ein Unternehmen) für ein *„Objekt"* (z.B. eine Person, eine Aufgabe) gegenüber einer *„Instanz"* (z.B. einem Gericht) hinsichtlich bestimmter *„Standards"* (z.B. Gesetze, Normen) zur Rechenschaft gezogen werden kann.

Merksatz

Unter Verantwortung versteht man die freiwillige, erwartete oder erzwungene Rechtfertigung bzw. Verteidigung einer Entscheidung oder einer Handlung eines Verantwortungsträgers vor einer Instanz (*„Ver-Antwortung"*).

Die Verantwortung impliziert, für das eigene Tun (gegenüber einer Instanz) Rechenschaft abzulegen (Antworten zu geben; vgl. Kleinfeld/Henze 2008, S. 57). Unternehmen und Konsumenten verantworten Auswirkungen ihrer Entscheidung und Handlungen auf die Gesellschaft und Umwelt.

Dieses Verständnis von Verantwortung betrifft nur Entscheidungen und Handlungen, die freiwillig, also ohne Zwang durchgeführt werden. Nur wer aus freien Stücken gehandelt hat, muss sich die Konsequenzen seines Handelns zurechnen lassen. Zudem könnte gefordert werden, dass auch das Wissen um die Folgen einer Handlung notwendig für die Übernahme von Verantwortung ist. Allerdings ist das Wissen über komplexe Zusammenhänge, wie sie in Umwelt und Gesellschaft oft zu finden sind, in der Regel nur unvollständig und unsicher vorhanden. Weiterhin sind (positive wie negative) Ereignisse häufig nicht unter der Kontrolle einer einzigen Person oder Organisation, sondern in der Regel wird es mehrere *„Verursacher"* oder *„Verantwortungsträger"* geben. In solchen Fällen, wie z.B. bei der Klimaerwärmung, ist eine eindeutige, individualisierte Zurechenbarkeit der Verantwortlichkeit kaum mehr möglich.

Verantwortung realisiert sich in einer Vierer-Beziehung zwischen dem Verantwortungssubjekt, dem Verantwortungsobjekt, der (moralischen) Instanz (u.a. Gott, Gericht und Gewissen) und den Bewertungsmaßstäben bzw. –kriterien (Normen). Verantwortung fragt danach, wer (das Subjekt) für was (das Objekt) vor wem (die Instanz) und warum (die Maßstäbe) verantwortlich ist (vgl. Abb. 6; vgl. Stahl 2000).

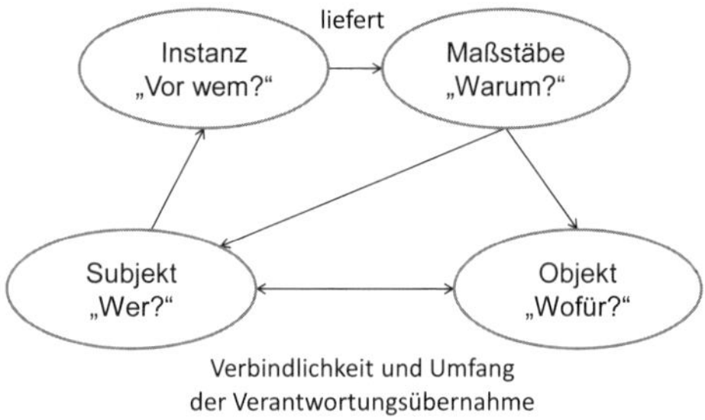

Abb. 6: Komponenten der Verantwortung

Das *Subjekt* ist der Verantwortungsträger. Subjekte der Verantwortung können Individuen (z.B. Manager, Mitarbeiter, Konsumenten), Gruppen (z.B. Projektgruppen, Teams), Institutionen (z.B. Gesetze, Regierungen) und Organisationen (z.B. Unternehmen) sein. Häufig wird die Auffassung vertreten, dass nicht Gruppen, Institutionen oder Organisationen (*institutionelle Verantwortung*) für etwas verantwortlich sind bzw. sein können, sondern dass nur Individuen (*personale Verantwortung*) für ihre Taten verantwortlich gemacht werden können. Andererseits kommen insbesondere von Anspruchsgruppen Forderungen nach Übernahme von Verantwortung durch Politik und Wirtschaft. Dann werden Unternehmen und andere Organisationen in Verantwortung genommen. Dafür spricht, dass oft dem Individuum das nötige Wissen fehlt, um Handlungskonsequenzen präzise erkennen zu können. Zudem mangelt es dem Individuum häufig auch an Möglichkeiten (Macht), bewusst und gewollt bestimmte Zustände durch eigenes Handeln zu erreichen (vgl. Stahl 2000). Die *Unternehmensverantwortung* findet ihren Platz im Verantwortungswillen und der Verantwortungsfähigkeit der Unternehmensmitglieder sowie in den von ihnen (mit-)

gestalteten institutionellen Rahmenbedingungen für verantwortungsbewusstes Handeln (*Corporate Governance*). Nicht nur einzelne Unternehmensmitglieder, sondern auch die Unternehmen als Ganzes können danach streben, sich als *„gute Bürger"* einer kritischen Öffentlichkeit zu stellen.

Objekte der Verantwortung sind Entscheidungen, Aufgaben, Handlungen und deren Folgen, Unterlassungen, Zustände sowie Adressaten der Verantwortung (z.B. Mitarbeiter, Kinder). Sie beantworten die Frage, *wofür* Verantwortung übernommen wird. Zwischen Subjekt und Objekt der Verantwortung existiert eine Beziehung hinsichtlich der Verbindlichkeit und des Umfangs der Verantwortungsübernahme des Subjekts für das Objekt sowie hinsichtlich der Möglichkeiten des Subjekts, Verantwortung für das Objekt zu tragen. Die *Instanz* beantwortet die Frage, wovor bzw. gegenüber wem jemand Verantwortung trägt. Vor der Instanz muss sich ein Verantwortungsträger (das Subjekt) rechtfertigen. Es sind die internen (z.B. Gewissen) und externen (Gesetze) Adressaten der Verantwortung. Dazu gehören u.a. Gott, Gesetze, Gerichte, verbindliche Verhaltensstandards, die Öffentlichkeit, die Familie, Freunde, soziale Normen und Werte sowie das eigene Gewissen. Ein Subjekt kann die Verantwortung gegenüber einer Instanz freiwillig (z.B. aus moralischen Motiven) übernehmen, ihrer Erwartung nachkommen (z.B. bei öffentlichen Forderungen) oder von der Instanz zwangsweise (z.B. bei Rechtsverstößen) zur Rechenschaft gezogen werden. Eine Instanz stellt die Standards bzw. die *Maßstäbe* (z.B. Normen und Werte) zur Beurteilung einer Handlung bereit und gibt Antwort auf die Frage, *warum* jemand verantwortlich ist. Charakteristisch für die *Verantwortungsethik* (*teleologische Ethik*) ist es, dass sie nicht Handlungen hinsichtlich der dahinterstehenden Gesinnung und der Absicht beurteilt (*deontologische Ethik*), sondern nur deren Handlungsfolgen.

1.3.2 Corporate Social Responsibility (CSR)

Begriff und Verantwortungsbereiche

Dem Leitbild der *„Green Economy“* folgend, können zwei Bereiche einer nachhaltigen Wirtschaft unterschieden werden: Die Umwelttechnologiebranche (*GreenTech-Branche*) und diejenigen Wirtschaftszweige und Unternehmen, die eine Nachhaltigkeitsstrategie im Management verfolgen (BMU 2012c, S. 9). Nach dem von *Roland Berger Strategie Consultants* erstellten Umwelttechnologie-Atlas *„GreenTech made in Germany 3.0“* wird sich der Weltmarkt für Umwelttechnik und Ressourceneffizienz bei einem jährlichen Wachstum von rund 5% bis 2025 mehr als verdoppeln (BMU 2012c). Deutsche Unternehmen können danach ihren Weltmarktanteil von 15% halten. Wir werden im Rahmen dieses Kapitels den zweiten Bereich, das nachhaltige und verantwortungsbewusste Management, vertiefend behandeln.

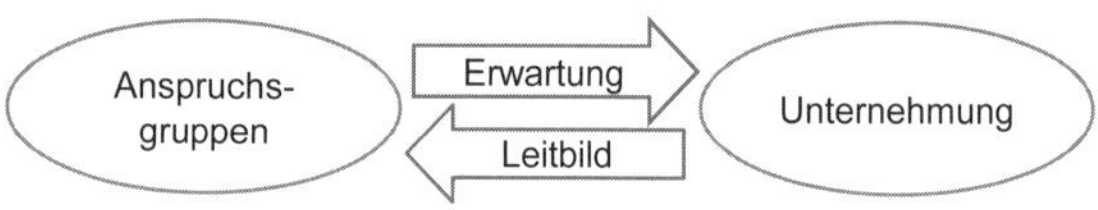

Abb. 7: CSR als unternehmerisches Leitbild und soziale Norm (gesellschaftliche Erwartung)

Die Verantwortung von Unternehmen gegenüber der Gesellschaft als Ganzes sowie gegenüber sozialen Anspruchsgruppen und der natürlichen Umwelt wird heute durch die *soziale Norm* bzw. durch das Leitbild der *Corporate Social Responsibility* (CSR) ausgedrückt (vgl. Abb. 7). Nach Mohr et al. (2001, S. 47) erfasst CSR *„a company's commitment to minimizing or eliminating any harmful effects and maximizing its long-run beneficial impact on society"*. Es handelt sich um *"a company´s activities and status related to its perceived societal or stakeholder obligations"* (Luo/Bhattacharya 2006, S. 2). *Corporate Social Responsibility* drückt einerseits Forderungen und Erwartungen von Anspruchsgruppen (*Stakeholder*) an Unternehmen aus, sozial und ökologisch verantwortungsbewusst zu handeln (CSR als soziale Norm). Andererseits stellt CSR für Unternehmen ein Leitprinzip dar, an dem sich betriebliche Entscheidungen orientieren können (CSR als Leitbild; vgl. Abb. 7).

Obwohl die unternehmerische Autonomie bzw. Entscheidungsfreiheit zu den grundlegenden Prinzipien der kapitalistischen Marktwirtschaft gehört (Küpper 2006), ist diese Freiheit nicht grenzenlos, sondern mehr oder weniger stark durch Rahmenbedingungen (u.a. Rechtsordnung, soziale Normen) wirtschaftlicher Tätigkeit beschränkt. *Corporate Governance* Regelungen, Ethikkodizes und auch CSR-Forderungen beschränken insofern den unternehmerischen Handlungsspielraum, da über die Gesetze hinaus Unternehmen geforderte soziale und ökologische Standards einhalten sollen. Die von Managern auf der Führungsebene getroffenen Entscheidungen in Unternehmen orientieren sich sowohl an den individuellen Ziel- und Wertsystemen der Entscheider selbst als auch an der Unternehmenskultur (im Unternehmen geteilte Normen und Werte) und der Unternehmensverfassung (*Corporate Governance*). Beide Bereiche (Mikro- und Mesoebene) sind bei der Übernahme von gesellschaftlicher Verantwortung durch Unternehmen beteiligt und betroffen.

Fragen danach, ob und falls ja, mit welcher Begründung es für Unternehmen eine Pflicht gibt, neben ihrer geschäftlichen Verantwortung auch Verantwortung für Umwelt und Gesellschaft zu tragen, betreffen die *Maßstäbe der Verantwortung* (vgl. Abb. 6). Darüber hinaus ist zu klären, auf welcher Basis bzw. vor welchen *Instanzen der Verantwortung* (Gesetze, gesellschaftliche Normen und Werte) welchen gesellschaftlichen Verpflichtungen (*Verantwortungsobjekte*) Unternehmen innerhalb vorhandener Handlungsspielräume nachkommen können bzw. sollen (vgl. Scherer/Picot 2008, S. 5f.). In seinem Beitrag "*The Social Responsibility of Business is to Increase its Profits*" im *The New York Times Magazine* 1970, vertritt *Milton Friedman* sehr pointiert die Meinung, dass sich die soziale Verantwortung von Unternehmen einzig auf die Erwirtschaftung von Profiten innerhalb vorhandener Rahmenbedingungen erstreckt: *"there is one and only one social responsibility of business--to use its resources and engage in activities designed to increase its profits so long as it stays within the rules of the game, which is to say, engages in open and free competition without deception or fraud"*. Eine darüber hinaus gehende Verantwortungsübernahme lehnt er ab. Davis (1973, S. 312) formulierte nur wenig später eine klare Gegenposition, indem er die gesellschaftliche Verantwortung als „… *the firm's consideration of, and response to, issues beyond the narrow economic, technical, and legal requirements of the firm"* definierte. Darüber hinaus stellt Davis (1973, S. 313) fest, dass *"it means that social responsibility begins where the law ends"*.

Zur Begründung, warum Unternehmen die Pflicht zur sozialen Verantwortung haben, werden u.a. folgende Argumente angeführt (vgl. auch Porter/Kramer 2006, S. 81f.):

- Es gibt eine moralische Verpflichtung (*moral obligation*) für Unternehmen.
- Nachhaltiges Wirtschaften (*sustainability*) erfordert Verantwortung und kooperatives Verhalten.
- Ohne Unterstützung von jeweiligen Regierungen, Kommunen und anderer Anspruchsgruppen können Unternehmen ihre Geschäftstätigkeit nicht profitabel ausüben (*license to operate*). Die Unterstützung kann dann entzogen werden, wenn ökologische und soziale Erwartungen vom Unternehmen nicht erfüllt werden.
- Soziales Handeln bietet insbesondere qualifizierten Mitarbeitern eine *Identifikationsmöglichkeit*.
- Eine wahrnehmbare Verantwortungsübernahme verbessert die *Reputation* und das Image von Unternehmen. Daraus leiten sich auch ökonomische Vorteile ab.

Nach Meffert (2008, S. 383) tragen Unternehmen dagegen keine (ethische) Verantwortung für die Gesellschaft (*Corporate Social Responsibility*), sie sind aber dazu verpflichtet, in der Gesellschaft verantwortlich zu handeln (*Corporate Social Responsiveness*). Gesellschaftlich verantwortungsbewusstes Handeln im Unternehmen stellt sich nach dieser Position weniger als ein freiwilliges Befolgen moralischer Erwartungshaltungen dar, sondern vielmehr als eine *„rationale Abwägung gesellschaftlicher Optionen im Hinblick auf eine ausge-*

wogene Erreichung wirtschaftlicher, ökologischer und sozialer Ziele …" (Meffert 2008, S. 383).

Merksatz

Nach dem Grünbuch der Europäischen Kommission zur sozialen Verantwortung (Europäische Kommission 2001, S. 5) beinhaltet Corporate Social Responsibility (CSR) „einen Prozess, nach dem die Unternehmen auf freiwilliger Basis soziale Belange und Umweltbelange in ihre Unternehmenstätigkeit und in ihre Wechselbeziehungen mit den Stakeholdern integrieren".

Danach geht die soziale Verantwortung über die bloße Einhaltung der Gesetze hinaus (*Compliance*) und erfordert Investitionen in Humankapital, in die Umwelt und in die Beziehungen zu den Stakeholdern (Europäische Kommission 2001, S. 7). Auch endet die soziale Verantwortung der Unternehmen nicht an den Werkstoren, sondern sie hat eine ausgeprägte Menschenrechtsdimension, insbesondere in Bezug auf die internationale Wirtschaftstätigkeit und die globalen Versorgungsketten (Europäische Kommission 2001, S. 14). Viele Unternehmen erkennen diese Verpflichtung und treten verschiedenen CSR-Initiativen bei. Die Verantwortung von Unternehmen (*Corporate Responsibility*) erstreckt sich neben dem klassischen Bereich der Verantwortung für die Firma (wirtschaftliche Verantwortung) sowohl auf den Schutz der Umwelt (ökologische Verantwortung) als auch auf den Schutz von Menschen vor Armut, Ausbeutung und Unterdrückung (soziale Verantwortung). Die soziale Verantwortung umfasst insbesondere die Verantwortung für das Gemeinwesen (*Corporate Citizenship*), die Produktverantwortung (*Product Stewardship*), die Verantwortung für Mitarbeiter des eigenen Unternehmens und derjenigen der Lieferanten und Sub-Lieferanten (*Corporate Fairness*). CSR fordert von den Unternehmen, Verantwortung für die Umwelt, für Mitarbeiter und Mitarbeiterinnen, für die hergestellten Produkte und für das Gemeinwesen sowie im Kampf gegen Korruption zu übernehmen und darüber die Öffentlichkeit zu informieren (vgl. Scherer/Picot 2008, S. 3).

Carroll (1979, S. 500) unterscheidet in seinem vielbeachteten Aufsatz vier Verantwortungsbereiche von CSR: *"The social responsibility of business encompasses the economic, legal, ethical and discretionary expectations that society has of organizations at a given point in time"*. In späteren Publikationen spricht Carroll anstelle einer diskretionären von einer *philanthropischen Verantwortung* und stellt diese vier CSR-Bereiche als Pyramide dar (Carroll 1991; vgl. Abb. 8). Die Basis betrieblicher Entscheidungen und Verantwortung stellt die Sicherstellung des Unternehmens dar und umfasst die Bereiche Profitabilität, Wettbewerbsfähigkeit und Effizienz (ökonomische Verantwortung). Als nächste Stufe geht es um die Gesetzestreue, d.h. Beachtung und Einhaltung der Gesetze (*Compliance*). Über die bloße Einhaltung von Gesetzen hinaus geht es der ethischen Verantwortung darum, dass Unternehmen sich als *„gute Staatsbürger"* in Übereinstimmung mit den landesspezifischen sozialen Normen und Werten verhalten. Die letzte Ebene von *Carroll's Pyramide* betont die Verantwortung des Unternehmens für das Gemeinwesen. Es fordert von Unternehmen freiwillige Beiträge zur Verbesserung der Lebensqualität der Menschen. Dazu gehören Spenden und freiwillige soziale Aktivitäten von Mitarbeitern und Mitarbeiterinnen eines Unternehmens.

Abb. 8: Die CSR-Pyramide von Carroll
Quelle: Carroll (1991)

Nach dem *Modell von Wood* (1991, S. 694) wird die ethisch begründete Verantwortungsübernahme (*Corporate Social Responsibility*) von Unternehmen untersetzt bzw. konkretisiert durch die *Corporate Social Responsiveness* und die *Corporate Social Performance.* Beide Konzepte richten sich auf spezifische Handlungen oder Aktivitäten (*Responsiveness*) bzw. auf die damit zu erreichenden Ergebnisse (*Performance*). Während *Corporate Social Responsibility* auf die Verantwortung von Unternehmen für Umwelt und Gesellschaft abstellt, richtet sich *Corporate Social Responsiveness* auf verantwortungsbewusstes Handeln im Unternehmen und in Bezug auf Anspruchsgruppen. Es erfasst die geplanten bzw. durchgeführten Reaktionen eines Unternehmens auf an sie herangetragene Forderungen und Erwartungen, umwelt- und sozialverträglich zu handeln. Die Aktionen bzw. Maßnahmen können sich auf den Schutz der Umwelt (*environmental assessment*) und auf die Berücksichtigung von Interessen der Öffentlichkeit (*issue management*) sowie anderer Anspruchsgruppen richten (*stakeholder management*; vgl. Wood 1991, S. 703ff.). „*Social responsiveness can range on a continuum from no response (do nothing) to a proactive response (do much). The assumption is made here that business does have a social responsibility and that the prime focus is not on management accepting a moral obligation but on the degree and kind of managerial action*" (Carroll 1979, S. 501). Die *Corporate Social Performance* erfasst letztendlich die konkreten und messbaren ökonomischen, ökologischen und sozialen Effekte und Erfolge (*impacts*) verantwortungsbewussten Handelns im Unternehmen (vgl. Clarkson 1995, S. 102).

McWilliams et al. (2006) sehen CSR hauptsächlich begründet in der Stakeholder Theory, der Stewardship Theory und dem Resource-based view of the firm. Die *Stakeholder Theory* fokussiert auf das Erfordernis, dass CSR eine Berücksichtigung von Interessen spezifischer Anspruchsgruppen und deren Integration in Entscheidungsprozessen beinhaltet. Ein glaubwürdiger und kooperativer Umgang mit Anspruchsgruppen kann auch dem Unternehmen zugute kommen. Den ethischen Anspruch an das Management, „*to do things right*", thematisiert die *Stewardship Theory* und nach dem *Resource-based view of the firm* sind es spezifische Ressourcen und Fähigkeiten, durch die ein Unternehmen aus CSR einen Wettbewerbsvorteil ziehen kann. Auf der Grundlage dieser Theorien bilden McWilliams et al. (2006, S. 12ff.; auch Ellen et al. 2006, S. 149) drei CSR Kategorien:

- *„Erzwungenes" CSR:* CSR wird im Unternehmen nur soweit umgesetzt, wie es gesetzliche Regelungen erfordern.
- *Altruistisches/Philanthropisches CSR:* Unternehmen setzen CSR unabhängig von den finanziellen Konsequenzen, die daraus erwachsen, um.
- *Strategisches CSR:* Unternehmen setzen CSR im Management wegen der Chancen, die sich im Wettbewerb daraus ergeben, um.

Die Bedeutung und Akzeptanz für CSR bei den Unternehmen ist in den letzten Jahren weltweit stetig angestiegen und befindet sich aktuell auf einem respektablen Niveau. In einer 2011 von *GlobeScan* für das internationale Unternehmensnetzwerk *Business for Social Responsibility* (BSR/GlobeScan 2011) durchgeführten Befragung von 498 leitenden Personen von Unternehmen, NGOs, Regierungen und wissenschaftlichen Einrichtungen äußerten sich 84% optimistisch, dass sich CSR im globalen Geschäftsleben weiter durchsetzen wird. Als wichtigste Herausforderung zur Umsetzung von CSR wurde von 62% der Befragten die Integration der Nachhaltigkeit in den zentralen Managementbereichen (*core business functions*) genannt. Höchste Prioritäten genießen die Einhaltung der Menschenrechte (65%), die Begrenzung der globalen Erwärmung (63%) und die Einhaltung der Arbeitsrechte (61%). Die Schaffung von Transparenz, die Demonstration von Verantwortung für Umwelt und Gesellschaft sowie Innovationen für die Nachhaltigkeit werden von den Befragten als Treiber zum wirtschaftlichen Erfolg einerseits und andererseits zur Schaffung von Glaubwürdigkeit angesehen. Allerdings gaben bei einer anderen Befragung von 642 Experten 2011 durch *GlobeScan* 88% an, dass das Erreichen finanzieller Kurzfristziele nachhaltigem Wirtschaften im Unternehmen oft im Wege steht (GlobeScan 2011a, S. 19). In einer Meta-Analyse von über 100 Studien kommen Margolis/Walsh (2003) zum Ergebnis, dass CSR und finanzieller Erfolg prinzipiell positiv miteinander korrelieren.

Nicht nur Unternehmensmanager und Experten betonen die Wichtigkeit und Notwendigkeit nachhaltigen Managements und CSR als Reaktion auf die fortschreitende Ressourcenausbeutung, die Umweltverschmutzung und den globalen Klimawandel, auch bei den Konsumenten wird zunehmend Nachhaltigkeit in Unternehmen gefordert. In einer von *Ernst & Young* (2011) durchgeführten repräsentativen Verbraucherbefragung in Deutschland gaben 66% an, von den einheimischen Unternehmen nachhaltiges Wirtschaften zu erwarten. Nach der Bereitstellung von Beschäftigungsmöglichkeiten (73%) war dies der zweithöchste Wert. Auch die Erwartungen an Unternehmen, ethisch (57%) und sozial (52%) zu handeln sind recht hoch. Allerdings stellt die Studie gerade in diesen drei Feldern einen Nachholbedarf der deutschen Wirtschaft fest, da die Befragten nur relativ wenige Unternehmen konkret benennen konnten, die diese Erwartungen erfüllen.

CSR-Initiativen

Zur Förderung und Durchsetzung einer nachhaltigen Unternehmensführung existieren mittlerweile neben rechtlich bindenden Vorgaben, Verordnungen und Gesetzen der jeweiligen Nationalstaaten und der Europäischen Union (z.B. nationale Umweltgesetze, Arbeitsschutzgesetze)

- supranationale Initiativen (z.B. *UN Global Compact*, OECD-Leitsätze für multinationale Unternehmen, Kernarbeitsnormen der Internationalen Arbeitsorganisation ILO),
- Initiativen der Europäischen Union (EU) (z.B. Mitteilung der EU-Kommission über *„Eine neue EU-Strategie (2011-14) für die soziale Verantwortung der Unternehmen (CSR)“*),
- nationale Initiativen (z.B. die *„Nationale Strategie zur gesellschaftlichen Verantwortung von Unternehmen – Aktionsplan CSR – der Bundesregierung“*, vgl. BMAS 2010),
- die internationale ISO 26000 Norm zur Sozialverantwortung von Unternehmen (*Guidance on Social Responsibility*),

- branchenübergreifende sowie branchen- und unternehmensspezifische Verhaltensstandards (z.B. *Responsible Care Programm* der Chemischen Industrie),
- Initiativen von zivilgesellschaftlichen Organisationen (z.B. NGOs, Multi-Stakeholder Initiativen).

Im Folgenden wird eine Auswahl solcher Initiativen vorgestellt, ohne den Anspruch auf Vollständigkeit erfüllen zu können. Die Vielzahl unterschiedlicher Nachhaltigkeits- und CSR-Initiativen ist heute kaum noch zu überschauen.

CSR-Initiativen der Vereinten Nationen (UN)

Der UN Global Compact (UNGC)

Beim *UN Global Compact* handelt es sich um eine weltweit anerkannte Initiative für mehr sozial und ökologisch verantwortungsbewusstes Management (*Corporate Responsibility*), die 1999 beim Weltwirtschaftsforum in Davos vom damaligen Generalsekretär der Vereinten Nationen, *Kofi Annan*, initiiert und am 26. Juli 2000 gegründet wurde. *„The United Nations Global Compact is a strategic policy initiative for businesses that are committed to aligning their operations and strategies with ten universally accepted principles in the areas of human rights, labour, environment and anti-corruption"* (www.unglobalcompact.org). Ziel dieses freiwilligen Netzwerkes ist es, verantwortungsbewusstes Verhalten von Unternehmen durch die Einhaltung von *10 Prinzipien* weltweit zu fördern und Kooperationen mit Anspruchsgruppen (*Key Stakeholder*) anzuregen. Der *UN Global Compact* dient weniger der Bereitstellung eines streng überprüfbaren Verhaltenskodex als vielmehr der unternehmerischen Selbstbindung (*Commitment*) und dem Austausch und der Kommunikation von Unternehmen untereinander hinsichtlich der Übernahme sozialer und ökologischer Verantwortung. Wer den Vertrag unterschreibt, verpflichtet sich, die zehn Prinzipien des *UN Global Compact* aus den Bereichen Arbeit, Menschenrechte, Umwelt und Anti-Korruption im Unternehmen zu verankern und jährlich in einem „Fortschrittsbericht" die interessierte Öffentlichkeit über den Stand der Umsetzung dieser Prinzipien zu informieren (vgl. Abb. 9).

Diese *zehn Prinzipien* begründen sich aus der

- UN Menschenrechtscharta von 1948 (*The Universal Declaration of Human Rights*) („Alle Menschen sind frei und gleich an Würde und Rechten geboren", z.B. Gleichberechtigung von Mann und Frau),
- Erklärung der Internationalen Arbeitsorganisation (ILO) über grundlegende Prinzipien und Rechte bei der Arbeit von 1998 (*The International Labour Organization's Declaration on Fundamental Principles and Rights at Work*, z.B. Vereinigungsfreiheit und Recht auf kollektive Tarifverhandlungen, Konventionen Nr. 87 und 98),
- Rio-Deklaration von 1992 (*The Rio Declaration on Environment and Development*) und der
- UN-Konvention gegen Korruption von 2003 (The United Nations Convention Against Corruption).

Menschenrechte

- Unterstützung und Respektierung der internationalen Menschenrechte im eigenen Einflussbereich
- Sicherstellung, dass sich das eigene Unternehmen nicht an Menschenrechtsverletzungen beteiligt

Arbeitsbedingungen/-standards

- Wahrung der Vereinigungsfreiheit und wirksame Anerkennung des Rechts zu Kollektivverhandlungen
- Abschaffung jeder Art von Zwangsarbeit
- Abschaffung der Kinderarbeit
- Beseitigung der Diskriminierung bei Anstellung und Beschäftigung

Umweltschutz

- Unterstützung eines vorsorgenden Ansatzes im Umgang mit Umweltproblemen
- Ergreifung von Schritten zur Förderung einer größeren Verantwortung gegenüber der Umwelt
- Hinwirken auf die Entwicklung und Verbreitung umweltfreundlicher Technologien

Kampf gegen Korruption

- Selbstverpflichtung, Korruption in allen Formen, einschließlich Erpressung und Bestechlichkeit, zu begegnen

Abb. 9: Die 10 Prinzipien des UN Global Compact

Quelle: www.unglobalcompact.org/AboutTheGC/TheTenPrinciples/index.html

Dieser Initiative geht es auch darum, Unternehmen dazu zu verpflichten, besondere Anstrengungen für eine nachhaltige Entwicklung der Dritten Welt zu leisten (Ziel der intra-generativen Gerechtigkeit). Weltweit gab es 2011 über 8.000 Teilnehmer. Davon über 6.000 Unternehmen in 135 Ländern. In Deutschland sind es 216 Unternehmen, darunter z.B. Allianz, BASF, BMW, Deutsche Bahn, Deutsche Bank, Daimler AG, Deutsche Lufthansa, Deutsche Post DHL, Deutsche Telekom, Henkel, Miele, Bosch, Otto, Puma, Siemens und Volkswagen. Für Unternehmen könnte die Teilnahme am Global Compact aus folgenden Gründen vorteilhaft sein (Leisinger, 2006, S. 18):

- Reduzierung von legalen, finanziellen und reputativen Risiken
- Schutz vor Boykottaufrufen und *„Shaming-Kampagnen"*
- Motivation für Mitarbeiter und Mitarbeiterinnen
- höhere Attraktivität für hoch qualifizierte Mitarbeiter
- steigendem Bewusstsein von Kunden und Investoren Rechnung tragen
- höhere Bewertung bei Investmentberatern
- Schutz vor Regulierungsforderungen

Die Kritik am *UN Global Compact* richtet sich auf folgende Aspekte:

- es werden nur Minimalstandards gefordert,
- die Teilnahme ist freiwillig und bei Verstoß gibt es keine Sanktionen,
- ist dem Generalverdacht des *„Lippenbekenntnisses"* ausgesetzt (Aßländer 2011, S. 14),
- es wird nur gefordert, über den Fortschritt zu kommunizieren,
- die Berichte werden nicht geprüft,
- die Teilnahme kann als Imageinstrument missbraucht werden (*Greenwashing*).

Dem zehnten Prinzip des UNGC, der Korruptionsbekämpfung, fühlt sich *Transparency International* besonders verbunden. *Transparency International Deutschland e.V.* ist eine gemeinnützige und politisch unabhängige NGO, die das Ziel verfolgt, die Korruption weltweit zu bekämpfen (www.transparency.org). *Transparency International* (TI) versucht, das öffentliche Bewusstsein über die schädlichen Folgen der Korruption zu schärfen und nationale und internationale Integritätssysteme zu stärken.

Transparency Deutschland definiert Korruption als Missbrauch von anvertrauter Macht zum privaten Nutzen oder Vorteil.

Ein Mittel im Kampf um Korruption und die Schaffung von Transparenz ist der *Corruption Perceptions Index* (CPI) von TI, der Länder nach dem Grad, in dem dort Korruption durch Amtsträger und Politiker wahrgenommen wird, auf einer Liste anordnet. Der CPI ist ein zusammengesetzter Index, der auf Expertenbefragungen und ergänzenden Untersuchungen beruht (cpi.transparency.org). Für jedes untersuchte Land vergibt der CPI einen Punktwert zwischen 0 und 10, wobei der Wert von null Punkten für ein besonders hohes Maß an Korruption steht, während zehn Punkte bedeuten, dass in diesem Land keine bzw. kaum Korruption wahrgenommen wird. Deutschland nimmt 2011 von den 182 untersuchten Ländern den 16. Platz ein. Neuseeland, Dänemark und Finnland sind auf den ersten drei Plätzen zu finden. Erstmals wurde 2012 ein *Transparency in Corporate Reporting* für die 105 größten Unternehmen der Welt veröffentlicht (www.transparency.org/whatwedo/publications). Auf der Grundlage der von den Unternehmen offengelegten Informationen über ihre Steuerzahlungen, den Unternehmensstrukturen und über Maßnahmen der Korruptionsbekämpfung wurden diese Unternehmen bewertet. Zwei deutsche Unternehmen, *BASF* und *Allianz*, schafften es, unter die Top 10 zu kommen.

UN Leitlinien für Wirtschaft und Menschenrechte
(*Guiding Principles on Business and Human Rights*)

Das *UN Human Rights Council* präsentierte 2011 Leitlinien für die Einhaltung der Menschenrechte (www.business-humanrights.org) in der Wirtschaft. Grundlage dieser Leitlinien ist die Forderung nach „Schutz, Achtung und Hilfe“ (*Protect, Respect and Remedy*) von in Unternehmen arbeitenden Menschen. Diese Leitlinien sollen als globaler Standard für Staaten und Unternehmen zur Vermeidung von Menschenrechtsverletzungen in der Wirtschaft dienen. Für jeden der drei Bereiche Schutz, Achtung und Hilfe (Abstellen von Missständen) dieser UN-Initiative wird je ein grundlegendes Prinzip und eine dazugehörige Anzahl von operativen Prinzipien formuliert (Human Rights Council 2011):

- Staaten haben für die Einhaltung der Menschenrechte zu sorgen (*the state duty to protect human rights*):

  Grundlegendes Prinzip: "*States must protect against human rights abuse within their territory and/or jurisdiction by third parties, including business enterprises. This requires taking appropriate steps to prevent, investigate, punish and redress such abuse through effective policies, legislation, regulations and adjudication.*"
- Unternehmen sind für die Achtung der Menschenrechte verantwortlich (*the corporate responsibility to respect human rights*):

  Grundlegendes Prinzip: "*Business enterprises should respect human rights. This means that they should avoid infringing on the human rights of others and should address adverse human rights impacts with which they are involved.*"
- Bei Menschenrechtsverletzungen in Unternehmen muss es die Möglichkeit der Abhilfe geben (*access to remedy*):

  Grundlegendes Prinzip: "*As part of their duty to protect against business-related human rights abuse, States must take appropriate steps to ensure, through judicial, administrative, legislative or other appropriate means, that when such abuses occur within their territory and/or jurisdiction those affected have access to effective remedy.*"

Initiative der OECD: Leitsätze für multinationale Unternehmen

Die Leitsätze *(Guidelines)* der *Organisation for Economic Co-operation and Development* (OECD: Organisation für wirtschaftliche Zusammenarbeit und Entwicklung) für multinationale Unternehmen haben das Ziel, Verantwortungsbewusstsein und Transparenz in der globalisierten Wirtschaft zu fördern. Insbesondere soll den Unternehmen der

34 Mitgliedsländer ein Forum zur Bewältigung wirtschaftlicher, sozialer und ökologischer Herausforderungen geboten werden (www.oecd.org). In den Leitsätzen werden Erwartungen an Unternehmen in den Bereichen Offenlegung von Informationen, Menschenrechte, Arbeitsbeziehungen, Umwelt, Korruptionsbekämpfung, Verbraucherinteressen, Wissenschaft und Technologie, Wettbewerb und Besteuerung formuliert (www.oecd.org). Diese Leitsätze wurden erstmals 1976 erarbeitet und im Jahr 2000 umfassend überarbeitet und erweitert. Die letzte Aktualisierung erfolgte 2011. Die 34 OECD-Mitglieder und einige weitere Staaten verpflichten sich, die Unternehmen in ihrem Land zur Einhaltung der nicht rechtsverbindlichen Leitsätze anzuhalten.

Kernarbeitsnormen der Internationalen Arbeitsorganisation (IAO)

Die Internationale Arbeitsorganisation IAO (*International Labour Organization,* ILO) ist eine Sonderorganisation der Vereinten Nationen, die 1919 gegründet wurde und ihren Hauptsitz in Genf hat (www.ilo.org). Ihr gehören Repräsentanten der Regierungen sowie Arbeitnehmer- und Arbeitgebervertreter aus den 183 Mitgliedsstaaten an. Aufgabe der IAO ist es, internationale Arbeits- und Sozialnormen zu formulieren und deren Durchsetzung voranzutreiben. Kern dieser Arbeit bilden die acht *Kernarbeitsnormen* der ILO zur sozialen und fairen Gestaltung einer globalisierten Wirtschaft sowie zur Schaffung menschenwürdiger Arbeitsbedingungen:

- Vereinigungsfreiheit und Schutz des Vereinigungsrechtes (1948)
- Vereinigungsrecht und Recht zu Kollektivverhandlungen (1949)
- Verbot der Zwangsarbeit (1930)
- Abschaffung der Zwangsarbeit (1957)
- Gleichheit des Entgelts (1951)
- Diskriminierungsverbot (1958)
- Mindestalter (1973)
- Verbot und unverzügliche Maßnahmen zur Beseitigung der schlimmsten Formen der Kinderarbeit (1999)

Initiative der Europäischen Union (EU): Mitteilung der EU-Kommission über „Eine neue EU-Strategie (2011-14) für die soziale Verantwortung der Unternehmen (CSR)"

In ihrer Mitteilung zur EU-Strategie (2001-2014) für die soziale Verantwortung von Unternehmen formuliert die *Europäische Kommission* 4 Forderungen und 13 Absichten (Europäische Kommission 2011). Grundlage dafür ist eine leicht veränderte Definition von CSR. Die ursprüngliche Definition der sozialen Verantwortung von Unternehmen *„als ein Konzept, das den Unternehmen als Grundlage dient, auf freiwilliger Basis soziale Belange und Umweltbelange in ihre Unternehmenstätigkeit und in die Wechselbeziehungen mit den Stakeholdern zu integrieren"* (EU-Kommission 2011, S. 4) wurde durch die Formel, CSR umfasst *„die Verantwortung von Unternehmen für ihre Auswirkungen auf die Gesellschaft"*, deutlich vereinfacht (EU-Kommission 2011, S. 7). Beispielsweise werden von der EU-Kommission folgende Absichten formuliert:

- *„Multistakeholder-CSR-Plattformen in einer Reihe relevanter Wirtschaftszweige für die Unternehmen, ihre Beschäftigten und andere Stakeholder einzurichten ...."*
- *„Das Problem des irreführenden Marketing im Zusammenhang mit den Auswirkungen von Produkten auf die Umwelt („greenwashing") zu behandeln...."*
- *„Zu überprüfen, ob Unternehmen mit über 1000 Beschäftigten den von ihnen eingegangenen Verpflichtungen nachgekommen sind ...."*

Die Forderungen der EU-Kommission richten sich darauf, dass ...

- die Mitgliedsstaaten *Maßnahmen zur CSR-Förderung entwickeln* und nationale Pläne für die Umsetzung der Leitprinzipien der Vereinten Nationen erstellen.
- alle großen europäischen *Unternehmen sich bis 2014 verpflichten*, zumindest einen der grundlegenden CSR-Standards zu berücksichtigen (OECD-Leitsätze für multinationale Unternehmen, UN Global Compact oder die ISO 26000 Norm), die *Dreigliedrige Grundsatzerklärung des Internationalen Arbeitsamtes* (IAA) über multinationale Unternehmen und Sozialpolitik und die Menschen-

rechte, wie sie in den Leitprinzipien der Vereinten Nationen festgelegt sind, zu beachten. Mit der Dreigliedrigen Grundsatzerklärung *„ersucht das Internationale Arbeitsamt (IAA) die Regierungen der Mitgliedstaaten der IAO (ILO), die beteiligten Verbände der Arbeitgeber und der Arbeitnehmer sowie die in ihren Gebieten tätigen multinationalen Unternehmen, die in dieser Erklärung niedergelegten Grundsätze einzuhalten"* (IAA 2006, S. 2). In dieser Erklärung werden Richtlinien für multinationale Unternehmen, Regierungen und Arbeitgeber- und Arbeitnehmerverbände für die Bereiche Beschäftigung, Ausbildung, Arbeits- und Lebensbedingungen sowie Arbeitsbeziehungen formuliert. Das *Internationale Arbeitsamt* ist das ständige Sekretariat der Internationalen Arbeitsorganisation (I-LO).

Ein strategischer CSR-Ansatz ist nach Auffassung der EU-Kommission für die Wettbewerbsfähigkeit der Unternehmen von zunehmender Bedeutung. CSR kann *„das Risikomanagement fördern, Kosteneinsparungen bringen sowie den Zugang zu Kapital, die Kundenbeziehungen, das Management von Humanressourcen und die Innovationskapazitäten verbessern"* (Europäische Kommission 2011, S. 4).

Die Internationale ISO 26000 Norm zur Sozialverantwortung von Unternehmen

Die Internationale ISO 26000:2010 Norm (*Guidance on Social Responsibility*) liefert Unternehmen und Organisationen aus dem privaten und zivilgesellschaftlichen Sektor Hinweise darüber, wie sie bestmöglich soziale Verantwortung (*Social Responsibility*) implementieren und praktizieren können. Diese Hinweise betreffen insbesondere die Organisations- und Managementprozesse (*Organizational Governace*) und richten sich an den beiden Forderungen der Anerkennung gesellschaftlicher Verantwortung und der Integration von Stakeholdern aus. Zwar ist die Befolgung der Verhaltensempfehlungen dieser ISO-Norm nicht Gegenstand einer Zertifizierung. Die Verantwortungsübernahme von Organisationen wird aber als konkrete Pflicht betrachtet. Die Hinweise der ISO 26000 Norm umfassen u.a. folgende Aspekte: Prinzipien und Praktiken der sozialen Verantwortung, Integration, Implementierung und Förderung sozial verantwortlicher Verhaltensweisen in Organisationen, Umgang mit Stakeholdern, Kommunikation und Information (www.iso.org).

Branchenübergreifende CSR-Initiativen: Unternehmensnetzwerke

- ***Das Unternehmensnetzwerk CSR Europe*** ist ein Unternehmensnetzwerk für unternehmerische Sozialverantwortung in Europa mit ca. 70 multinationalen Mitgliedsfirmen und 31 nationalen Partnerorganisationen in 25 europäischen Ländern (www.csreurope.org). Diese Initiative stellt eine europaweite Plattform zum Interessen- und Erfahrungsaustausch zwischen Unternehmen bereit. CSR Europe wurde im Oktober 1995 auf Initiative des früheren Präsidenten der Europäischen Kommission, *Jacques Delors*, gegründet. Mit ihrer Initiative *Enterprise 2020* will *CSR Europe* den sozialen Herausforderungen der Zukunft mit innovativen Beiträgen von kooperierenden Unternehmen und Stakeholdern (*collaborative ventures*) in thematischen Praxisbereichen *(communities of practice)* begegnen. Mitglieder sind aktuell u.a. Volkswagen, IBM, SAP, BASF, KPMG, Vodafone, Coca Cola, Microsoft, Unilever.
- ***Business Social Compliance Initiative*** **(BSCI)** ist eine Non-Profit-Organisation des Europäischen Außenhandelsverbands *Foreign Trade Association* (FTA), die Einzelhändlern, Importeuren, Handels- und Konsumgüterunternehmen eine Plattform zur Verfügung stellt, um ihre globalen *Lieferketten* hinsichtlich der Einhaltung sozialer Standards zu überwachen und zu verbessern. Grundlagen der Aktivitäten stellen ein Verhaltenskodex (*BSCI Code of Conduct*), der sich an den Kernarbeitsnormen der ILO orientiert (z.B. Verbot der Diskriminierung, Zahlung gesetzlicher Mindestlöhne), ein Auditierungssystem und Schulungsprogramme für Lieferanten dar (vgl. Beyer-Stehl 2010). Alle Mitgliedsunternehmen verpflichten sich, diesen Verhaltenskodex in ihren Liefer- und Beschaffungsketten umzusetzen und zu überwachen (www.bsci-intl.org). Unabhängige Prüfgesellschaften (z.B. der TÜV in Deutschland), die bei SAAS (*Social*

Accountability Accreditation Services) akkreditiert sind, können *Sozialaudits* gemäß den BSCI-Richtlinien durchführen. Bis 2010 wurden mehr als 20.000 Audits durchgeführt. BSCI-konforme Unternehmen werden angehalten, sich nach dem (strikteren) *SA8000 Standard* zertifizieren zu lassen. Im September 2011 waren 723 Unternehmen Mitglieder von BSCI. Zu den deutschen Mitgliedern gehören u.a. EDEKA, REWE, LIDL, ALDI, Metro Group und die Otto Group.

Branchenspezifische und unternehmensinterne Verhaltenskodizes (*Codes of Conduct*)

Branchenweite Verhaltenskodizes (*Codes of Conduct*) haben den Zweck, für eine Branche einen einheitlichen Sozialstandard zu schaffen, dem sich die einzelnen Unternehmen verbindlich anschließen können.

Merksatz

Codes of Conduct können als verbindliche Managementprinzipien aufgefasst werden, die Verhaltensstandards des Unternehmens festlegen (European Commission 2004, S. 7f.).

Solche *Codes* können sich auf sehr viele Bereiche, wie z.B. Umweltschutz, Arbeitsbedingungen, Korruption und Produktsicherheit, beziehen. Der Wert dieser *Codes of Conduct* ist von deren Glaubwürdigkeit und Transparenz abhängig. Nachhaltige Managementstandards bzw. -systeme dienen dazu, auf freiwilliger Basis, über gesetzliche Normen hinaus soziale und ökologische Herausforderungen sowie die Erwartungen von Anspruchsgruppen in betriebliche Entscheidungsprozesse zu überführen (European Commission 2004, S. 15f.). Neben dem unternehmensinternen CSR-Management regeln solche Branchenkodizes und Managementstandards insbesondere das Management globaler Lieferketten (z.B. Verhaltenskodizes der *Electronic Industry Citizenship Coalition*, EICC [www.eicc.info] und der *Confederation of European Paper Industries*, CEPI [www.cepi.org]).

- Die im *Verband der Chemischen Industrie* (VCI) zusammengeschlossenen Unternehmen haben 1996 die Teilnahme an der weltweiten *Responsible Care-Initiative* der chemischen Industrie beschlossen. Damit ist die Verpflichtung zum *„Sustainable Development“* verbunden. Einzelne Verantwortungsfelder dieser Initiative sind (vgl. BMU 2002, S. 70): umfassende Produktverantwortung, Anlagensicherheit, Arbeitssicherheit, Gesundheitsschutz, Umweltschutz, Transportsicherheit, Dialog und Information der Öffentlichkeit. Ein *Responsible Care-Beauftragter* organisiert in den Unternehmen die Durchführung des Programms und ist Ansprechpartner für alle Mitarbeiter und für die Öffentlichkeit. Jährlich wird Rechenschaft über die Anstrengungen abgelegt.
- *Unternehmenseigene Verhaltenskodizes* dienen insbesondere als Orientierungs- und Entscheidungshilfe im Umgang mit den ökologischen und sozialen Herausforderungen. Häufig konzentrieren sie sich auf die Lieferkette bzw. verpflichten die Lieferanten, einen vorgegebenen Standard (*Code of Conduct*) einzuhalten. So legt *Apple* fest: *„Our suppliers must live up to Apple´s Supplier Code of Conduct as a condition of doing business with us”* (Apple 2012, S. 3). *Apples* Kodex legt Verhaltensweisen in den Bereichen Arbeits- und Menschenrechte, Mitarbeitergesundheit und –sicherheit, Umweltschutz, Ethik und Management fest. Der *Code of Conduct* von *Siemens* verlangt von den Lieferanten z.B. die Einhaltung der Gesetze, ein Verbot von Korruption und Bestechung, die Achtung der Grundrechte der Mitarbeiter, ein Verbot von Kinderarbeit, Gesundheitsschutz und Sicherheit der Mitarbeiter sowie den Schutz der Umwelt (www.siemens.com/nb/code-of-conduct).

Praxis

Verhaltenskodex von PUMA SE:

Wir, die PUMA SE, erklären hiermit die strikte Befolgung der in den Menschenrechtsgesetzen festgelegten Richtlinien. Damit verpflichten wir uns und unsere Partner zur Einhaltung hoher ethischer Standards und garantieren den folgenden Verhaltenskodex:

- Keine Beschäftigung von Arbeitnehmern, die jünger als 15 Jahre sind bzw. die unter das Mindestalter, welches durch entsprechende gesetzliche Reglementierung festgelegt ist, fallen, oder welche die Schulpflicht noch nicht beendet haben. Die entsprechend höherwertige Reglementierung der drei genannten Fälle hat Vorrang.
- Die Einhaltung der entsprechenden gesetzlichen Bestimmungen im Hinblick auf den Umgang mit gesundheitsschädlichen Substanzen sowie der Arbeitssicherheitsbedingungen und die Einhaltung der Reglementierungen zum Schutz der Umwelt.
- Eine normale Arbeitswoche in Übereinstimmung den mit lokalen Arbeitsgesetzen, bis zu einem Maximum von 48 Stunden und einem Limit von 12 Überstunden. Ein Tag der 7- Tage-Woche ist frei. Überstunden werden entsprechend den gesetzlichen Bestimmungen vergütet.
- Eine Entlohnung, welche die Grundbedürfnisse befriedigt, sowie die Gewährung aller gesetzlich geregelten Vergünstigungen. Als Bemessungsgrundlage ist hier der gesetzlich vorgeschriebene Mindestlohn bzw. der in der Branche übliche Lohn, je nachdem, welcher Lohn höher liegt, anzusetzen.
- Respektierung der Gleichheit, unabhängig von Rasse, Religion, Alter, sozialen Verhältnissen, politischer Einstellung, Geschlecht, sexueller Orientierung oder der Position im Unternehmen.

- Respektierung der Würde am Arbeitsplatz. Keine Form der Zwangsarbeit, Belästigung, Beschimpfung und/oder körperlichen Bestrafung.
- Vereinigungsfreiheit sowie das Recht auf Mitgliedschaften in Gewerkschaften oder anderen arbeitsrechtlichen Organisationen sowie das Recht auf Kollektivverhandlungen.

Quelle: http://about.puma.com/category/press/press-kit/

Multistakeholder CSR-Initiativen

In Multistakeholder CSR-Initiativen arbeiten unterschiedliche Anspruchsgruppen wie Unternehmen, Lieferanten, Arbeitgeberverbände, Gewerkschaften und NGOs gemeinsam zusammen, um für bestimmte Nachhaltigkeitsstandards (z.B. Arbeitsbedingungen, Umweltschutz) oder CSR-Prinzipien (z.B. Schaffung von Transparenz) Verhaltensempfehlungen (*Guidelines*) vorzuschlagen oder Zertifizierungen durchzuführen. Die Arbeit solcher Initiativen zielt insbesondere darauf, Nachfragern (Handel und Konsumenten) verlässliche Informationen über die Einhaltung von Umwelt- und Sozialstandards bei der Herstellung von Produkten als Entscheidungshilfe bereitzustellen. *Zertifizierungen* erfolgen auf der Basis eines Umwelt- bzw. Sozialaudits und werden von anerkannten, akkreditierten Organisationen durchgeführt (z.B. SAAS). Bei einem kontinuierlichen Monitoring können Verstöße gegen entsprechende Prüfkriterien (Standards) erkannt und Verbesserungsmaßnahmen durchgeführt werden (vgl. OECD 2008, S. 6). Einige Beispiele für *Multistakeholder Initiativen*:

- In der ***Ethical Trading Initiative*** **(ETI)** arbeiten Unternehmen (z.B. *The Body Shop International*), Gewerkschaften und NGOs (z.B. *Oxfam GB*; *The Fairtrade Foundation*) mit dem Ziel zusammen, gemeinsam die Arbeits- und Lebensbedingungen von Arbeitern und ihren Familien in den globalen *Wertschöpfungsketten* der Konsumgüterindustrie zu verbessern. Alle Mitglieder müssen den *ETI Base Code of Labour Practice*, der auf der Basis der ILO-Standards entwickelt wurde, in ihrem Unternehmen verbindlich anwenden (www.ethicaltrade.org). ETI ist insbesondere bei britischen Einzelhändlern anerkannt.

- ***Fairtrade International (FLO e.V.)*** ist eine Nichtregierungsorganisation, die für die Entwicklung der Fairtrade-Standards verantwortlich ist. Der Dachverband FLO e. V. (*Fairtrade Labelling Organizations International*) setzt sich aus 19 Fairtrade-Siegel-Initiativen, drei Produzenten-Netzwerken und zwei assoziierten Mitgliedern zusammen. Ziel dieses Zusammenschlusses ist es, *„benachteiligte Produzentenfamilien in Afrika, Asien und Lateinamerika zu fördern und durch fairen Handel ihre Lebens- und Arbeitsbedingungen zu verbessern"* (www.fairtrade-deutschland.de). Die nationalen Siegelorganisationen schließen Lizenzverträge mit Unternehmen ab, die sich zur Einhaltung der Fairtrade-Standards verpflichten müssen. Dann dürfen sie das Fairtrade-Siegel auf ihren Produkten abbilden. Die Fairtrade-Standards gelten für alle Händler, Unternehmen, Importeure, Exporteure und Lizenznehmer, die ihre Produkte mit dem Fairtrade-Siegel auszeichnen. Die Fairtrade-Standards vom Juli 2011 unterscheiden Kernanforderungen (*core requirements* wie z.B. keine Kinderarbeit) und Entwicklungsanforderungen (*development requirements*). Kernanforderungen müssen von den Lizenznehmern voll erfüllt werden. Bei den Entwicklungsanforderungen gibt es ein Punktesystem, so dass diese *„überwiegend"* erfüllt sein müssen.

  Zu den Standards gehören (www.fairtrade- deutschland.de):
  - direkter Handel, möglichst ohne Zwischenhändler,
  - langfristige Handelsbeziehungen zur Planungssicherheit,
  - Zahlung fairer Preise, mindestens den Fairtrade-Mindestpreis,
  - Bereitstellung von Vorfinanzierungsmöglichkeiten,
  - keine ausbeuterische Kinderarbeit,
  - demokratische und transparente Organisationsformen,
  - Umweltschutz,

- Entwicklung lokaler Strukturen (Prämien für Projekte im Lebens- und Arbeitsumfeld).

Überprüft werden die Fairtrade-Standards von der Zertifizierungsgesellschaft *FLO-CERT.* Die deutsche Siegelorganisation *TransFair* e.V. wurde 1992 gegründet. Zurzeit gibt es in Deutschland über 180 Partnerfirmen, die einen Vertrag mit *TransFair* abgeschlossen haben (u.a. ALDI Einkauf GmbH & Co. oHG, Bio Company Beteiligungs GmbH, REWE Zentral AG, LIDL-Stiftung & Co.KG). Die FLO gehört mit der WFTO (*World Fair Trade Organisation*) und der EFTA (*European Fair Trade Association*) zum kooperativen Verbund *FINE*. Die WFTO repräsentiert die weltweiten Fair Trade Organisationen mit dem Ziel, die Lebensbedingungen der Produzenten in den Dritte-Welt-Ländern durch fairen Handel zu verbessern. Die Fair Trade Importeure (Handelsgesellschaften) sind in Europa in der EFTA zusammengefasst. Der größte deutsche Importeur für faire Produkte ist die GEPA (Gesellschaft zur Förderung der Partnerschaft mit der Dritten Welt mbH).

- **Der SA8000® Standard von Social Accountability International (SAI).** Social Accountability International (SAI) ist eine NGO mit Sitz in New York, die sich zur Aufgabe gemacht hat, gemeinsam mit relevanten Anspruchsgruppen (Multistakeholder Organization) Arbeitsbedingungen durch die Implementierung von sozial verantwortlichen Standards weltweit zu verbessern. Dazu hat SAI 1997 den SA8000, einen freiwilligen und prüffähigen globalen Zertifizierungsstandard für Arbeitsbedingungen auf der Grundlage der UN und ILO Konventionen, herausgebracht (www.sa-intl.org). Für den SA8000 wurde ein Zertifizierungssystem entwickelt. Seit 2007 übernimmt *Social Accountability Accreditation Services* (SAAS) die Akkreditierung für SAI. Aktuell (Juni 2012) sind 3.083 Unternehmen (*certified facilities*) weltweit zertifiziert, davon die meisten in Italien (966), Indien (656) und China 473 (www.saasaccreditation.org/certfacilitieslist.htm). Am häufigsten finden Zertifizierungen in der Bekleidungs- und Textilbranche (460 bzw. 344) statt. Nur fünf deutsche Unternehmen sind bislang nach SA8000 zertifiziert (z.B.

MIELE & CIE.KG, August Storck KG). SAI ist eine Gründung des bekannten *Council on Economic Priorities* (CEP), einer Organisation, die über viele Jahre Pionierarbeit im Bereich der öffentlichen Information über die Einhaltung nachhaltiger Standards in Unternehmen geleistet hat. Manager, Investoren, Politiker und Konsumenten wurden über das soziale und ökologische Engagement von Unternehmen informiert. Neben der direkten Verbesserung der Arbeitsbedingungen geht es dieser Organisation auch darum, dem Handel und den Konsumenten die Möglichkeit zu geben, die Einhaltung von Arbeitsnormen bei der Herstellung von Produkten bei Kaufentscheidungen zu berücksichtigen. Die Informationsschriften sind als Einkaufsratgeber unter der Bezeichnung *„Shopping for a Better World"* bekannt geworden (www.sa-intl.org). In Deutschland wurde dieser Ansatz vom Institut für Markt, Umwelt und Gesellschaft e.V. (imug) übernommen und unabhängige „Unternehmenstests" für die Bereiche Lebensmittel, Kosmetik, Körperpflege, Waschmittel und Elektrogeräte publiziert (vgl. imug 1997).

Initiativen zur nachhaltigen Berichterstattung und Transparenz

Im Abschlussdokument *"The Future We Want"* der Rio+20 Konferenz im Jahr 2012 (UNCSD 2012) wird im Paragraph 47 die Bedeutung der Nachhaltigkeitsberichterstattung verdeutlicht: *"We acknowledge the importance of corporate sustainability reporting and encourage companies, where appropriate, especially publicly listed and large companies, to consider integrating sustainability information into their reporting cycle."* Um Anstrengungen und Erfolge nachhaltigen Wirtschaftens von Unternehmen transparent und vergleichbar zu machen, sind standardisierte Nachhaltigkeitskriterien (*key performance indicators*) erforderlich. Insbesondere die *Global Reporting Initiative (GRI)* hat sich die Festlegung eines weltweit akzeptierten Kriterienkatalogs zur Berichterstattung (*disclosure reports*) und zur Messung des Erfolgs nachhaltigen Wirtschaftens zur Aufgabe gemacht. Der *Deutsche Nachhaltigkeitskodex* (DNK), der ebenfalls nachhaltiges Management transparent machen will, orientiert sich an den Vorgaben des GRI.

Global Reporting Initiative (GRI)

Die *Global Reporting Initiative* (GRI) wurde 1997 mit dem Ziel gegründet, einen global anwendbaren und akzeptierbaren Leitfaden für Nachhaltigkeitsberichte (*reporting framework*) internationaler Unternehmen zu entwerfen und kontinuierlich weiterzuentwickeln. Im Sinne eines Multistakeholder Prozesses waren an der Entwicklung Akteure aus Zivilgesellschaft, Wirtschaft, Wissenschaft und Gewerkschaften beteiligt. Inzwischen nehmen mehrere hundert Unternehmen, NGOs, Wirtschaftsprüfungsgesellschaften, Wirtschaftsverbände, Gewerkschaften und andere Anspruchsgruppen an dieser Initiative teil. Hauptziel des GRI ist es, dass möglichst viele Organisationen und Unternehmen weltweit ihre Umwelt-, Sozial- und Governance-Anstrengungen und -Erfolge offenlegen. Der Berichtsleitfaden (*sustainability reporting guidelines*) legt die Grundsätze (*prinziples*) und die Bereiche (*standard disclosures*) der Berichterstattung über ökonomische, ökologische und soziale Leistungen fest (www.globalreporting.org). Zu den Grundsätzen gehören Aussagen zum Inhalt (z.B. einzubeziehende Stakeholder), zur Qualität (z.B. Genauigkeit) und zu den Grenzen der Berichterstattung. Die Berichte beziehen sich inhaltlich auf Strategien und Profile der Unternehmen, deren Management-Ansatz und die Darstellung der Leistungsindikatoren (*performance indicators*). Die erste Fassung G1 der *Sustainability Reporting Guidelines* wurde im Jahr 2000 veröffentlicht, die zweite 2002 (G2) und die dritte Version (G3) 2006. Im September 2012 gab es weltweit 8.392 freiwillige Berichterstattungen nach dem G3 bzw. G3.1, 3.890 davon in Europa (database.globalreporting.org/search). Für Deutschland liegen dem GRI insgesamt 322 Berichte vor (u.a. von adidas group, Allianz, Miele, BASF SE, Bayer AG, Daimler, Deutsche Bank, Puma, Siemens, SAP und Volkswagen). Die neueste Version G3.1 vom 23. März 2011 beruht auf dem G3 Katalog, enthält aber die zusätzlichen Berichtsinhalte Menschenrechte, Auswirkungen auf die Gemeinden und Gender. Der G3.1 ist ein Vorläufer des für 2013 geplanten neuen G4-Standards.

Leistungsindikatoren, über die berichtet wird, erfassen folgende Bereiche:

- 7 ökonomische Leistungsindikatoren (u.a. Umsatz, Löhne, Steuern)
- 17 ökologische Leistungsindikatoren (u.a. Energie, Emissionen)
- 9 zu Arbeitsbedingungen (u.a. Gesundheit, Sicherheit)
- 6 zu Menschenrechten (u.a. Diskriminierungsvorfälle)
- 6 zur Gesellschaft (u.a. Bestechung und Korruption)
- 4 zur Produktverantwortung (u.a. Produktsicherheit)

Es sind insgesamt 49 Kern- und 30 Zusatzindikatoren. Die Berichte (*disclosure reports*) können auf unterschiedlichen Niveaus von A bis C (*application levels*) in Abhängigkeit des Berichtsumfanges abgefasst werden. Werden die Berichte zusätzlich extern geprüft, so kann der Niveaukategorie noch ein „+" hinzugefügt werden (z.B. A+).

Deutscher Nachhaltigkeitskodex (DNK)

Auch der *Deutsche Nachhaltigkeitskodex* (DNK), der vom *Rat für Nachhaltige Entwicklung* in einem Multistakeholder-Ansatz entwickelt wurde, dient der Information der Öffentlichkeit und der Schaffung von Transparenz hinsichtlich nachhaltigen Wirtschaftens in Organisationen (www.nachhaltigkeitsrat.de). Der DNK wurde 2011 vom *Rat für Nachhaltige Entwicklung* als freiwilliger Standard für Transparenz über das Nachhaltigkeitsmanagement von Unternehmen verabschiedet. Unternehmen, die den DNK anwenden wollen, müssen für die vom DNK vorgegebenen *Kodex-Kriterien* darüber Auskunft geben, welche Kriterien vom Unternehmen erfüllt werden (*comply*) und welche aus welchen Gründen nicht (*explain*). Die von den Unternehmen zu erfüllenden Kodex-Kriterien (KPI: *Key Performance Indicators*) orientieren sich am höchsten Standard des GRI (G3 A+) sowie an den *ESG-Kriterien* (Environment, Social, Governance) der *European Federation of Financial Analysts Societies* (EFFAS), dem Dachverband der nationalen Verbände der europäischen Finanzanalysten (EFFAS Level III) und der *Society of Invest-*

ment Professionals in Germany (DVFA/EFFAS 2010). Die Erfüllung der jeweils höchsten Standards des GRI bzw. der EFFAS muss von den Unternehmen im Rahmen einer sog. *Entsprechenserklärung* erfolgen. Inzwischen liegen 30 solcher Erklärungen deutscher Unternehmen vor (u.a. Allianz SE, Bayer AG, Deutsche Börse AG, Puma SE, REWE AG, Siemens AG).

1.3.3 Consumer Social Responsibility (ConSR)

Insbesondere industrielle Produktionsstrukturen (*production patterns*) und private Konsumstile (*consumption patterns*) werden neben dem rasanten Bevölkerungswachstum (*population growth*) als Hauptverursacher (*driving forces*) für die fortschreitende weltweite Umweltverschmutzung verantwortlich gemacht. „*Economic growth and unsustainable consumption patterns represent a growing pressure on the environment [...]*" (UNEP 2007, S. 24). Treibhausgasemissionen entstammten 2009 in Deutschland zu 58% aus dem produzierenden Gewerbe und zu 20,6% aus dem Konsum privater Haushalte (Bundesregierung 2012, S. 88). Eine nachhaltige Entwicklung ist insofern auch stark davon abhängig, ob es gelingt, die Lebens- und Konsumstile der Menschen auf die ökologischen und sozialen Notwendigkeiten auszurichten. Im privaten Konsum gibt es ein enormes Nachhaltigkeitspotenzial, das durch konkretes Handeln der Konsumenten ausgeschöpft werden könnte. Allerdings können auch heute noch weniger als die Hälfte der Deutschen mit dem Leitbild der „*Nachhaltigen Entwicklung*" etwas anfangen. Dieser Begriff setzt sich trotz hoher Aktualität und Medienpräsenz nur sehr langsam in der deutschen Bevölkerung durch. Die Bekanntheit des Begriffs der nachhaltigen Entwicklung stieg von 13% im Jahr 2000 auf nur 43% im Jahr 2010 (UBA 2010, S. 40).

Beim Konsumenten drückt sich Nachhaltigkeit in der Tendenz aus, so zu konsumieren, dass die Lebens- und Konsummöglichkeiten anderer Menschen (*Prinzip der intra-generativen Gerechtigkeit*) und zukünftiger Generationen (*Prinzip der inter-generativen Gerechtigkeit*) möglichst nicht gefährdet werden (*Consumer Sustainability;* Belz/Peattie 2009; Belz et al. 2007; Schrader/Hansen 2001). Analog zur unternehmerischen *Corporate Social Responsibility* (CSR) kann bei Konsumenten von der *Consumer Social Responsibility* (ConSR) gesprochen werden, um die Verantwortung, die jeder einzelne Konsument für Umwelt und Gesellschaft trägt, auszudrücken (vgl. Brinkmann/Peattie 2008). ConSR definieren wir - analog zu CSR - als eine gesellschaftliche Erwartung an Konsumenten, verantwortungsbewusst zum Schutze von Umwelt und Gesellschaft zu konsumieren (vgl. auch Closs et al. 2011, S. 102; Devinney et al. 2010, S. 7). Konsumenten können dieser Erwartung folgen, indem sie ökologische und soziale Konsequenzen ihres Konsums bei Kaufentscheidungen berücksichtigen. Sie können Verantwortung übernehmen, indem sie Produkte von Unternehmen, die sozial verantwortungsbewusst handeln, bei ihren Kaufentscheidungen bevorzugen und solche von verantwortungslosen Unternehmen meiden oder sogar aktiv boykottieren (vgl. Smith 2001, S. 143ff.). Consumer Social Responsibility „*can be defined as the conscious and deliberate choice to make consumption choices based on personal and moral beliefs*" (Devinney et al. 2006, S. 32). Folgt der einzelne Konsument dieser Erwartung aus einer moralischen Verpflichtung heraus, so wird vom *ethischen Konsum* gesprochen (Barnett et al. 2005).

Die Konsumentenverhaltensforschung und Teile der Soziologie haben sich in den letzten 25 Jahren intensiv mit dem Thema *umweltbewussten Konsums* auseinandergesetzt und einen Fundus hochrangiger wissenschaftlicher Ergebnisse geliefert (vgl. u.a. Balderjahn 1986; Carrigan et al. 2004; Diekmann/Preisendörfer 2001).

Merksatz

Unter sozial bewusstem Konsum verstehen wir solche Kaufhandlungen, die dem Konsumenten einen *moralischen* bzw. *sozialen Zusatznutzen* versprechen.

Der soziale Zusatznutzen von Produkten kann als Mehrwert (*consumer surplus*) konkretisiert werden, den Konsumenten diesen Produkten beimessen, wenn bei dessen Herstellung international akzeptierte Arbeitsstandards sowie faire Geschäftspraktiken eingehalten wurden. Eine Orientierung für faire Arbeitsbedingungen und

Geschäftspraktiken liefern die Vorgaben der *Internationalen Arbeitsorganisation* (*ILO*), des *UN Global Compact* sowie die der *ISO 26000 Norm (Social Responsibility),* die neben dem Umweltschutz insbesondere die Einhaltung der Menschenrechte, humane Arbeitsbedingungen sowie faire Geschäftspraktiken bei Unternehmen fordern. Das in der sozial-politischen Sphäre eines Landes verankerte gesellschaftspolitische Leitbild der nachhaltigen Entwicklung (*Sustainable Development*) muss sowohl auf das Management im Unternehmen als auch auf den Konsum privater und öffentlicher Haushalte übertragen werden.

☐ Kontrollfragen

[1] Was wird unter Verantwortung verstanden?

[2] Welche Verantwortungsprinzipien erfasst *Carroll´s Pyramide*?

[3] Was wird unter *Corporate Social Responsibility* verstanden?

[4] Welches sind die 10 Prinzipien des *UN Global Compacts*?

[5] Welches sind die *Kernarbeitsnormen der IAO/ILO*?

[6] Erläutern Sie die Grundlagen der Berichterstattung nach den Vorgaben der GRI.

[7] Was wird unter *Consumer Social Responsibility* verstanden?

2 Nachhaltigkeit in der Unternehmensführung

2.1 Elemente nachhaltigen Managements

Lernziele

Nach Lektüre dieses Kapitels sollten Sie …

- die grundlegenden umweltökonomischen Ansätze der *öffentlichen Güter* und der *externen Effekte* kennen und erläutern können.
- die Aufgaben des betrieblichen Umweltmanagements kennen.
- das Konzept nachhaltigen Managements mit seinen drei Ebenen beschreiben können.
- grundlegende Leitbilder der Nachhaltigkeit erläutern können.
- ökonomische, soziale und ökologische Unternehmensziele benennen können.

2.1.1 Umweltökonomie und Umweltmanagement

Umweltökonomie

Die wirtschaftswissenschaftliche Auseinandersetzung mit Fragen der Nachhaltigkeit findet hauptsächlich in der volkswirtschaftlich geprägten Umweltökonomie sowie in betriebswirtschaftlichen Abhandlungen zum Umweltmanagement, zum ökologieorientierten Marketing und zunehmend zur *Corporate Social Responsibility* statt. Die traditionell ökologisch orientierten volks- und betriebswirtschaftlichen Basisansätze werden zunehmend in das umfassendere Konzept nachhaltigen Wirtschaftens integriert und der sozialen Verantwortung an die Seite gestellt. Die volkswirtschaftliche *Um-*

weltökonomie befasst sich mit der Aufgabe, die gesamtwirtschaftliche Wohlfahrt unter Berücksichtigung einer möglichst hohen Umweltqualität zu maximieren. Dazu werden einschlägige Instrumente der wohlfahrtstheoretischen und finanzwissenschaftlichen Forschung eingesetzt. Neben der *Wohlfahrtstheorie* werden insbesondere die Theorie der externen Effekte und die öffentlicher Güter auf die Problemstellung angewendet. *Öffentliche Güter* (Kollektivgüter) sind dadurch gekennzeichnet, dass niemand vom Konsum bzw. von der Nutzung dieser Güter ausgeschlossen werden darf, unabhängig davon, ob der Einzelne einen Beitrag zur Bereitstellung oder zur Erhaltung solcher Güter leistet (z.B. saubere Luft als öffentliches Gut). Für die Inanspruchnahme öffentlicher Güter gibt es oft keine Marktpreise, so dass sog. *externe Effekte* auftreten können. Externe Effekte sind privat verursachte Kosten (negative externe Effekte wie z.B. globale Klimaerwärmung) oder Erträge (positive externe Effekte wie z.B. Blut- und Organspenden), die der Volkswirtschaft als Ganzes für ein in ihrer Verantwortung stehendes öffentliches Gut entstehen (soziale Kosten oder soziale Erträge). Sie können sowohl bei der Produktion (z.B. hohe Schadstoffemissionen einer mangelhaften Industrieanlage belastet die Luft) als auch beim Konsum (z.B. Raucher schädigen die Gesundheit anderer, passivrauchender Mitmenschen) entstehen. Die Gesamtkosten wirtschaftlicher Handlungen (z.B. Kosten der Herstellung eines Produkts) fallen bei externen Effekten nicht nur bei ihren Urhebern an (private Kosten), sondern belasten als externe oder soziale Kosten zum Teil die Gesellschaft als Ganzes (z.B. Kosten zum Bau hoher Deiche als Überflutungsschutz). Nach einem Bericht der *Europäischen Umweltagentur* (EUA) kostete 2009 die industriell verursachte Luftverschmutzung den Bürgern Europas zwischen 102 und 169 Mrd. Euro. Das entspricht durchschnittlich ca. 200 bis 330 Euro für jeden einzelnen Bürger (www.eea.europa.eu/de/themes/air). In Fällen negativer externer Effekte sind die einzelwirtschaftlichen (privaten) Kosten geringer als die gesamtwirtschaftlichen. Nach der ökonomischen Theorie haben externe Effekte eine Fehlallokation von Ressourcen und damit zusammenhängend ein *Marktversagen* zur Folge.

☐ Praxis

> Die *externen Kosten der Stromerzeugung* entstehen insbesondere durch die Emission von Luftschadstoffen (z.B. Feinstaub) sowie durch den Treibhauseffekt. Nach einer Studie des *Deutschen Zentrums für Luft- und Raumfahrt (DLR)* und des *Fraunhofer Instituts für System- und Innovationsforschung (ISI)* liegen die *„bei der Stromerzeugung aus fossilen Energieträgern [entstehenden] externen Kosten in der gleichen Größenordnung wie die betriebswirtschaftlichen (internen) Kosten, während für die Stromerzeugung aus erneuerbaren Energien die externen Kosten deutlich unter 1 ct/kWh liegen"* (Krewitt/Schlossmann 2006, S. 2). Die externen Schadenskosten durch CO_2-Emissionen belaufen sich nach dieser Studie auf 70 € je Tonne CO_2 (Krewitt/Schlossmann 2006, S. 2).

Nachhaltiges Wirtschaften ist stark von den *Kollektivgütern* Umwelt (z.B. lebensnotwendige Ressourcen) und Gesellschaft (z.B. allgemeine Gesundheit, Bildung, sozialer Friede) geprägt. Nachhaltigkeitsaktivitäten im Unternehmen kommen oft nicht nur dem Unternehmen selbst und dessen Kunden zugute, sondern der Allgemeinheit insgesamt (z.B. bessere Luftqualität durch Einbau von Filtern). Die Kosten nachhaltigen Wirtschaftens fallen dagegen nur beim Unternehmen (z.B. Investitionskosten) und beim Kunden an, der einen höheren Preis für nachhaltige Produkte bezahlen muss (Internalisierung von Nachhaltigkeitskosten). Für ein Unternehmen, das Nachhaltigkeitskosten internalisiert (z.B. Investitionen in den Umweltschutz), verschlechtert sich dann die Wettbewerbsposition, wenn andere Unternehmen aus opportunistischen Gründen nicht Gleiches tun und/oder der Konsument nicht bereit ist, einen höheren Preis für nachhaltige Produkte zu bezahlen (*Free rider-Problem*). Aus Sicht der *Informationsökonomie* führen mangelnde Informationen (*Informationsasymmetrien*) dazu, dass Konsumenten die ökologische und soziale Qualität von Produkten oft nicht selbst beurteilen können. Es handelt sich hier um Güter mit sog. *Vertrauenseigenschaften* (*Credence Goods;* vgl. Emons 1997, 2001). Das kann dazu führen, dass sich der Konsument nicht für die nachhaltige

Produktalternative, sondern für ein herkömmliches preisgünstigeres Konkurrenzprodukt entscheidet (sog. *adverse selection*). Mit Hilfe zertifizierter und bekannter „Nachhaltigkeits-Labels“ (z.B. das Fairtrade-Zeichen) lassen sich solche Beurteilungsunsicherheiten beim Konsumenten effektiv reduzieren.

Umweltmanagement

Für Unternehmen bedeutet nachhaltiges Wirtschaften insbesondere die Verfolgung ökologischer und sozialer Ziele sowie deren Integration in das betriebliche Ziel- und Managementsystem (*Corporate Sustainability*). Umweltschutz erfasst die Prävention der Umwelt vor gravierenden Schäden. Insbesondere gehen von der Produktion und dem Konsum wirtschaftlicher Güter sowie dem Handel mit Wirtschaftsgütern unerwünschte Umweltbelastungen aus. Aus diesem Grund hat sich die Betriebswirtschaftslehre seit Mitte der 1980er Jahre zunehmend ökologischen Fragestellungen geöffnet und seitdem Beachtliches zur Entwicklung auf den Umweltschutz gerichteter betrieblicher Managementkonzepte geleistet (vgl. Balderjahn 2007; Dyckhoff 2000; Dyckhoff/Souren 2008; Meffert/Kirchgeorg 1998; Müller-Christ 2001; Wagner 1997; Weber 1997).

Merksatz

Umweltmanagement ist ein betriebliches Führungskonzept, das sich durch die Verpflichtung und das Bestreben auszeichnet, Belastungen für die natürliche Umwelt in allen Unternehmensbereichen und bei allen Aktivitäten der Unternehmung konsequent zu verringern bzw. zu vermeiden.

Umweltmanagement beinhaltet eine „proaktive“ Umsetzung des Umweltschutzes bei der Planung, Organisation, Durchführung und Kontrolle sämtlicher Aktivitäten eines Unternehmens unter Gesichtspunkten ökologischer Effizienz und gesellschaftlicher Legitimität. Die *ökologische Effizienz* zielt auf eine Minimierung von Ressourcenverbrauch, Schadstoffemissionen und ökologischen Risikopotenzialen. Mit der *gesellschaftlichen Legitimation* sichert sich ein Unternehmen die Unterstützung gesellschaftlicher Institutionen (z.B. Politik) und Akteure.

Insbesondere drei Aspekte stellen den Umweltschutz im Unternehmen unter einen spezifischen Entscheidungsrahmen (Balderjahn 2007): *Erstens* stellt die natürliche Umwelt ein Kollektivgut dar, dessen Schutz nicht in der Macht eines einzelnen Unternehmens steht, sondern das nur durch Kooperationen mit anderen Akteuren sowie durch Unterbindung opportunistischen Verhaltens sog. *Trittbrettfahrer* geschützt werden kann. *Zweitens* hat der Umweltschutz im Unternehmen durch den Verbrauch weltweit knapper Ressourcen, die Existenz globaler Umweltprobleme (z.B. globale Klimaerwärmung), eine zunehmende Beachtung von Umweltaspekten auf den globalen Finanzmärkten sowie durch global agierende Nichtregierungsorganisationen (NGOs) den Rang einer globalen Managementdimension. *Drittens* ist der Umweltschutz nicht nur eine interne Angelegenheit von Unternehmen, sondern ein gesellschaftlicher Anspruch. Neben der Beachtung von Umweltschutzgesetzen und -anforderungen der Märkte müssen sich Unternehmen auch bewusst den Interessen und Forderungen gesellschaftlicher Anspruchsgruppen stellen, um legitimiert handeln zu können (Steger 2003, S. 6f.). Während die Politik ihre ökologischen Ansprüche durch Gesetze und Rechtsverordnungen durchsetzt (z.B. Kreislaufwirtschaftsgesetz KrWG), stehen ökologieorientierten Anspruchsgruppen (z.B. NGOs) insbesondere Maßnahmen der medial gestützten Meinungsbeeinflussung und der Lobbyarbeit zur Durchsetzung ihrer Interessen zur Verfügung (Balderjahn 1997, S. 75ff.).

Umweltmanagement ist ein funktionsübergreifendes (Umweltschutz als Querschnittsfunktion), unternehmensübergreifendes (sektorale Umweltschutzkooperationen), marktübergreifendes (Umweltschutz als soziale Verpflichtung), antizipatives (proaktiver Umweltschutz) und interdisziplinäres (Schnittstellencharakter des Umweltschutzes) betriebliches Führungskonzept. Es findet in Unternehmen in jeder Funktion und in jeder Aufgabe statt (Balderjahn 2007). Im Rahmen der *Materialbeschaffung* sind die zu beschaffenden Güter sowie deren Transport und Lagerung unter ökologischen Kriterien über die gesamte Lieferantenkette (*Supply Chain Management*) zu bewerten. Die *Produktion*, die einen Prozess der Transformation von Input- in Outputgütern darstellt, weist vielfältige Wechselbeziehungen zur natürlichen Umwelt auf. Knappe Ressourcen werden verbraucht und unerwünschte Kuppelprodukte und Emissionen belasten die Umwelt. *Integrierte Umweltschutztechnologien* in der Fertigung (sog. *Clean bzw. Green Technologies*) können im Sinne des Kreislaufprinzips unerwünschte Produktionsabfälle vermeiden bzw. verringern. Demgegenüber richtet sich der Einsatz sog. *End-of-the-Pipe-Technologien* auf eine nachgeschaltete Reduzierung der Rückstände, ohne den Fertigungsprozess umweltgerechter gestalten zu müssen (Macharzina/Wolf 2010, S. 777). Die Schließung von Stoffkreisläufen entlang des ökologischen Produktlebenszyklus (*Product Stewardship-Prinzip*) erfordert eine Kooperation aller an einer *Wertschöpfungskette* beteiligten Akteure (Dyckhoff 2000, S. 27f.). Die Umwelteinwirkungen in der *Logistik* entstehen beim Gütertransport, bei der Güterlagerung sowie bei der Lagerung und Entsorgung von Transportverpackungen. Umweltschonende logistische Transportkonzepte umfassen insbesondere die Gestaltung der Verkehrswege und Entfernungen nach Umweltschutzkriterien, den Einsatz umweltverträglicher Transportmittel sowie die Steigerung der Transportauslastung bzw. -effizienz. Bei der Planung von Lagerstätten sind insbesondere auch der Flächenverbrauch sowie die erforderlichen Infrastrukturmaßnahmen unter Umweltschutzgesichtspunkten zu bewerten (Claus et al. 2003, S. 39ff.).

Umweltschutz in *Forschung und Entwicklung* richtet sich auf die Gestaltung umweltverträglicher Produkte und Prozesse.

☐ Merksatz

> *Umweltverträgliche Produkte* weisen eine hohe Umweltqualität auf, da sie bei der Herstellung, Verteilung, Verwendung, Verwertung und Entsorgung, also *„von der Wiege bis zur Bahre"*, die Umwelt deutlich weniger belasten als konventionelle Angebote derselben Produktgruppe.

Die *Umweltqualität* ist ein Maß für die Eignung eines Produkts, die Umwelt während des gesamten ökologischen Produktlebenszyklus zu schonen. Zur Entwicklung und Konstruktion umweltverträglicher Produkte liegen verschiedene Gestaltungshinweise und Richtlinien (*Design for Environment*) einschlägiger Organisationen vor (z.B. VDI-Richtlinien). Diese beziehen sich auf einen minimalen Material- und Energieeinsatz sowie den Einsatz von Sekundärrohstoffen (*Design for Efficiency*), auf die Verwendung ökologisch und gesundheitlich unbedenklicher Materialien, auf eine geringe Materialvielfalt und den Verzicht auf Verbundstoffe, auf die Kennzeichnung der verwendeten Materialien und auf eine recyclinggerechte (*Design for Recycability*) sowie demontagegerechte Konstruktion (*Design for Disassembly*). Darüber hinaus zeichnen sich umweltverträgliche Güter durch Langlebigkeit aus, die u.a. durch ein modulares Design, durch Mehrfachnutzungs- und Mehrfachverwendungsmöglichkeiten sowie durch eine lange Haltbarkeit durch Reparatur- und Instandhaltungsmöglichkeiten (*Design for Durability*) erreicht werden kann. Im *Personalwesen* müssen zur Durchsetzung des Umweltschutzes Mitarbeiter und Mitarbeiterinnen spezifische, auf den Umweltschutz gerichtete Fachkenntnisse und Schlüsselqualifikationen erwerben (Balderjahn 2007). Das erfordert bei der Personalplanung und -beschaffung die Festlegung von umweltschutzorientierten Qualifikations- und Einstellungskriterien (z.B. naturwissenschaftliches Fachwissen). Die *Personalentwicklung* hat die Aufgabe, Mitarbeiter hinsichtlich des Umweltschutzes aus- und weiterzubilden sowie die Bereitschaft der Mitarbeiter zu fördern, die erworbenen Fähigkeiten zum Umweltschutz im Unternehmen einzusetzen. Inwieweit umweltschutzorientierte Maßnahmen im Personalwesen greifen, ist stark vom Führungsstil (*Personalführung*) im Unternehmen abhängig. Mitarbeiter und Mitarbeiterinnen sind insbesondere dann für den Umweltschutz zu motivieren, wenn sowohl der Umweltschutz in der *Unternehmenskultur* als gemeinsamer Wert verankert und gelebt wird als auch auf den Umweltschutz gerichtete *Anreizsysteme* vorhanden sind (Domsch et al. 1997, S. 104ff.).

Seit der Jahrhundertwende löst das Thema *Corporate Social Responsibility* (CSR) zunehmend die Begriffe Umweltschutz und Nachhaltigkeit in der Diskussion ab bzw. ergänzt es. Für Unternehmen stellt CSR ein unternehmerisches Leitbild dar, das die freiwillige

Verpflichtung zur umfassenden Übernahme von Verantwortung für Umwelt und Gesellschaft beinhaltet. CSR hat sich inzwischen aus der Nischenposition in der deutschsprachigen Betriebswirtschaftslehre zunehmend zu einem Mainstream-Thema entwickelt und nimmt dort einen breiten und beachtlichen Raum in Forschung und Lehre ein.

2.1.2 Nachhaltigkeit im Management-Konzept

☐ Merksatz

> Nachhaltige Unternehmensführung stellt die Gesamtheit derjenigen Handlungen verantwortlicher Akteure dar, welche die auf die Nachhaltigkeit gerichtete Gestaltung und Abstimmung der Unternehmens-Anspruchsgruppen-Interaktion im Rahmen der Wertschöpfungsprozesse zum Gegenstand haben (vgl. Macharzina/Wolf 2010, S. 9f.).

Nachhaltiges Management ist langfristig angelegt und fokussiert sich entsprechend dem *Triple Bottom Line Konzept* (TBL, 3BL) auf die Dimensionen ökonomischer Erfolg (*Profit*), Umwelt-, Klima- und Ressourcenschutz (*Planet*) sowie soziale Verantwortung (*People*). Das *Triple Bottom Line Konzept* richtet sich auf den ökonomischen Mehrwert, den ein Unternehmen durch umwelt- und sozialverträgliches Management erzielen kann. Danach reicht es für den langfristigen, nachhaltigen Bestand eines Unternehmens nicht aus, ausschließlich dem ökonomischen Paradigma zu folgen. Darüber hinaus sind soziale und ökologische Herausforderungen vom Management mit aufzugreifen (vgl. Elkington 1997). Das TBL Konzept geht über den reinen *Business Case* der Nachhaltigkeit, der grundsätzlich immer die *Win-Win-Situation* zwischen der ökonomischen Zielsetzung einerseits und den sozialen und ökologischen Zielen andererseits sucht, weit hinaus (vgl. Dyllick/Hockerts 2002, S. 135ff.), da auch der ökologischen und sozialen Managementdimension eigenständige Mehrwertpotenziale zugesprochen werden (z.B. Schaffung von Reputation und gesellschaftlicher Legitimation, Verbesserung der Beziehungen zu Anspruchsgruppen, Senkung von sozial bzw. ökologisch begründeten Risiken).

Merksatz

Nachhaltiges Management umfasst ganz allgemein die zielorientierte Gestaltung arbeitsteiliger Prozesse zur Schaffung eines ökonomisch, ökologisch und sozial begründeten Unternehmenswertes.

Die Begriffe Unternehmensführung und Management werden im deutschsprachigen Raum oft synonym verwendet. Die nachhaltige *Personalführung* (oft nur als Führung bezeichnet), die die auf Nachhaltigkeit gerichtete Steuerung interpersonaler Beziehungen zwischen Vorgesetzten und Mitarbeitern zur Aufgabe hat, ist Teil der Unternehmensführung (vgl. Macharzina/Wolf 2010, S. 40f.). Management kann aus einer institutionellen und einer funktionalen Perspektive aus betrachtet werden (vgl. Steinmann/Schreyögg 2005, S. 6). *Management als Institution* erfasst die Organe, Träger, Gruppen bzw. Personen mit Weisungsbefugnissen (z.B. Vorstände, Vorgesetzte). Personen, die sich mit diesen Unternehmensführungsaufgaben befassen, sind Funktionsträger mit Entscheidungs- und Anordnungskompetenzen. Nach der Stellung in der Unternehmenshierarchie kann noch zwischen dem *Top-, Middle- und Lower-Management* unterschieden werden. Mit den Aufgaben, die zur nachhaltigen Steuerung des gesamten Unternehmens erforderlich sind, beschäftigt sich das nachhaltige *Management als Funktion*. Hierbei handelt es sich um Querschnittsfunktionen, die im Managementprozess den Meta-Bereichen *Willensbildung* (Planung und Entscheidung) und *Willensdurchsetzung* (Führung und Kontrolle) zugeordnet werden können (vgl. Macharzina/Wolf 2010, S. 38). Dabei geht es primär um Aufgaben der auf die Nachhaltigkeit gerichteten Analyse, Planung und Steuerung, Personalführung, Organisation, Implementierung, Koordination und Kontrolle.

Eine Management-Konzeption umfasst in Anlehnung an den *St. Galler Management-Ansatz* das normative Management (Setzen von Leitlinien, Grundsätzen und Oberzielen), das strategische Management (strategische Analyse, Planung und Strategieentwicklung) und das operative Management (Implementierung, Maßnahmeneinsatz; vgl. Bleicher 1994, S. 17; Dyllick 1992a, S. 407). Diese drei Managementebenen werden gesteuert und unterstützt von der Unternehmenskultur, der Unternehmensverfassung (*Corporate Governance*), der Unternehmensphilosophie und den Führungsstilen einerseits und von der Unternehmensorganisation sowie den Managementsystemen andererseits. Unternehmen haben eine Organisation mit formalen und informalen Regeln, mit denen die Erwartungen der Organisationsmitglieder gesteuert werden sollen (zu Knyphausen-Aufseß/Picot 2010, S. 398). Informale Regeln sind insbesondere der jeweiligen Unternehmenskultur zuzuordnen. Kulturen allgemein sind mentale Programme, die das Denken, Fühlen und Handeln von Individuen bestimmen (Hofstede 2001). Unter der *Unternehmenskultur* versteht man die von Management und Mitarbeitern einer Unternehmung gemeinsam akzeptierten und gelebten Denk- und Werthaltungen (*shared values*), die sich in den Management- und Geschäftspraktiken niederschlagen (Balderjahn/Specht 2011, S. 99). Soziale und ökologische Erwartungen der Gesellschaft können von der Kultur eines Unternehmens internalisiert werden. Die Unternehmenskultur stellt dann auch einen Interpretations- und Orientierungsrahmen für auf Fragen der Nachhaltigkeit ausgerichtete Entscheidungen dar. Umweltschutz, soziale Gerechtigkeit, Generationengerechtigkeit und Verantwortung sind Werte, die das nachhaltige Management leiten.

Normatives, strategisches und operatives Management können direkt auf das Nachhaltigkeitsprinzip übertragen werden (vgl. Abb. 10). Danach legt das *normative Nachhaltigkeits-Management* das Leitbild „*Sustainability*" als Vision zugrunde. Visionen formulieren das, was ein Unternehmen auf längere Sicht erreichen und wohin es sich zukünftig entwickeln will. Sie geben auch Orientierung für unternehmerische Entscheidungen und positionieren das Unternehmen bei seinen Anspruchsgruppen. So verfolgt *PUMA* die Vision: *Fair, Honest, Positive, Creative.* Leitbilder und Grundsätze dienen dann dazu, die einzelnen Facetten bzw. Dimensionen der Nachhaltigkeit weiter zu konkretisieren (z.B. Leitbilder, die sich auf Mitarbeiter, Kunden und die Umwelt beziehen). *Strategisches Nachhaltigkeits-Management* hat die Aufgabe, Strategien zu entwerfen, die geeignet sind,

- durch Nachhaltigkeit ökonomische Erfolgs- und Chancenpotenziale zu nutzen (ökonomische Zielsetzung),
- faire Beziehungen zu relevanten Anspruchsgruppen aufzubauen und zu pflegen (soziale Zielsetzung) sowie
- den Umwelt-, Klima- und Ressourcenschutz intern und bei allen Geschäftspartnern, möglichst über die gesamte Wertschöpfungskette hinweg, durchzusetzen (ökologische Zielsetzung).

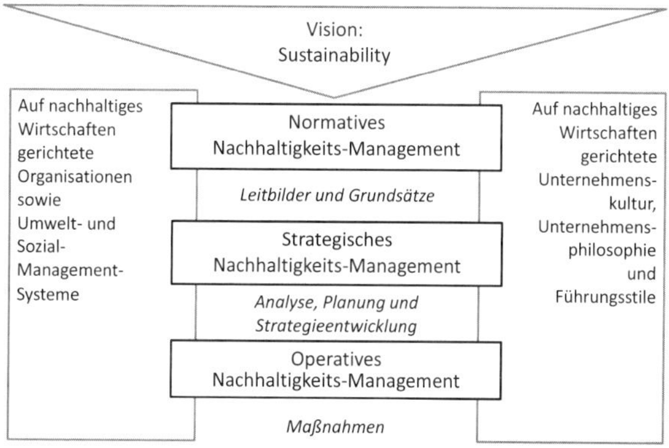

Abb. 10: Nachhaltiges Management nach dem St. Galler Ansatz

Quelle: in Anlehnung an Bleicher 1994, S. 17 und Dyllick 1992a, S. 407

Grundlage der strategischen Nachhaltigkeitsplanung ist eine umfassende Analyse interner Stärken und Schwächen der Unternehmung sowie der Chancen- und Risikopotenziale des Unternehmensumfeldes. Maßnahmen des Nachhaltigkeitsmanagements sowie die damit verbundenen Managementsysteme richten sich u.a. auf die

- Einrichtung von nachhaltigen Managementsystemen (z.B. Umwelt- und Sozialmanagementsysteme nach EMAS, ISO 14001 und ISO 26000),

- Umsetzung nachhaltiger Planungsinstrumente (z.B. Stoffflussrechungen, Lieferantenmonitoring),
- Schulung, Information und Motivation von Mitarbeitern (z.B. nachhaltige Führungsgrundsätze, Mitarbeiterqualifikation),
- Umsetzung von nachhaltigen Strategien durch Auswahl geeigneter Maßnahmen (z.B. Entwicklung und Angebot nachhaltiger Produkte) und auf die
- Schaffung von Transparenz für die Öffentlichkeit (z.B. Erstellung von Nachhaltigkeitsberichten nach dem G3-Standard des GRI).

Darüber hinaus müssen Nachhaltigkeitsaspekte in die *Aufbau- und Ablauforganisation* (Nachhaltigkeitsstruktur) des Unternehmens integriert werden (z.B. die Einstellung von sog. Umweltschutzbeauftragten). Darüber hinaus sind Unternehmen frei, sich eine auf die Nachhaltigkeit ausgerichtete Struktur zu geben. Hierzu gibt es inzwischen zahlreiche unterschiedliche Konzepte.

2.1.3 Leitbilder und Ziele nachhaltigen Managements

Nachhaltige Leitbilder

Leitbilder und allgemeine Grundsätze sind Elemente der Unternehmenskultur und der Unternehmensphilosophie. Die *Unternehmensphilosophie* legt allgemeine Werte (*shared values*) und Zielvorstellungen der Unternehmen fest und bildet die Basis zur Ableitung eines konkreten Zielsystems. *Unternehmensgrundsätze* bilden die Basis für die Festlegung konkreter Geschäftsfelder sowie für die Positionierung des Unternehmens hinsichtlich seiner Anspruchsgruppen. Darüber hinaus beinhalten sie generelle Aussagen über die *Unternehmensverfassung (Corporate Governance)*, die *Organisation* und das *Managementsystem* der Unternehmung. Die schriftliche Fixierung von Unternehmensgrundsätzen wird oft als Leitbild der Unternehmung bezeichnet. *Unternehmensleitbilder* machen Aussagen über alle grundsätzlichen, allgemein gültigen und dennoch realistischen Vorstellungen der Unternehmensentwicklung sowie über angestrebte Ziele und Handlungspläne. Sie orientieren sich an dem allgemeinen Zweck der Unternehmung (*business mission*) und sollen für alle relevanten Akteure der Unternehmung gelten. In Leitbildern und Grundsätzen kommt die Bedeutung zum Ausdruck, die bestimmten Oberzielen, Strategien und Maßnahmen vom Unternehmen eingeräumt wird.

Auf das nachhaltige Wirtschaften und die gesellschaftliche Verantwortung bezogen, wollen wir die Leitbilder *Corporate Sustainability* (CS) und *Corporate Social Responsibility* (CSR) unterscheiden. In Unternehmen bedeutet nachhaltiges Wirtschaften insbesondere die Verfolgung ökologischer und sozialer Ziele sowie deren Integration im betrieblichen Ziel- und Managementsystem. Als Leitbild bedeutet *Corporate Sustainability*, unter wirtschaftlichen Bedingungen sozial gerecht und umweltverträglich zu handeln. Mit diesem Leitbild definiert ein Unternehmen seine Position gegenüber den ökologischen (z.B. „Sicherung der natürlichen Lebensgrundlagen"), sozialen (z.B. „Schaffung humaner Arbeitsplätze") und ökonomischen Herausforderungen (z.B. „Sicherung von Wettbewerbsvorteilen"). *Corporate Social Responsibility* (CSR) legt als Leitbild im Unternehmen fest, für wen und für was (Verantwortungsobjekt) es freiwillig, aber verbindlich Verantwortung übernehmen will. Danach verpflichten sich Unternehmen *freiwillig* zum verantwortungsbewussten Verhalten gegenüber den Mitarbeitern, der Gesellschaft und der Umwelt. Da die Verantwortlichkeit neben der eigentlichen Geschäftstätigkeit auch soziale und ökologische Bereiche umfasst, werden nach diesem Leitbild verantwortungsbewusste Beziehungen zu einer breiten Palette von marktlichen (z.B. Zulieferer), ökologischen (z.B. Umweltorganisationen), sozialen (z.B. Kulturorganisationen) und internen Anspruchsgruppen (z.B. Mitarbeiter) gepflegt.

Corporate Governance (CG), *Corporate Compliance* und *Corporate Citizenship* (CC) sind weitere, eng mit dem CSR-Konzept assoziierte Leitbilder. *Corporate Governance* (CG) stellt den Ordnungsrahmen der Unternehmung - die Unternehmensverfassung - dar und umfasst Grundsätze und Verhaltensregeln für eine verantwortungsvolle Führung und Überwachung von Unternehmen. Es stellt einen Verhaltensrahmen für alle direkt oder indirekt an Unternehmensentscheidungen beteiligten (internen und externen) Akteure bereit (Brauer et al. 2009, S. 15f.). Dieses Leitbild ist darauf ausgerichtet, durch Transparenz Vertrauen bei Aktionären, Geschäftspartnern, Kunden und in der Öffentlichkeit zu schaffen und den Unternehmenswert (*Equity Value*) zu steigern. *Corporate Governance* kann einerseits eng ausgelegt werden und nur betriebliche Kontroll- und Anreizsysteme erfassen, die geeignet erscheinen, den Wert des Unternehmens für die Eigentümer zu erhöhen (*Shareholder Value*). In einer erweiterten Perspektive kann unter diesem Begriff andererseits auch die Befriedigung von Interessen der Anspruchsgruppen mit einbezogen werden (*Stakeholder Value*; vgl. v. Werder 2011, S. 51; Schwerk 2010, S. 180).

Praxis

Henkel: „Corporate Governance im Sinne einer verantwortungsvollen, transparenten und auf die langfristige Steigerung des Unternehmenswerts ausgerichteten Führung und Kontrolle des Unternehmens ist ein wesentlicher Bestandteil der Unternehmenskultur."

www.henkel.de/investor-relations/corporate-governance-10453.htm

Siemens: „Eine klar strukturierte und gelebte Corporate Governance hat für uns höchste Priorität. Corporate Governance bildet die Grundlage aller unserer Entscheidungs- und Kontrollprozesse."

www.siemens.com/investor/de/corporate_governance.htm

Eine Folge von Gesetzen, wie das Gesetz zur Kontrolle und Transparenz im Unternehmensbereich (KonTraG) von 1998 sowie das Bilanzrechtsmodernisierungsgesetz (BilMoG) von 2009 zum einen und die Arbeit der im September 2001 eingesetzten Regierungskommission *Deutscher Corporate Governance Kodex* (DCGK) zum anderen, haben in Deutschland die Entwicklung der *Corporate Governance* wesentlich vorangetrieben (vgl. v. Werder 2011, S. 49f.).

Beim *Deutschen Corporate Governance Kodex* (DCGK), der seit 2002 jährlich fortgeschrieben und aktuell als neuer Entwurf für 2012 diskutiert wird (www.corporate-governance-code.de), handelt es sich um *„international und national anerkannte Standards guter und verantwortungsbewusster Unternehmensführung"* (DCGK 2012, Präambel). In seiner noch gültigen Fassung von 2010 gibt der DCGK insgesamt 90 Empfehlungen und 16 Anregungen für *best practices* in der Leitung und Führung von börsennotierten Unternehmen (v. Werder 2011, S. 50). *„Er will das Vertrauen der internationalen und nationalen Anleger, der Kunden, der Mitarbeiter und der Öffentlichkeit in die Leitung und Überwachung deutscher börsennotierter Gesellschaften fördern"* (DCGK 2012, Präambel). Der DCGK ist mit deutschen Gesetzen abgestimmt. Er besitzt über die *Entsprechenserklärung* (*Compliance-Erklärung*), die durch das Transparenz- und Publizitätsgesetz von 2002 in § 161 AktG eingefügt wurde, eine gesetzliche Grundlage (www.corporate-governance-code.de). Danach *„[erklären] Vorstand und Aufsichtsrat einer börsennotierten Gesellschaft [...] jährlich, dass den vom Bundesministerium der Justiz im amtlichen Teil des elektronischen Bundesanzeigers bekannt gemachten Empfehlungen der Regierungskommission Deutscher Corporate Governance Kodex entsprochen wurde und wird (comply) oder welche Empfehlungen nicht angewendet wurden oder werden (explain). Die Erklärung ist den Aktionären dauerhaft zugängig zu machen"* (§ 161 AktG). Beispielsweise „empfiehlt" der DCGK unter Ziff. 4.2.4., dass *„die Gesamtvergütung eines jeden Vorstandsmitglieds [...], aufgeteilt nach fixen und variablen Vergütungsteilen, unter Namensnennung offen gelegt [wird]."*

Praxis

Entsprechenserklärung des Vorstands und des Aufsichtsrates der *Siemens AG* zum Deutschen Corporate Governance Kodex vom 1. Oktober 2011 (Auszug):

„Die Siemens AG entspricht sämtlichen vom Bundesministerium der Justiz im Amtlichen Teil des elektronischen Bundesanzeigers veröffentlichten Empfehlungen des Deutschen Corporate Governance Kodes („Kodex") in der Fassung vom 26. Mai 2010 und wird ihnen auch

zukünftig entsprechen, lediglich mit folgender Ausnahme: Die gegenwärtig geltenden, von der Hauptversammlung der Gesellschaft vom 25. Januar 2011 beschlossenen und in der Satzung niedergelegten Vergütungsregeln für den Aufsichtsrat der Siemens AG enthalten – abweichend von Ziff. 5.4.6. Abs. 2 Satz 1 des Kodex – keine erfolgsorientierten Vergütungskomponenten."

www.siemens.com/investor/de/corporate_governance/dcg-kodex.htm

Corporate Compliance (CP) fordert vom Unternehmen, dafür zu sorgen, dass sich alle Organmitglieder und Mitarbeiter an die einschlägigen Gesetze und Verordnungen, vertraglichen Verpflichtungen, Selbstverpflichtungen sowie freiwillig gesetzten Verhaltensstandards (*Codes of Conduct*) halten. *Codes of Conduct* zur Nachhaltigkeit sind ethische Verhaltensnormen (Codizes), die den Leitbildern und Zielen einer Unternehmung zugeordnet werden können (vgl. zu Knyphausen-Aufseß/Picot 2010, S. 399). Der *Deutsche Corporate Governance Kodex* hat in Ziff. 4.1.3. die Empfehlung ausgesprochen, dass *„der Vorstand […] für die Einhaltung der gesetzlichen Bestimmungen und der unternehmensinternen Richtlinien zu sorgen [hat].*" Durch die zunehmende Komplexität rechtlicher Rahmenbedingungen und freiwilliger Standards im Zuge der Globalisierung wird ein professionelles *Compliance Management* für Unternehmen immer wichtiger. Eine gute *Compliance* kann vor Haftungsrisiken und Schadensersatzzahlungen sowie öffentlichen Skandalen schützen. Dies gilt insbesondere auch für Selbstverpflichtungen und *Codes of Conduct* zur Nachhaltigkeit und CSR. Da diese Standards vor Gericht nicht oder nur schwierig einklagbar sind, übernehmen oft die Medien und damit die Öffentlichkeit die Kontrolle darüber.

☐ **Praxis**

Das Compliance-Programm der *BASF*:

„Compliance bedeutet für uns die Pflicht, Gesetze und unternehmensinterne Richtlinien einzuhalten. Unser Compliance-Programm hat das Ziel den Grundwert Integrität im Unternehmen noch stärker zu veran-

kern. Zu Beginn des Jahres 2003 hat BASF als eines der ersten deutschen Großunternehmen, einen Chief Compliance Officer ernannt. Der Chief Compliance Officer ist zuständig für die kontinuierliche, gruppenweite Weiterentwicklung des Compliance-Programms und betreut ein Netzwerk von regionalen Compliance-Beauftragten."

www.basf.com/group/corporate/de/sustainability/our-values/compliance

Corporate Citizenship (CC) umschreibt ein innerhalb der Unternehmensstrategie angelegtes systematisches Konzept für ein kommunales (zivilgesellschaftliches) *bürgerliches Engagement* des Unternehmens, das sowohl für die Gemeinschaft als auch für das Unternehmen nützlich ist (Win-Win-Situation; vgl. Habisch 2006). Als Leitbild fordert CC, dass ein Unternehmen seinen bürgerlichen Rechten und Pflichten nachkommt und sich als „guter Bürger" verantwortungsbewusst im jeweiligen lokalen gesellschaftlichen Umfeld verhält. Das Besondere an CC, das dieses Leitbild auch von CSR abgrenzt, ist, dass das Gemeinwohl mit dem Geschäftsinteresse verknüpft wird. Verantwortungsbewusstes Handeln schafft Glaubwürdigkeit, Vertrauen und letztendlich Reputation für das Unternehmen. Die wirtschaftliche Leistungsfähigkeit wird sich auf Dauer besser erhalten lassen, wenn Unternehmen nicht nur am Markt erfolgreich sind, sondern gleichermaßen im Umwelt- und Sozialbereich verantwortungsbewusst agieren. Insofern kann nicht davon gesprochen werden, dass für das soziale Engagement ausschließlich philanthropische Motive maßgeblich sind (vgl. Loew et al. 2004, S. 54f.). Zu diesen bürgerlichen Engagements im Rahmen des *Corporate Citizenship* gehören Spenden (*Corporate Giving*), Sponsoringaktivitäten und Gründung von gemeinnützigen Unternehmensstiftungen (*Corporate Foundations*) sowie die Förderung eines freiwilligen Einsatzes von Mitarbeitern für wohltätige Zwecke (*Corporate Volunteering;* vgl. Mutz/Korfmacher 2003). Im Vergleich zu CSR, das eine Balance zwischen ökonomischen, ökologischen und sozialen Zielen im Unternehmen vorsieht und dessen Perspektive global ist, handelt es sich bei CC um eine unmittelbar mit dem Geschäftsinteresse des Unternehmens verbundene Strategie mit lokalem Bezug (vgl. Loew et al. 2004, S. 54).

Nachhaltige Ziele

Aus dem Leitbild der Nachhaltigkeit (*Sustainability*) und der unternehmerischen Verantwortung (CSR) lassen sich betriebliche *Ober- und Unterziele* ableiten. Die Verankerung von Nachhaltigkeitszielen erfolgt in der Praxis mit unterschiedlicher Priorität. Die Spannweite ist festgelegt auf der einen Seite durch nur implizite Festlegungen oder Festschreibungen gesetzlicher Normen (*Compliance*) und auf der anderen Seite durch eine freiwillige Übernahme ökologischer und sozialer Aufgaben durch das Unternehmen. Die Integration ökologischer, ökonomischer und sozialer Ziele in unternehmerische Kernaufgaben steht im Einklang mit dem Leitbild nachhaltigen Wirtschaftens (*Sustainable Development*). Diese Zielbereiche müssen in Einklang miteinander gebracht bzw. miteinander abgestimmt werden (vgl. Abb. 11). Zu den von Unternehmen verfolgten Zielen der Nachhaltigkeit können auch sog. ethische Standards und Kodizes (*Codes of Conduct*) gehören (zu Knyphausen-Aufseß/Picot 2010, S. 399).

☐ Merksatz

> Ein *Code of Conduct* fasst in formulierten Prinzipien bzw. Regeln Erwartungen einer Unternehmung an das Verhalten des eigenen Managements, der Mitarbeiter sowie ggf. auch an das Verhalten der Lieferanten und anderer externer Akteure zusammen. Oft handelt es sich dabei um solche Regelungen, die Unternehmen sich durch Selbstverpflichtungen freiwillig auferlegt haben.

Ökologische Zielbereiche im Unternehmen richten sich auf den betrieblichen Umweltschutz. Dazu gehört u.a. der *Klimaschutz* (u.a. Begrenzung der CO_2-Emissionen), der Ressourcenschutz (z.B. Substitution nicht regenerativer Ressourcen durch regenerative Ressourcen), die Emissionsbegrenzung (Abluft, Abwasser, Lärm, Abwärme und Strahlen), die Abfallminderung sowie eine Risikobegrenzung. Verbunden damit wird eine nachhaltige Verringerung der Materialintensitäten je produzierter bzw. konsumierter Einheit (*Ressourceneffizi-*

enz) ebenso angestrebt wie die Erhöhung der *Energieeffizienz* und ein Ausbau des Einsatzes erneuerbarer Energien. Zur Erreichung dieser Ziele müssen nachhaltige Produktionsprozesse und -technologien eingesetzt (*Kreislaufwirtschaft*), nachhaltige, kreislaufgerechte Produkte entwickelt und hergestellt sowie die Nachfrage nach diesen Produkten mit Hilfe des Marketing stimuliert werden (vgl. auch Dyckhoff/Souren 2008, Kap. 12 und 13).

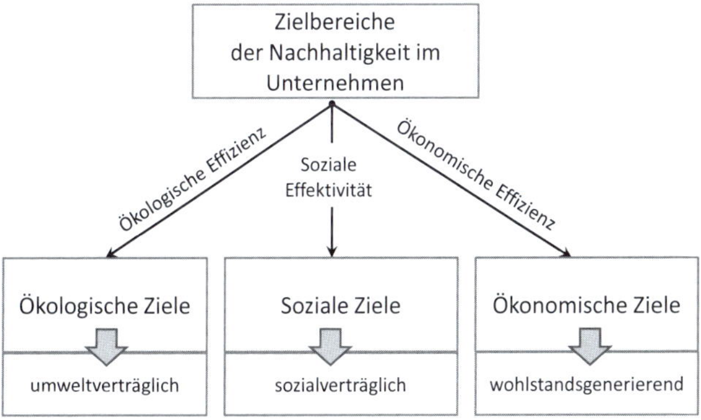

Abb. 11: Zielbereiche nachhaltiger Unternehmensführung

Soziale Zielbereiche richten sich auf die Sozialverträglichkeit betrieblichen Handelns. Dazu gehören u.a. die Achtung der Menschenrechte, die Einhaltung internationaler Arbeitsstandards bei Produktion und Handel, Schutz der Sicherheit und Gesundheit der Mitarbeiter sowie deren faire Entlohnung, familienfreundliche Arbeitsplätze, keine Diskriminierung (*Diversity*), faire Geschäftspraktiken (*Fairness*), Korruptionsbekämpfung im Unternehmen, Information der Öffentlichkeit und Schaffung von Transparenz, der Dialog mit Anspruchsgruppen sowie das Engagement in den Kommunen zur Stützung des Gemeinwesens.

Ökonomische Zielbereiche richten sich grundsätzlich auf die Erhaltung und Steigerung der Wettbewerbsfähigkeit der Unternehmen. Daraus lassen sich die speziell mit dem nachhaltigen Wirtschaften verbundenen ökonomischen Ziele der Schaffung von existenzsichernden und der Abbau von prekären Arbeitsplätzen (*Beschäftigung*) sowie die Schaffung eines angemessenen Wohl- und Lebensstandards (*Wohlstand bzw. Armutsbekämpfung*) ableiten. Dazu ist es erforderlich, dass Unternehmen die Chancen der Nachhaltigkeit erkennen und umsetzen können. Es geht um die oft schwierige Profilierung der Nachhaltigkeit als Wettbewerbsvorteil. Mit nachhaltigen Produkten, die innovativ sind und einen hohen Kundenutzen versprechen, können Wettbewerbsvorteile erreicht werden (*Nachhaltigkeit als Business Case;* vgl. Hansen/Schrader 2005 S. 384f.). Allerdings steht die Nachhaltigkeit eines Produkts beim Konsumenten oft im Wettbewerb mit anderen Produktmerkmalen wie z.B. die Marke oder der Preis (Vorhandensein von *Trade-offs*). Nachhaltigkeitsindikatoren, wie sie vom G3 des GRI bereitgestellt werden, können im Unternehmen sehr gut als *operationale Ziele* definiert und verfolgt werden.

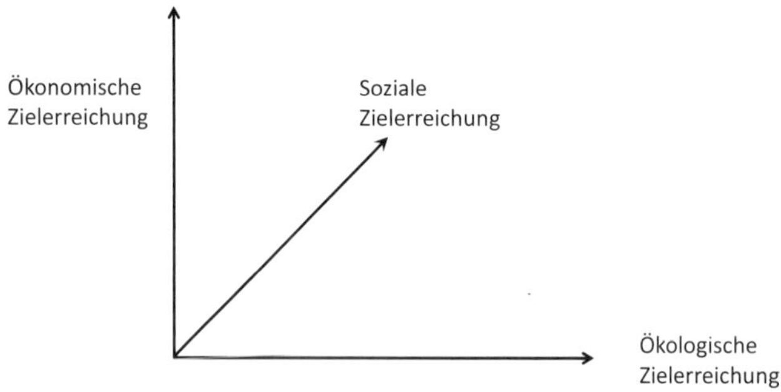

Abb. 12: Konkurrierende und komplementäre Zielbeziehungen zwischen ökonomischen, ökologischen und sozialen Zielen

Ökonomische, ökologische und soziale Ziele sollen in den Kernfunktionen des Unternehmens integriert werden und nach dem Nachhaltigkeitskonzept möglichst komplementär zusammenwirken, um sich gegenseitig zu fördern. Dennoch kann es unter den drei Zielarten der Nachhaltigkeit zu Zielkonflikten kommen. In solchen Fällen kann ein Ziel nur auf Kosten eines anderen Zieles erreicht werden (Abb. 12).

Komplementäre Ziele der Nachhaltigkeit fördern sich gegenseitig. In solchen Fällen liegen *Win-Win-Situationen* vor, d.h., nachhaltiges Management wird zum *Business Case*. Einige Beispiele dazu:

- Kosten (ökonomisches Ziel) können durch Einsparungen an Energie- und Materialeinsatz (ökologisches Ziel) gesenkt werden.
- Humane Arbeitsplätze (soziales Ziel) motivieren Mitarbeiter zu höheren Leistungen (ökonomisches Ziel).
- Der Einsatz umweltverträglicher Stoffe bei der Produktion (ökologisches Ziel) reduziert Gesundheitsgefahren am Arbeitsplatz (soziales Ziel).

Insbesondere zwischen den ökonomischen Zielen einerseits und den sozialen und ökologischen andererseits werden in der Praxis oft Konflikte vermutet. Porter/Kramer (2002) zeigen allerdings auf, dass sich auch durch die Verfolgung sozialer und ökologischer Ziele Wettbewerbsvorteile erzielen lassen. Da der Erfolg von Unternehmen auch von den jeweiligen lokalen Bedingungen abhängig ist, können Unternehmen durch soziale Engagements in den kommunalen Bereichen Politik, Faktor- und Nachfragebedingungen sowie in lokalen Netz- und Clusterstrukturen ihre eigene Wettbewerbsfähigkeit verbessern. Unternehmen können durch Maßnahmen gegen Korruption einen fairen Wettbewerb fördern, in die Bildung und Ausbildung jener Menschen investieren, die als qualifizierte Arbeitskräfte im Unternehmen dringend benötigt werden, die Kunden auf die Nachfrage ökologischer und sozialer Produkte lenken und sie können bei lokalen Zulieferern für die Einhaltung von fairen Arbeitsbedingungen sorgen und so einen Beitrag zur Qualitätsverbesserung der eigenen Vorprodukte leisten (Porter/Kramer 2002, S. 60).

Konfliktäre Ziele der Nachhaltigkeit behindern sich gegenseitig. In solchen Fällen liegen *Loss-Win-Situationen* bzw. *Trade-offs* vor. Beispiele dafür sind:

- Kostensenkungen (ökonomisches Ziel) können u.U. durch hohe Umweltschutzinvestitionen (ökologisches Ziel) auf Grund gesetzlicher Auflagen nicht wie geplant erreicht werden.
- Die Wettbewerbsfähigkeit eines Unternehmens (ökonomisches Ziel) kann durch hohe Lohnforderungen der Mitarbeiter (soziales Ziel) beeinträchtigt werden.
- Eine Anhebung des Lebensstandards der Menschen (soziales Ziel) kann den Ressourcenverbrauch (ökologisches Ziel) erhöhen.

Porter/Kramer (2006, S. 85) schlagen eine Gewichtung bzw. Priorisierung sozialer Ziele vor. Danach gibt es soziale Ziele (*generic social issues*), die nicht direkt in den ökonomischen Bereich des Unternehmens hineinwirken (z.B. Unterstützung von Benefit-Veranstaltungen), solche, deren Bezüge zur Geschäftstätigkeit eher allgemein sind (*value chain social impacts*; z.B. Schaffung von Transparenz) und andere, die in einem unmittelbaren Zusammenhang mit der Wettbewerbsfähigkeit der Unternehmung stehen (*social dimensions of competitiveness context*; z.B. Zahlung übertariflicher Löhne).

Kontrollfragen

[1] Was sind externe Effekte?
[2] Warum stellt die intakte Umwelt ein öffentliches Gut dar?
[3] Was wird unter dem *Business Case* verstanden?
[4] Welche sind die drei Managementkonzepte der Nachhaltigkeit?
[5] Was wird unter *Corporate Governance* verstanden?
[6] Was ist eine Entsprechenserklärung nach § 161 AktG?
[7] Was ist ein *Code of Conduct*?
[8] Nennen Sie Beispiele für komplementäre Nachhaltigkeitsziele.

2.2 Nachhaltige Planung und Analyse

☐ Lernziele

Nach Lektüre dieses Kapitels sollten Sie …

- die Bereiche der strategischen Nachhaltigkeitsanalyse kennen,
- Methoden der internen und externen strategischen Nachhaltigkeitsanalyse erläutern können,
- Methoden und Verfahren der operativen Nachhaltigkeitsanalyse beschreiben können.

2.2.1 Strategische Nachhaltigkeitsanalyse

Bereiche der Nachhaltigkeitsanalyse

Strategische Analyse- und Planungsmethoden sowie -instrumente nachhaltigen Wirtschaftens dienen als methodische Unterstützung der strategischen, nachhaltigkeitsorientierten Unternehmensplanung. Sie sind darauf gerichtet, der Unternehmensführung die ökonomischen, ökologischen und sozialen Informationen und Daten des Betriebsgeschehens zu liefern. Diese Daten werden einerseits für die Nachhaltigkeitsplanung und andererseits für den zielorientierten Einsatz von Maßnahmen benötigt. *Planungsmethoden* und -instrumente werden zur frühzeitigen Analyse und Bewertung unternehmensinterner Potenziale (interne Stärken-Schwächen-Analyse) und unternehmensexterner Entwicklungen (wirtschaftliche, ökologische und gesellschaftliche Chancen und Risiken) eingesetzt, um rechtzeitig mit geeigneten Strategien und Maßnahmen auf diese Entwicklungen erfolgreich reagieren zu können. Teilaufgaben der strategischen Nachhaltigkeitsanalyse sind:

- *Einschätzung zukünftiger Entwicklungen* relevanter Aspekte in den Bereichen Markt, Umwelt und Gesellschaft (z.B. Technologieentwicklung, Gesetzgebung, Konsumtrends) und

- *Identifikation von Strategien und Maßnahmen*, die geeigneter erscheinen (Auswahl und Bewertung), im Sinne der Nachhaltigkeit auf die diagnostizierten Entwicklungen angemessen reagieren zu können.

Die strategische Nachhaltigkeitsanalyse kann unterteilt werden in eine unternehmensinterne und eine unternehmensexterne Analyse (vgl. Abb. 13). Die *interne Nachhaltigkeitsanalyse* (Potenzialanalyse) zielt darauf festzustellen, ob das Unternehmen mit seinen Ressourcen und Fähigkeiten in der Lage ist, sich den aktuellen und zukünftigen Herausforderungen hinsichtlich der Nachhaltigkeit angemessen stellen zu können (*Stärken-Schwächen-Analyse*). Die Analyse umfasst im Wesentlichen die Bereiche *Governance* und Unternehmenskultur (z.B. Führung, Transparenz), Produkte und Prozesse (z.B. ökologische Produktqualität), Organisation und Managementsysteme (z.B. Umweltmanagementsysteme) sowie das Personalwesen (z.B. Arbeitsbedingungen).

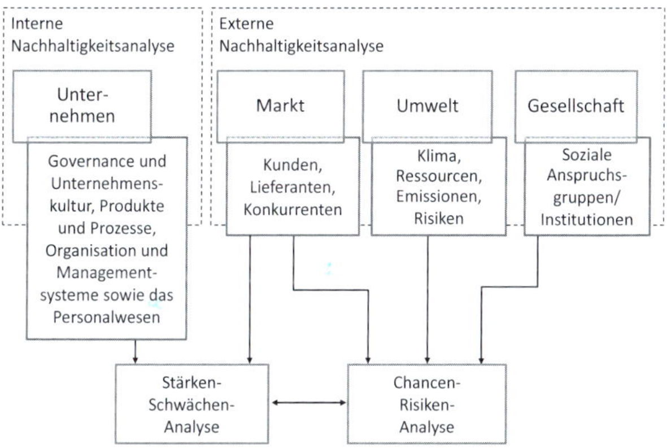

Abb. 13: Bereiche der strategischen Nachhaltigkeitsanalyse

Die *externe Nachhaltigkeitsanalyse* erstreckt sich auf die Bereiche Markt, Umwelt und Gesellschaft. Diese Analysen sind darauf gerichtet, möglichst frühzeitig sowohl Chancen als auch Risiken für das nachhaltige Management zu identifizieren (*Chancen-Risiken-Analyse*). Die nachhaltigkeitsorientierte *Marktanalyse* umfasst im Wesentlichen die Bereiche Kunden (z.B. Zahlungsbereitschaft), Lieferanten (z.B. Überwachung der Einhaltung von ökologischen und sozialen Mindeststandards) und Konkurrenten (z.B. Nachhaltigkeitsstrategien der Konkurrenten). Unternehmensbedingte Ressourcenverbräuche, Schadstoffemissionen und Abfallaufkommen sowie betriebsbedingte Gefahrsetzungen (z.B. Arbeitsplatzsicherheit, ökologische Risiken) sind Aspekte der *Umweltschutzanalyse*. In der auf die *Gesellschaft* ausgerichteten Analyse geht es insbesondere um eine Erfassung und Bewertung von Forderungen politischer und sozialer Anspruchsgruppen (Anspruchsgruppenanalyse). Die Zusammenfassung der Ergebnisse der nachhaltigkeitsorientierten internen und externen Analyse wird als nachhaltigkeitsorientierte *SWOT-Analyse* (*Strenghts, Weaknesses, Opportunities, Threats*) bezeichnet.

Interne strategische Nachhaltigkeitsanalyse

(1) Nachhaltigkeitsorientierte Potenzialanalyse (Stärken-Schwächen-Analyse)

Grundlage für die Entwicklung langfristiger strategischer Konzepte zur Nachhaltigkeit sind unternehmensinterne Stärken-Schwächen-Analysen. Sie haben vor allem die Aufgabe, in den jeweiligen Analysebereichen (z.B. Produkte und Prozesse) Nachhaltigkeitsdefizite (*Schwachstellenanalyse*) aufzudecken. Ziel dieser Analyse ist die Bestimmung der Ist-Position einer Unternehmung auf ihrem Weg zur Nachhaltigkeit. Die Ergebnisse der Analyse müssen verglichen und bewertet werden mit bestmöglichen Standards (*Benchmarks*) in den jeweiligen Branchen und Bereichen (Abb. 14). Zur internen ökologieorientierten Nachhaltigkeitsanalyse können insbesondere bewährte Instrumente des Umweltmanagements wie Stoff- und Energiebilanzen, Öko-Bilanzen und Umwelt-Audits eingesetzt werden. Für den Personalbereich kann auf klassische Instrumente der Personalführung und -entwicklung zurückgegriffen werden (z.B. Befragung zur Mitarbeiterzufriedenheit; vgl. auch Dyckhoff/Souren 2008, S. 144ff.).

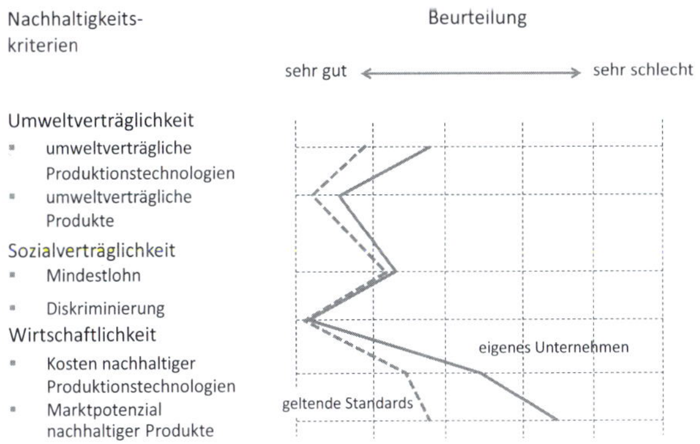

Abb. 14: Nachhaltige Stärken-Schwächen-Analyse (fiktives Beispiel)

(2) Nachhaltigkeitsorientierte Analyse der internen Wertkette

Eine Methode, die sehr systematisch für alle Unternehmensbereiche ökonomische, ökologische und soziale Aspekte erfassen kann, ist die auf Nachhaltigkeitsaspekte ausgerichtete Wertkettenanalyse. Die klassische Wertkettenanalyse ist ein Diagnoseinstrument, das sämtliche Unternehmensfunktionen (primäre und unterstützende Funktionen) mit dem Ziel betrachtet, durch kostenreduzierende bzw. ertragssteigernde Maßnahmen vorhandene Wertschöpfungs- und Gewinnpotenziale im Unternehmen besser auszuschöpfen. Dieser Ansatz kann auch für die interne Nachhaltigkeitsanalyse zur systematischen Identifizierung von Schwachstellen und Verbesserungspotenzialen nachhaltigen Wirtschaftens im Unternehmen eingesetzt werden (vgl. auch Müller-Christ 2001, S. 42). Durch die Anwendung dieser Methode können einzelne Tätigkeiten, Funktionen und Prozesse innerhalb eines Betriebs hinsichtlich ihres Beitrages zu einer nachhaltigen Wertschöpfung untersucht werden. Für alle Unternehmensbereiche werden ökonomische, ökologische und soziale Wertschöpfungsbeiträge und -potenziale erfasst und bewertet. Im Bereich der Eingangs- und Ausgangslogistik kann der Fuhrpark (Art der verwendeten Lkw, Lärmbelästigung etc.), bei der Beschaffung die Auswahl der Lieferanten nach der Einhaltung von internationalen Arbeitsstandards, in der Fertigung der Einsatz integrierter Umweltschutztechnologien sowie im Marketing und Vertrieb die Umweltverträglichkeit der Produkte und Leistungen sowie die Datensicherheit für Kunden beispielsweise betrachtet werden (vgl. Meffert/Kirchgeorg 1998, S. 151ff.). Auf die unterstützenden Unternehmensaufgaben bezogen, sind es Themen wie Transparenz (Unternehmensführung), Anti-Diskriminierung (Personalwirtschaft) und Entwicklung nachhaltiger Produkte und Dienstleistungen (F&E), die für die Wertkettenanalyse aufgegriffen werden können.

Externe strategische Nachhaltigkeitsanalyse

Die externe Nachhaltigkeitsanalyse umfasst die Bereiche Markt, Umwelt und Gesellschaft (Abb. 13). Diese Analysen sind darauf gerichtet, möglichst frühzeitig sowohl Chancen als auch Risiken nachhaltigen Wirtschaftens in Märkten, in der Umwelt und in der Gesellschaft zu identifizieren. Als Methoden der externen Nachhaltigkeitsanalyse bieten sich Verfahren der strategischen Umfeldanalyse an (Chancen-Risiken-Analyse). Dazu gehören die Szenario-Technik, die Cross-Impact-Analyse, die Anspruchsgruppenanalyse, die Issue-Analyse und das Lieferantenmonitoring.

(1) Die Szenario-Technik/Nachhaltigkeits-Szenarien

Die Szenario-Technik ist ein sehr aussagekräftiges und ein in der strategischen Unternehmensanalyse recht beliebtes, aber auch aufwändiges Instrument der *Trend- und Zukunftsanalyse* (vgl. Backhaus/Schneider 2009, S. 260ff.). Da nachhaltiges Wirtschaften immer langfristig angelegt ist, kommt im nachhaltigen Management gerade der Zukunftsanalyse eine zentrale planerische Bedeutung zu. Diese Technik kann zur strategischen Nachhaltigkeitsanalyse ausgesprochen gut eingesetzt werden, da mit ihr *„Bilder“* denkbarer Zukünfte und Nachhaltigkeitsentwicklungen entworfen werden können.

Merksatz

Szenarien sind hypothetische Folgen von durch Wirkgrößen bestimmten Ereignissen. Es sind die *„Bilder“* denkbarer Zukünfte, die eintreten können, aber nicht eintreten müssen.

Bei der Anwendung dieser Technik wird versucht, die den Zukunftsentwicklungen bzw. Trends zugrunde liegenden kausalen Prozesse Schritt für Schritt zu erkennen und nachzubilden. So ergeben sich Entwicklungspfade (*Szenariopfade*), die das Wirken zahlreicher Einflussfaktoren bündeln und zu bestimmten Zukunftsbildern (Szenarien) verdichten. Mit dieser Technik können u.a. das Bevölkerungswachstum, Wohlstandsentwicklungen, Energie- und Ressourcenverbräuche, die Klimaerwärmung, Entwicklungen globaler Produktions- und Handelsstrukturen, Technologieentwicklung sowie die Veränderung von Konsumstilen und der Lebenszufriedenheit der Menschen in ihrer Wirkung auf die ökonomische, ökologische und soziale Zukunft abgebildet werden. Die mit der Zeitperspektive zunehmende Unsicherheit zukünftiger Entwicklungen wird durch den *Szenario-Trichter* dargestellt, dessen Grenzen oft durch *Best-case-* und *Worst-case-Betrachtungen* festgelegt sind (vgl. auch Müller-Christ 2001, S. 33f.). Der Szenario-Trichter weitet sich exponentiell aus, je weiter in die Zukunft geblickt wird. In der ganz fernen Zukunft ist demnach nahezu alles möglich. Das durchschnittliche Szenario setzt eine Standardwelt mit überraschungsfreier Entwicklung voraus (vgl. Abb. 15).

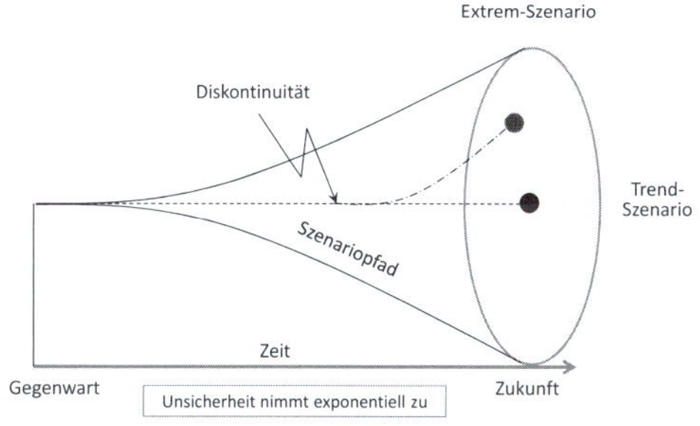

Abb. 15: Der Szenario-Trichter

Szenariopfade können durch Störereignisse, sog. *Diskontinuitäten* oder Strukturbrüche, in ihrem Verlauf stark verändert werden.

Merksatz

Diskontinuitäten werden als Nicht-Fortsetzung einer geplanten oder erwarteten Entwicklung definiert.

Es handelt sich um überraschende Ereignisse, die bisherige Gesetzmäßigkeiten der Entwicklung beeinträchtigen bzw. außer Kraft setzen (z.B. Naturkatastrophen). Gerade im nachhaltigen Management ist es unerlässlich, in Diskontinuitäten zu denken. Die verschiedenen möglichen Zukunftsbilder einer Zeit liegen auf der jeweiligen Schnittfläche des Szenario-Trichters. Der Szenario-Trichter verdeutlicht, dass aus heutiger Sicht nicht von einer einzigen „Zukunft" ausgegangen werden kann. Die Szenario-Technik macht die Bandbreite möglicher Zukünfte transparenter.

Vorteilhaft ist, dass die Szenario-Technik dem nachhaltigen Management eine umfassende und differenzierte Problemsicht (z.B. Bewusstmachung von Unsicherheiten) verschafft und zur systematischen und kritischen Reflektion der eigenen Position zwingt. Andererseits können Szenarien zwar gut belegt und begründet werden, sie sind aber dennoch immer sehr allgemein, vage und unbestimmt in der Aussage. Sichere oder auf Wahrscheinlichkeiten gestützte Vorhersagen sind mit der Szenario-Technik nicht möglich. Auch mit der Erstellung einer Szenario-Analyse sind zahlreiche praktische Probleme verbunden. So bereitet die Abgrenzung des relevanten Untersuchungsbereichs oft Probleme, weil die Reduktion auf einige wenige Szenarien zu einer zu starken Vereinfachung real vorhandener Komplexität führen kann, die unerwünscht ist. Die Qualität einer Szenario-Analyse hängt zudem von der fachlichen Qualifikation und der Fähigkeit der beteiligten Personen sowie der Qualität der eingesetzten Techniken entscheidend ab.

☐ Praxis

Shell Energie-Szenarien „*Energy Needs, Choices, and Possibilities – Scenarios to 2050*" über die zukünftige Entwicklung des Welt-Energieverbrauchs von 2001.

Die von Shell ausgearbeiteten Energie-Szenarien berücksichtigen die wesentlichen Faktoren der Energienachfrage: Ressourcenknappheit, Energiepreise, Bevölkerungswachstum, politische Machtverschiebungen, technische Innovationen, sozio-ökonomische Anforderungen und Fragen der Versorgungssicherheit sowie des Umwelt- und Klimaschutzes. Es wurden zwei Entwicklungspfade aufgezeigt: „*Dynamics as Usual*" und „*The Spirit of the Coming Age*". *Dynamics as Usual* (Evolutionäre Entwicklung): Forderungen der Gesellschaft führen dazu, dass die Energieversorgung sauberer, sicherer und nachhaltiger wird. Dazu werden traditionelle Technologien (z.B. Verbrennungsmotoren) konsequent und mit zunehmendem Tempo weiterentwickelt. Durch Effizienzverbesserungen wird Erdöl erst ab 2040 knapp und kontinuierlich durch Biokraft- und Biobrennstoffe substituiert. Vorausgesetzt werden deutliche Fortschritte bei der Biotechnologie und der Entwicklung energiesparender Antriebe. Der Weltenergieverbrauch wird sich nach diesem Szenario bis 2050 ungefähr verdoppeln.

The Spirit of the Coming Age (Revolutionäre Entwicklung): Durch neue Technologien und Technologiesprünge wird die Energieversorgung fundamental geändert, um die stärkere Energienachfrage der Verbraucher befriedigen zu können. Diese Entwicklung ist im Wesentlichen technologiegetrieben und richtet sich auf die Brennstoffzellentechnologie einerseits und innovative Speichermedien andererseits. Da technologische Entwicklungen Ängste vor einer Erschöpfung der Ressourcen und vor Gefahren für Umwelt und Klima dämpfen, wird sich der Weltenergieverbrauch nach diesem Szenario bis 2050 ungefähr verdreifachen.

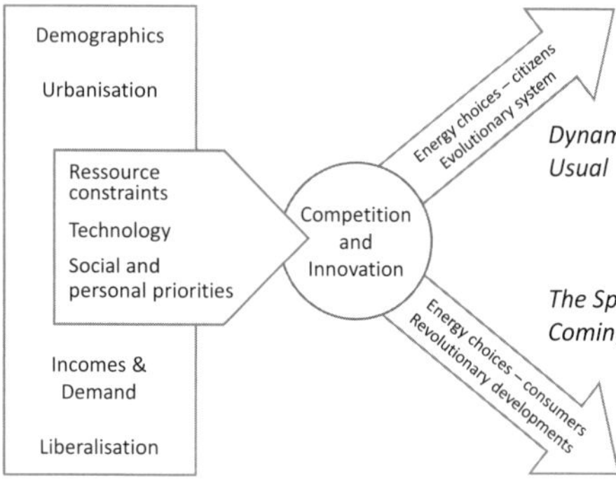

Abb. 16: Shell Energie-Szenarien

Quelle: Shell International 2001

http://www.s-e-i.org/reports/shell2050.pdf

Eine neuere, von *Shell* 2008 publizierte Szenario-Analyse für die Weltenergienachfrage bis 2050 (*Shell energy scenarios to 2050*) skizziert zwei Szenarien: Das *Scramble-Szenario* (Annahme einer weltweit unkoordinierten Energienachfrage) und das *Blueprints-Szenario* (Annahme einer weltweit abgestimmten und geplanten Energienachfrage). Beim *Scramble-Szenario* befinden sich die Länder gegenseitig im Wettbewerb um Energiequellen. Hohe Energiepreise, ein rückläufiges Wachstum, soziale Unruhen und eine für das Klima unverträglich hohe Treibhausgaskonzentration sind die Folge. Nach dem *Blueprints-Szenario* entwickelt sich dagegen ein globaler politischer Rahmen mit einem weltweit einheitlichen Preis für Treibhausgasemissionen. Hiernach wird sich, bei stetigem Wirtschaftswachstum, die Treibhausgaskonzentration bis 2050 stabilisieren.

www.shell.de/home/content/deu/aboutshell/our_strategy/scenarios_2050/

(2) Cross-Impact-Analyse nachhaltiger Entwicklungen

Mit Hilfe der Cross-Impact-Analyse können auf die Nachhaltigkeit bezogene Entwicklungen (z.B. geplante Umweltschutzgesetze, neue Technologien, Konsumtrends) bzw. Szenarien in ihren Wirkungen (*Impacts*) auf einzelne Unternehmensbereiche (z.B. strategische Geschäftsfelder, Regionen) abgeschätzt werden. Hiermit ist es möglich, zum einen die von Entwicklungen der Nachhaltigkeit besonders betroffenen Unternehmensbereiche zu identifizieren (vertikale Perspektive) und zum anderen abzuschätzen, von welchen speziellen Nachhaltigkeitsentwicklungen das Unternehmen insgesamt am stärksten betroffen ist (horizontale Perspektive; vgl. Abb. 17).

Markt- und Umfeld-entwicklungen (z.B. Szenarien)	Unternehmensbereiche A B C D ...	Summe Σ
1 2 3 4 5 6	Impact-Scores	Impacts einzelner Entwicklungen auf das gesamte Unternehmen
Summe Σ	Impacts aller Entwicklungen auf einzelne Unternehmensbereiche	

Abb. 17: Cross-Impact-Analyse für nachhaltige Entwicklungen

Grundlage dieser Methode ist eine *Verflechtungsmatrix* mit den Dimensionen „Markt- und Umfeldentwicklungen" (z.B. Szenarien) und „Unternehmensbereiche" (vgl. Balderjahn 2004, S. 77f.). So könnte eine Zunahme ethischer Konsumwerte (externe Entwicklung) einen Einfluss (*Impact*) auf die Entwicklung von Produkten haben (interne Betroffenheit), gesellschaftliche Forderungen nach Transparenz können Änderungen in der Unternehmenskommunikation erfordern und Skeptizismus könnte sich negativ auf das Image und die Reputation eines Unternehmens auswirken. Durch

Impact-Scores, die mit Hilfe einer Punkteskala (Scoring-Modell) vergeben werden, wird die Betroffenheit einzelner Unternehmensbereiche von kritischen ökonomischen, ökologischen und sozialen Entwicklungen bewertet und quantifiziert (vgl. auch Müller-Christ 2001, S. 35f.). Die Identifikation besonders günstiger bzw. brisanter Entwicklungen kann durch eine Summierung der *Impact-Scores* einzelner Nachhaltigkeitsentwicklungen über alle Unternehmensbereiche erfolgen (horizontale Summenbildung). Durch eine vertikale Summenbildung erhält man Hinweise auf solche Unternehmensbereiche mit besonders günstigen oder ungünstigen Entwicklungsprognosen hinsichtlich der Nachhaltigkeit. Die Cross-Impact-Analyse ist somit ein Instrument zur Identifikation besonders kritischer Entwicklungen für das nachhaltige Management und zur Einschätzung des Betroffenheitspotenzials einzelner Unternehmensbereiche.

(3) Anspruchsgruppenanalyse

Nachhaltigkeit ist nicht nur ein Leitprinzip unternehmerischer Entscheidungen, sondern umfasst auch Erwartungen von Anspruchsgruppen (*Stakeholder*) an Unternehmen, sozial und ökologisch verantwortungsbewusst zu handeln (*Nachhaltigkeit als soziale Norm*; vgl. Balderjahn 2004, S. 79f.). Im Umgang des Unternehmens mit Anspruchsgruppen und deren Forderungen offenbart sich die unternehmerische Verantwortung. Das nachhaltige Management muss sich zuerst einmal der Forderungen relevanter Anspruchsgruppen bewusst sein. Dazu empfiehlt es sich, eine Anspruchsgruppenanalyse durchzuführen. In der Anspruchsgruppenanalyse geht es im Wesentlichen darum, relevante Anspruchsgruppen des Unternehmens zu identifizieren sowie deren ökologischen und sozialen Erwartungen bzw. Forderungen an das Unternehmen zu kennen, zu bewerten und festzulegen, wie damit umgegangen bzw. wie darauf reagiert werden soll. Kunden, Mitarbeiterinnen und Mitarbeiter, staatliche Institutionen, die Öffentlichkeit (Medien) sowie spezielle Nichtregierungsorganisationen (NGOs) stellen oftmals relevante Anspruchsgruppen dar. Die Anspruchsgruppenanalyse kann in folgenden *Schritten* durchgeführt werden (vgl. Freble 2005; Pfriem/Fischer 2001, S. 20):

- Identifikation von Anspruchsgruppen, die ökologische bzw. soziale Erwartungen und Forderungen an das Unternehmen stellen,
- Prüfung von Art und Inhalten der Forderungen jeweiliger Anspruchsgruppen,
- Analyse des Macht- und Einflusspotenzials sowie der Möglichkeiten zur Forderungsdurchsetzung einzelner Anspruchsgruppen („Betroffenheitsanalyse"),
- Priorisieren der Anspruchsgruppen nach Betroffenheit und Reaktionsdringlichkeit,
- Analyse des potenziell zu erreichenden Grades der Erfüllung von Ansprüchen durch das Unternehmen („Anspruchslücken"),
- Analyse der Handlungsmöglichkeiten (Anspruchsgruppen-Strategien) des Unternehmens in Bezug auf die Forderungen einzelner Anspruchsgruppen,
- Anspruchsgruppen-Monitoring.

Eine Anspruchsgruppenanalyse hat immer zuerst danach zu fragen, welches die Anspruchsgruppen des Unternehmens sind und welche Forderungen diese Gruppen an das Unternehmen stellen. Die Identifikation von marktlichen Anspruchsgruppen (z.B. Kunden) und die Kenntnis von deren Forderungen können mit Hilfe der Marktforschung erfolgen. Gesellschaftliche Anspruchsgruppen lassen sich gut über dialogische Instrumente oder mit Hilfe der *Issue-Analyse* erkennen. Soweit diese Gruppen nicht selbst direkt mit dem Unternehmen Kontakt aufnehmen, lässt sich der Kontakt zu ihnen mit Hilfe geeigneter Kommunikationsmittel herstellen (z.B. Internet-Foren). So können die Forderungen, Ziele und Absichten von Anspruchsgruppen erfasst werden. Darüber hinaus sollten vorhandenes Informationsmaterial und sonstige Publikationen von Anspruchsgruppen hinsichtlich einer zukünftigen Betroffenheit des Unternehmens laufend untersucht werden (*Anspruchsgruppen-Scanning und -Monitoring*).

Sind die Erwartungen und Forderungen einzelner Anspruchsgruppen bekannt, erfolgt eine Bewertung dahingehend, wie stark das Unternehmen von diesen Forderungen betroffen ist. Die Betroffenheit lässt sich unmittelbar aus dem Macht-, Sanktions- bzw. Durchsetzungspotenzial einer Anspruchsgruppe ableiten. Das *Machtpotenzial* von Anspruchsgruppen ergibt sich aus den ihnen zur Verfügung stehenden Ressourcen (z.B. finanzielle Mittel, Zugang zu den Medien und zur Politik) und kann sehr unterschiedlich sein.

Merksatz

Unter Macht versteht man die Fähigkeit einer Person, einer Organisation oder einer Institution, auch gegen den Willen einer anderen Person, Organisation oder Institution diese zu einem bestimmten Verhalten zu bewegen, das im Interesse der Machtausübenden liegt.

Die dazu eingesetzten *Machtmittel* (Machtquellen) unterscheidet man in Sanktionsmacht (z.B. Nachfragemacht, Zugriff auf Medien), Expertenmacht (z.B. Vorlegen von wissenschaftlichen Gutachten), Vorbild- bzw. Identifikationsmacht (z.B. Prestige, Attraktivität), Informationsmacht (z.B. spezielles Wissen) sowie legitimierte Macht (z.B. Macht staatlicher Organe; vgl. Balderjahn/Scholderer 2007, S. 98; auch Heckhausen/Heckhausen 2006, S. 214). So können Konsumenten Unternehmen bzw. deren Produkte boykottieren, Aktionäre können ihr Stimmrecht auf der Hauptversammlung ausüben und NGOs können versuchen, ihren Forderungen über die Medien Nachdruck zu verschaffen. Die Höhe des Sanktionspotenzials einer Anspruchsgruppe bestimmt unmittelbar ihre Relevanz für das Unternehmen und die Priorität ihrer Forderungen. Anspruchsgruppen stehen zur Durchsetzung ihrer Forderungen u.a. folgende Maßnahmen zur Verfügung:

- Mobilisierung öffentlichen Drucks (z.B. Medienpräsenz, Internet-Kampagnen),
- internationale Vernetzung und Präsenz (Globalisierung),
- Mobilisierung politischen Drucks (z.B. Lobbyismus),

- Mobilisierung der Marktkräfte (z.B. Konsumboykotts, *Shaming-Kampagnen*),
- Aktivierung der Gesellschafter einer Unternehmung sowie
- direkte Verhandlungen mit den Unternehmen (z.B. Kooperationen; Meffert/Kirchgeorg 1998, S. 94).

Aus der Gegenüberstellung von Forderungen der Anspruchsgruppen und den Reaktionsmöglichkeiten des Unternehmens darauf kann abgeschätzt werden, bis zu welchem Grad solche Forderungen vom Unternehmen erfüllt werden können (Analyse von „Anspruchslücken"). Für das Eingehen bzw. Erfüllen von Forderungen müssen Reaktionsformen und -möglichkeiten (Anspruchsgruppenstrategien) überdacht und festgelegt werden (z.B. Dialog mit Anspruchsgruppen).

(4) Issue-Analyse/Analyse nachhaltiger Themen

Das *Modell von Wood* (1991, S. 694) konkretisiert *Corporate Social Responsibility* durch die Komponenten *Responsiveness* und *Performance*. *Corporate Social Responsiveness* erfasst als Konzept verantwortungsbewussten Handelns von Unternehmen das Umweltmanagement (*Environmental Assessment*), das Anspruchsgruppen-Management und das *Issue-Management*. Die *Issue-Analyse* ist eine Methode der *strategischen Frühaufklärung* für dynamische und turbulente Unternehmensumfelder und zielt auf eine möglichst rechtzeitige Identifikation und systematische Bewertung sog. „Schlüssel-Themen" (*Key-Issues*). Es sind solche Themen, die das Potenzial haben, die zukünftige Entwicklung und den Fortbestand einer Unternehmung beeinflussen zu können (Göbel 1992; Wood 1991, S. 705).

Merksatz

Unter einem „*Issue*" versteht man ganz allgemein ein relevantes gesellschaftliches Anliegen bzw. eine gewichtige gesellschaftliche Streitfrage mit großer öffentlicher Aufmerksamkeit und Medienpräsenz.

„ … *a strategic issue is a forthcoming development, either inside or outside of the organization, which is likely to have an important impact on the ability of the enterprise to meet its objectives*" (Ansoff 1980, S. 133). Die *Issue-Analyse* zielt darauf, die Entwicklung, Verbreitung und Durchsetzung von ökologischen und sozialen Themen, wie z.B. Klimawandel, Ressourcenknappheit und das Entstehen prekärer Arbeitsplätze, in der Gesellschaft sowie deren Potenzial, das Unternehmen zu Reaktionen zu zwingen, einzuschätzen. Dadurch soll die Betroffenheit der Unternehmung von aktuell diskutierten Themen, insbesondere aber von potenziellen Zukunftsthemen, rechtzeitig erkannt werden können.

Issues besitzen eine zeitliche Veränderungsdynamik, einen Lebenszyklus, und diffundieren oft nach typischen Verbreitungsmustern in die Öffentlichkeit (vgl. Belz/Peattie 2009, S. 249f.). Das sog. phasenorientierte *Lebenszyklusmodell* gesellschaftlicher Anliegen versucht, frühzeitig Hinweise darauf zu geben, wie sich kritische Themen entwickeln und von welchen Gruppen diese Themen gestützt bzw. ausgebremst werden. Dadurch ergeben sich Möglichkeiten für das Unternehmen, rechtzeitig Chancen und Risiken nachhaltigen Managements zu erkennen. Idealtypisch durchlaufen öffentliche Themen fünf Phasen (vgl. Abb. 18).

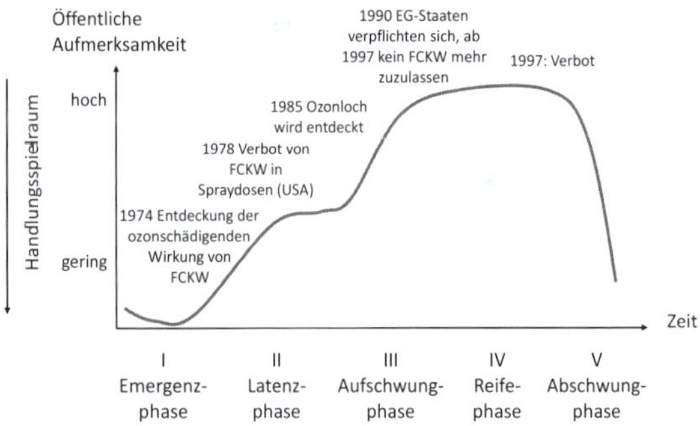

Abb. 18: Phasenmodell zur Entwicklung von Nachhaltigkeits-Themen am Beispiel FCKW

Quelle: in Anlehnung an UBA 2001, S. 107

Je stärker sich ein *Issue* in der Öffentlichkeit durchgesetzt hat, desto geringer wird der Handlungsspielraum, also die Anzahl frei wählbarer Handlungsoptionen der betroffenen Unternehmungen für entsprechende Reaktionen (Liebe 1994, S. 361). Das Lebenszyklusmodell geht vom Auftreten eines isolierten Ereignisses aus, das sich dann in einer Gesellschaft zu einem *Issue* verstärkt und ausbreitet. Die Diffusion kann als epidemiologischer Ansteckungsprozess aufgefasst werden. Kumulierte Phasenverläufe werden auch als *strukturelle Trendlinien* bezeichnet (Kreilkamp 1987, S. 276ff.; Steger/Winter 1996).

Ein *Issue-Lebenszyklus* ist am Beispiel der FCKW-Problematik in Abb. 18 dargestellt (Stahlmann 1994, S. 151ff.). Bereits 1974 entdeckten amerikanische Klimaforscher die ozonschädigende Wirkung von FCKW. Ohne einen letzten Beweis zu haben, verbot 1978 der amerikanische Präsident Jimmy Carter FCKW in Spraydosen. 1985 bestätigten britische Wissenschaftler das Ozonloch durch Auswertung von Satellitendaten. 1990 wurde dann in London ein Zusatzprotokoll beschlossen, das alle EG-Staaten verpflichtet, den FCKW-Gebrauch bis 1997 auf null zu reduzieren (vgl. auch Müller-Christ 2001, S. 37ff.).

☐ Praxis

Issue-Lebenszyklus am Beispiel des *Brent Spar*-Konflikts 1995

Von insgesamt 13 möglichen Entsorgungsoptionen für die Ölverlade- und Lagereinrichtung *Brent Spar* erweist sich die Tiefseeversenkung - gestützt auf über 30 Gutachten und Studien - als eine die Umwelt, die Sicherheit und die Gesundheit der Beteiligten am geringfügigsten belastende Option (*Best Practical Environmental Option-Assessment*). In Großbritannien wurde diese Entsorgungsvariante durch die britische Regierung uneingeschränkt unterstützt und auch die Nordsee-Anrainerstaaten erhoben keinen Einwand. *Greenpeace* besetzt am 30. April 1995 die *Brent Spar* und fordert von *Shell UK* einen Versenkungsverzicht. Argumentiert wird damit, dass es sich, neben den direkten Umweltgefahren durch Öle und

Schadstoffe, hier um einen Präzedenzfall für eine Vielzahl noch anstehender Versenkungen von Ölfördereinrichtungen handelt. Von der stürmischen Reaktion in der Öffentlichkeit auf die Versenkungspläne wird die *Deutsche Shell* völlig unvorbereitet getroffen. Die *Medienresonanz* nimmt mit der Räumung der Plattform (24. Mai 1995), den Ergebnissen einer repräsentativen Meinungsumfrage, nach der 85% der deutschen Autofahrer sich für Boykottmaßnahmen aussprechen (1. Juni 1995), und der Kritik auf der Nordseekonferenz (8. Juni 1995) exponentiell zu (vgl. Abb. 19).

Mit dem Beginn der Abschleppung der *Brent Spar* wird die gesamte Meinungslage unkontrollierbar für *Shell UK*. Es erscheinen pro Tag bis zu 600 Berichte in der Tagespresse und bis zu 170 TV-Berichterstattungen. Über zweieinhalb Monate hinweg werden 6887 Zeitungsberichte und 1702 TV-Reportagen gezählt. Nachdem durch die Boykottaufrufe die täglichen Umsätze deutscher Shell-Tankstellen um 20-30% rückläufig sind, erklärt die *Shell UK* am 20. Juni den Verzicht auf eine Tiefseeversenkung. Der damalige Vorstandsvorsitzende der Deutschen Shell, *Peter Duncan*, spricht von einer "Umkehr mit Einsicht".

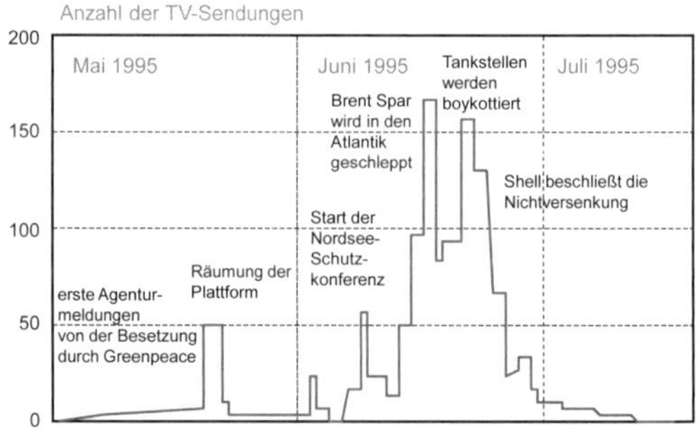

Abb. 19: Medienresonanz während des Brent Spar-Konflikts
Quelle: Shell

(5) Lieferantenmonitoring

Neben der Analyse der internen Wertkette sollte im Sinne einer Chancen-Risiken-Analyse für das nachhaltige Management auch eine externe bzw. vertikale Wertkettenanalyse durchgeführt werden. Die *vertikale Wertkette* stellt sich für ein herstellendes (Endprodukt-) Unternehmen insbesondere durch die Beziehungen zu seinen Lieferanten (Zulieferer und Vorlieferanten) sowie deren Sublieferanten dar. Hier entstehen oft große, teilweise kaum noch zu durchschauende Netzwerkstrukturen gegenseitiger Geschäftsbeziehungen und Abhängigkeiten. Solche Lieferantenstrukturen werden auch als Lieferantenketten oder *Lieferketten* bezeichnet. Aber auch der Handel bzw. Handelsstufen können in die vertikale Wertkette mit einbezogen werden. Wir konzentrieren uns hier auf die Frage der methodischen Erfassung und Bewertung nachhaltiger Lieferantenketten (*Sustainable Supply Chain Management*). Es ist das Ziel, im Sinne eines *Frühaufklärungssystems* möglichst rechtzeitig soziale und ökologische Risiken, aber auch Chancen in einzelnen Bereichen der Lieferkette aufzuspüren. Dazu kann das Lieferantenmonitoring eingesetzt werden. Es dient der kontinuierlichen Überwachung, Steuerung, Kontrolle und Verbesserung der Lieferkette bzw. der an der Lieferkette beteiligten Unternehmen, hinsichtlich ökologischer und sozialer Aspekte sowie der Schaffung von Transparenz im Beschaffungswesen (*sustainable sourcing*). Es kann folgende Teile bzw. Phasen umfassen:

- Aufstellung eines Katalogs *(Code of Conduct)* mit sozialen und ökologischen Standards, deren Einhaltung innerhalb der Lieferkette vom Unternehmen gefordert und überprüft wird. Endprodukt-Unternehmen können ihre Lieferanten dazu verpflichten, die in einem *Code of Conduct* aufgelisteten Standards zur Einhaltung der Menschenrechte, zur Schaffung humaner Arbeitsbedingungen (Arbeitszeiten, Löhne), zur Herstellung von Chancengleichheit, zum Umweltschutz, zum Arbeits- und Gesundheitsschutz, zum Diskriminierungsverbot, zur Gewährleistung des Rechts auf gewerkschaftliche Vereinigung sowie zum Verbot unerlaubter Kinder- und Zwangsarbeit einzuhalten.

- Prüfung der Einhaltung dieser Standards beim Lieferanten durch das Unternehmen (Eignungsprüfung). Diese Prüfung erfolgt oft in Form von *Selbstauskünften* der Lieferanten gegenüber den belieferten Unternehmen (z.B. durch einen Fragebogen oder ein Online-Portal). Dieser Aspekt ist insbesondere bei der *Lieferantenauswahl* im Beschaffungswesen durchzuführen (*sustainable procurement*).
- Durch *Sozial-Audits* unabhängiger, akkreditierter oder unternehmenseigener Prüfer wird die Einhaltung der im *Code of Conduct* vorgegebenen Standards vor Ort (Vor-Ort-Kontrollen angemeldet oder nicht angemeldet) kontrolliert. Ergebnisse der Audits werden in *Prüfberichten* festgehalten. Bei Missachtung einzelner Standards können Lieferanten beraten und geschult oder abgemahnt werden.
- Schaffung von Transparenz durch *Offenlegung der globalen Liefer- und Produktionsstrukturen* sowie der Publikation von Lieferantenlisten und der Ergebnisse der Audits im Internet.

Die *Fair Labor Association* (FLA), eine NGO nach dem Multiple-Stakeholder-Konzept, prüft insbesondere für die Bekleidungsindustrie die Arbeitsbedingungen bei den Lieferanten. Dazu wurde dort ein *Workplace Code of Conduct*, der sich an den ILO Kernarbeitsnormen (Internationale Arbeitsorganisation) orientiert, entwickelt. Teilnehmende Unternehmen werden geprüft und Prüfberichte veröffentlicht. Die Prüfung nehmen von der FLA akkreditierte Prüfer ab. Bislang sind 14 Unternehmen durch die FLA zertifiziert (darunter Adidas, Nike und Puma).

☐ Praxis

Der *Apple* Supplier Code of Conduct

Apple berichtet über die Einhaltung des *Apple Supplier Code of Conduct* bei seinen Lieferanten (Apple 2012). *Apple* führt bei seinen Lieferanten Audits durch, um zu prüfen, ob die Vorgaben des Codes of Conduct in den Bereichen Arbeits- und Menschenrechte, Sicherheit und Gesundheit der Arbeitnehmer, Umweltschutz, Ethik und Geschäftsführung von dem jeweiligen Lieferanten eingehalten werden. Verstöße werden protokolliert und gegebenenfalls wird die Geschäftsbeziehung abgebrochen. Eine Liste der Apple Lieferanten ist im Internet zu finden:

http://images.apple.com/supplierresponsibility/pdf/Apple_Supplier_List_2011.pdf.

2.2.2 Operative Nachhaltigkeitsanalyse

(1) Nachhaltigkeitskennzahlen/-indikatoren

Zur operativen Nachhaltigkeitsanalyse kommen ökologische und soziale Kennzahlen, Stoff- und Energiebilanzen, ökologische Bilanzierungssysteme sowie ökologische und soziale Belastungsmatrizen zum Einsatz (vgl. u.a. Seidel et al. 1998; Stahlmann/Clausen 2000). Kennzahlen sind wichtige Instrumente der operativen Nachhaltigkeitsanalyse. Sie verdichten Informationen und machen die Leistungen nachhaltigen Wirtschaftens messbar und vergleichbar. Entsprechend der Nachhaltigkeitskonzeption werden ökonomische, ökologische und soziale Nachhaltigkeitskennzahlen unterschieden. CO_2-Emission, NO_x-Emission, SO_x-Emission, VOC-Emission, Abfallaufkommen, Energie- und Wasserverbrauch sind Beispiele für ökologische Kennzahlen. Die Anzahl von meldepflichtigen Arbeitsunfällen und die Höhe der gezahlten Mindestlöhne sind Beispiele für soziale Kennzahlen. Die Anzahl geschaffener Arbeitsplätze sowie gezahlte Steuern können als Beispiele für ökonomische Nachhaltigkeitsindikatoren genannt werden. In der Betrachtung der zeitlichen Entwicklung von Kennzahlen und deren Vergleich mit einschlägigen Benchmarks sind Fortschritte im Nachhaltigkeitsmanagement ebenso erkennbar wie Schwachstellen (z.B. Ressourceneffizienz).

Merksatz

Nachhaltigkeitskennzahlen dienen der Steuerung von Prozessen im nachhaltigen Management und werden zur Zielformulierung sowie zur Bewertung der Nachhaltigkeitsleistung eingesetzt (vgl. Balderjahn 2004, S. 88f.).

Sie haben folgende Funktionen:

- Darstellung von Veränderungen relevanter Größen im Zeitablauf,
- Ableitung von Zielen nachhaltigen Wirtschaftens,
- Bewertung der Leistungen nachhaltigen Managements durch Aufdecken von Schwachstellen und Verbesserungsmöglichkeiten durch Benchmarking,
- Schaffung von Transparenz nach innen und außen und
- Kommunikationsgrundlage für Berichte über nachhaltiges Wirtschaften im Unternehmen (z.B. nach dem GRI-Konzept).

Es kann zwischen absoluten und relativen Kennzahlen unterschieden werden. Während die absoluten Kennzahlen eine Maßeinheit haben und somit ein Größenmaß darstellen (z.B. 5 t fester Abfall), erfolgt bei den relativen Kennzahlen ein Bezug der absoluten Kennzahl zu einer geeigneten Basiseinheit (Effizienzkennzahlen). Hierbei handelt es sich um Prozentgrößen, die gut miteinander verglichen werden können.

Die in den *Indikatorenprotokollsätzen* G3 des GRI (*Global Reporting Initiative*) vorgeschlagenen Leistungsindikatoren können als Nachhaltigkeitskennzahlen aufgefasst und verwendet werden. *Ökologische Kennzahlen* können nach dem G3 in die Bereiche Materialeinsatz, Biodiversität, Energie- und Wasserverbrauch, Emissionen und Abfallaufkommen gegliedert werden. Beispiele dafür sind:

- eingesetzte Materialien nach Gewicht oder Volumen (EN2),
- direkter Energieverbrauch, aufgeschlüsselt nach Primärenergieträgern (EN3),
- Gesamtwasserentnahme, aufgeteilt nach Quellen (EN8),

- Anzahl der Arten auf der *Roten Liste* der IUCN (*International Union for Conservation of Nature*) und auf nationalen Listen, die ihren natürlichen Lebensraum in Gebieten haben, die von der Geschäftstätigkeit der Organisation betroffen sind, aufgeteilt nach dem Bedrohungsgrad (EN15),
- gesamte direkte und indirekte Treibhausgasemissionen nach Gewicht (EN16) und
- Gesamtgewicht des Abfalls nach Art und Entsorgungsmethode (EN21).

Ökonomische Kennzahlen können nach dem G3 in die Bereiche wirtschaftliche Leistung, Marktpräsenz und mittelbare wirtschaftliche Auswirkungen gegliedert werden. Beispiele dafür sind:

- Umfang der betrieblichen sozialen Zuwendungen (EC3) und
- Spanne des Verhältnisses der Standardeintrittsgehälter zum lokalen Mindestlohn an wesentlichen Geschäftsstandorten (EC5).

Soziale Kennzahlen (Bereich Arbeit) können nach dem G3 in die Bereiche Beschäftigung, Arbeitnehmer-Arbeitgeber-Verhältnis, Arbeitsschutz, Aus- und Weiterbildung, Vielfalt und Chancengleichheit gegliedert werden. Beispiele dafür sind:

- Mitarbeiterfluktuation insgesamt und als Prozentsatz aufgegliedert nach Altersgruppe, Geschlecht und Region (LA2),
- Prozentsatz der Mitarbeiter, die unter Kollektivvereinbarungen fallen (LA4) und
- Verhältnis des Grundgehalts für Männer zum Grundgehalt für Frauen nach Mitarbeiterkategorie (LA14).

Im G3 befinden sich auch Indikatoren zu dem Bereich Produktverantwortung. Hierzu zählen die Bereiche Gesundheit und Sicherheit der Kunden, Kennzeichnung von Produkten und Dienstleistungen, Werbung, Schutz der Kundendaten und Einhaltung von Gesetzesvorschriften.

(2) Stoff- und Energiebilanzen

Stoff- und Energiebilanzen stellen Inputfaktoren (z.B. Material) einerseits und Outputfaktoren (z.B. Emissionen) andererseits für einzelne Prozesse, Materialien, Produkte oder ganze Betriebe gegenüber und liefern damit einen Einblick in betriebliche Stoff- und Energieflüsse (*Stoffstromanalyse*). Gemäß dem *1. Hauptsatz der Thermodynamik* wird davon ausgegangen, dass alle eingebrachten Ressourcen im Output, wenn auch in anderen Formen und Zuständen, nachzuweisen sind. Stoff- und Energiebilanzen bilden die Grundlage von *Öko-Bilanzen*, *Öko-Audits* und *Umweltverträglichkeitsprüfungen* (UVP). *Öko-Controlling* und Umweltmanagementsysteme (z.B. EMAS) greifen ebenso hierauf zu. Stoff- und Energiebilanzen liefern eine strukturierte Darstellung aller relevanten stofflichen und energetischen Austauschbeziehungen zwischen der zu bilanzierenden Einheit (z.B. Produkte) und der natürlichen Umwelt (vgl. auch Dyckhoff/Souren 2008, S. 165). Problematisch ist die Festlegung der Systemgrenze, d.h. die Abgrenzung aller mit der zu bilanzierenden Einheit kausal verknüpften Prozesse. Stoff- und Energiebilanzen dienen der Aufdeckung ökologischer Schwachstellen. Die mit einem Produkt oder Prozess verbundenen Stoff- und Energieströme werden auch als *Life Cycle Inventory* (LCI) bezeichnet. Im Grundmodell der Stoff- und Energiebilanz werden Input- und Outputfaktoren gegenübergestellt („bilanziert"; vgl. Abb. 20).

Input	Output
Güter und Materialien ▪ Rohstoffe ▪ Hilfsstoffe ▪ Betriebsstoffe ▪ Wasser ▪ Luft *Energien* ▪ Elektrische Energie ▪ Thermische Energie *Bodenversiegelung*	*Stoffliche Emissionen* ▪ Abfall/Sekundärstoffe ▪ Abwasser ▪ Abluft *Konsumgüter* *Verpackungen* *Energetische Emissionen* ▪ Abwärme ▪ Lärm

Abb. 20: Grundmodell einer Stoff- und Energiebilanz

(3) Öko-Bilanzen

Übersicht

Öko-Bilanzen werden mit dem Ziel erstellt, durch eine systematische Erfassung und Bewertung potenzieller Umwelteinwirkungen (*impacts*) von Stoffen, Produkten und Verfahren ökologische Schwachstellen im Unternehmen sowie Möglichkeiten ihrer Beseitigung zu erkennen. Die Grundlage der Öko-Bilanz bildet die *Stoff- und Energiebilanz*, die bei Produkten als *Life Cycle Inventory* (LCI) bezeichnet wird. Im Gegensatz zum Bilanzbegriff des externen Rechnungswesens – Bilanz als zeitpunktbezogene Gegenüberstellung von Vermögen (Aktiva) und Kapital (Passiva) - ist eine Saldierung im Rahmen der Öko-Bilanz nicht erforderlich und wegen schwieriger Mess- und Bewertungsprobleme oft auch nicht möglich. Neben den Strömungsgrößen erfassen Öko-Bilanzen zudem, wenn auch seltener, Bestandsgrößen (z.B. Altlasten). Die Öko-Bilanz ergänzt das auf Finanz-, Kosten- und Vermögensaspekte begrenzte betriebliche Rechnungswesen durch ökologische Kriterien. Zur Erstellung einer Öko-Bilanz müssen die Bilanzgrenze (Bilanzierungsraum wie z.B. ein bestimmter Prozess, Zeitraum) und die Bilanzierungsmethode festgelegt werden.

Produktion und Konsum belasten als Transformationsprozesse die natürliche Umwelt in doppelter Weise: Auf der Inputseite werden Rohstoffe und hochwertige Energien der Natur entnommen und auf der Outputseite werden Reststoffe und niedrigwertigere Energien als Emissionen an die Natur zurückgegeben. Die Öko-Bilanzierung erfolgt durch eine Analyse und Bewertung der mit diesen Stoffströmen verbundenen Schäden für die Umwelt (*impacts*). Dazu müssen einerseits Kenntnisse über Wirkzusammenhänge vorliegen und andererseits müssen mittels einer bewährten *Bilanzierungsmethodik* unterschiedliche Umweltbelastungen qualitativ oder quantitativ eingeschätzt werden können. Die Ergebnisse dieses Bilanzierungsprozesses dienen dann im Rahmen einer nachhaltigkeitsorientierten bzw. ökologischen Schwachstellenanalyse dem Vergleich und der ökologischen Optimierung von Stoffen, Produkten, Prozessen und Betrieben (*Öko-Benchmarking*).

Life Cycle Assessment (LCA)

Für das nachhaltige Management ist die *Produktbilanz* von besonderer Bedeutung. Produktbilanzen analysieren die sozialen und ökologischen Konsequenzen (*impacts*) über den vollständigen Lebenslauf bzw. über alle Wertschöpfungsphasen eines Produkts. Dieses Vorgehen wird auch als *Life Cycle Assessment* (LCA) bezeichnet. Das LCA ist ein Instrument zur quantitativen Messung und Bewertung schädlicher Wirkungen von Produkten auf die menschliche Gesundheit und auf die natürliche Umwelt über alle Lebenszyklusphasen hinweg (Belz/Peattie 2009, S. 61). Im Rahmen der LCA wird der vollständige Produktlebenszyklus *„von der Wiege bis zur Bahre"* (*Cradle to grave*), von der Rohstoffgewinnung, über die Herstellung, Vertrieb und Nutzung beim Endverbraucher bis zur Entsorgung oder Wiederverwendung geprüft (vgl. Abb. 21). LCA-Analysen unterscheiden sich hinsichtlich des Detaillierungsgrades der betrachteten Lebenszyklusphasen sowie der Art und Anzahl der Kriterien und Bereiche der geprüften Schadenswirkungen.

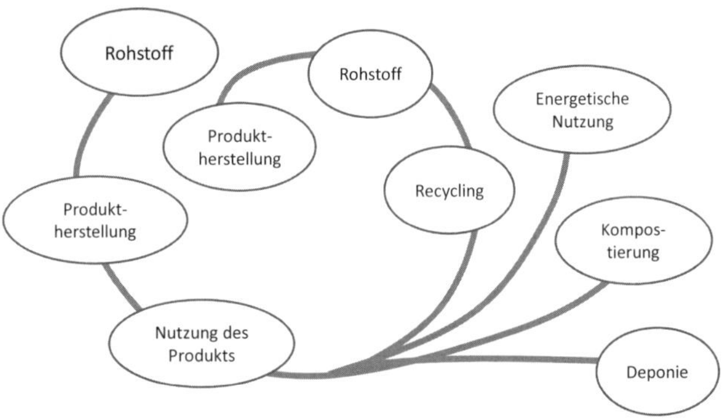

Abb. 21: Der Lebenszyklus von Holz
Quelle: Informationsdienst Holz 12/1999

Den Versuch, alle Einwirkungen der Produktherstellung auf die Bereiche Wirtschaft, Natur und Gesellschaft über den gesamten Produktlebenszyklus in einem Modell zu erfassen, hatte die Projektgruppe ökologisches Wirtschaften des *Freiburger Öko-Instituts* (Projektgruppe ökologisches Wirtschaften 1987, Teichert 1994, S. 34ff.) mit der sog. *Produktlinienanalyse* (PLA) unternommen. Kernstück dieser Methode ist eine Matrix, die zur Bewertung der jeweiligen Einwirkungen eines Produkts in Gesellschaft, Natur und Wirtschaft (Horizontalbetrachtung) in bestimmten Lebenszyklusphasen herangezogen (Vertikalbetrachtung) wird. Wegen schwerwiegender Bewertungsprobleme erfolgt allerdings keine Quantifizierung der jeweiligen ökologischen, sozialen und ökonomischen Einwirkungen. In der Praxis wird deshalb in der Regel von der idealtypischen Struktur der Produktlinienanalyse abgewichen. (vgl. Abb. 22).

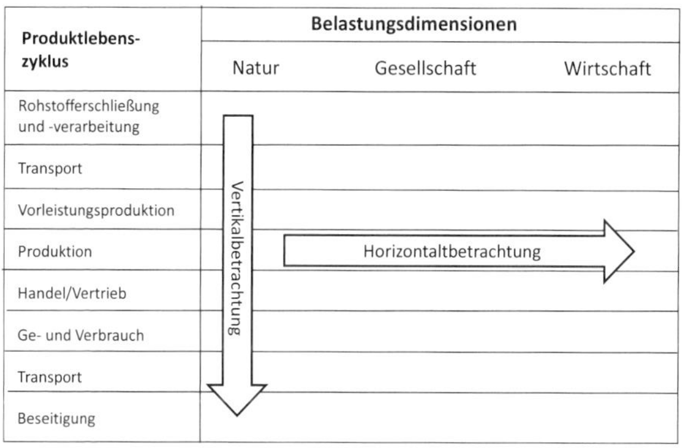

Abb. 22: Allgemeine Produktlinienmatrix

Die *ISO Normen 14040* (*Environmental management - Life cycle assessment - Principles and framework*) und *14044* (*Environmental management - Life cycle assessment - Requirements and guidelines*) in der Fassung von 2006 liefern für das *Life Cycle Assessment* ein grundlegendes Prüfschema sowie Prüfrichtlinien, Anforderungen und Methoden. In Deutschland laufen diese Normen unter den Bezeichnungen DIN EN ISO 14040 und DIN EN ISO 14044. Nach diesem Prüfschema umfasst das *Life Cycle Assessment* die folgenden vier Phasen: Festlegung der Ziele und des Untersuchungsrahmens (*Goal and Scope Definition*, z.B. LCA einer Holztür mit bestimmten Merkmalen), Erstellung der Sachbilanz (*Life Cycle Inventory*, LCI), Wirkungsabschätzung (*Life Cycle Impact Assessment*, LCIA) und Interpretation (Abb. 23).

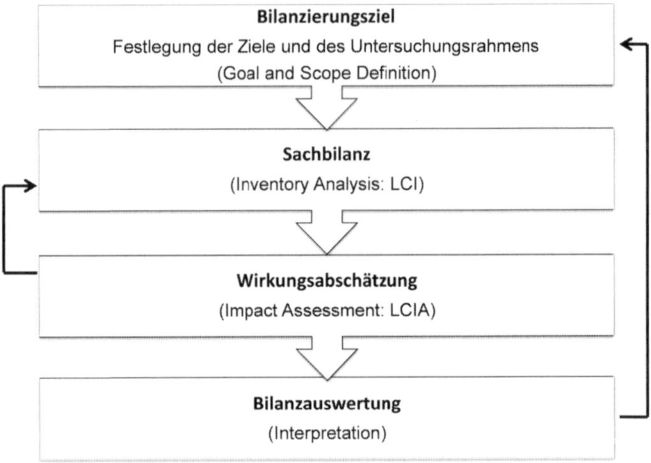

Abb. 23: Prüfschema einer Produktbilanzierung (*Life Cycle Assessment*) nach den ISO-Normen 14040 und 14044.

Danach wird zuerst das Bilanzierungsziel festgelegt (z.B. Bilanzierung eines bestimmten Produkts) und dann werden die Stoff- und Energieflüsse *(Life Cycle Inventory)* des Produkts ermittelt und in der Sachbilanz zusammengefasst. Nachfolgend wird die Wirkungsabschätzung (*Impact Assessment*) des *Product Life Cycle Inventory* auf Basis einschlägiger Kriterien wie z.B. Klimaveränderung, Toxizität und Ressourcenbeanspruchung durchgeführt. Zur Wirkungsabschätzung müssen zugrunde gelegte *Wirkungskategorien* (*impact categories*) genau festgelegt werden (z.B. Ressourcenverbrauch, Treibhauseffekt, Eutrophierung, Humantoxizität), um dann eine Zuordnung dieser Wirkungsbereiche zu den jeweiligen Stoff- und Energieströmen herstellen zu können. Die Wirkungskategorien erfassen die Schadensbeiträge einzelner Stoff- und Energieflüsse des *Life Cycle Inventory* (LCI) auf den jeweils von ihnen repräsentierten Bereich. Da in der Regel sehr viele Wirkungskategorien vorliegen, können diese abschließend aus Übersichtsgründen bestimmten Oberkategorien (z.B. menschliche Gesundheit, Ökosystemqualität, Klimawandel und Ressourcen) zugeordnet werden (vgl. Belz/Peattie 2009, S. 62f.). In der Bilanzauswertung werden die Ergebnisse interpretiert und Schadenswirkungen priorisiert (vgl. Abb. 23). Die Interpretation der Ergebnisse können verbal argumentativ (z.B. ergänzende Kommentare zu Sachbilanzen), monetarisierend (Erfassen von internalisierten und externen Umweltkosten), numerisch-quantifizierend (z.B. Öko-Punkte) oder relativ abstufend (z.B. nach Prioritäten) erfolgen.

Eine spezielle Methode der Wirkungsanalyse (LCIA) ist die *IMPACT 2002+ Methode* (Jolliet et al. 2003). Sie unterscheidet 14 Wirkungskategorien (*Midpoint Categories*), die 4 übergeordneten Schadenskategorien zugeordnet werden: Menschliche Gesundheit (*Human Health*), Ökosystemqualität (*Ecosystem Quality*) Klimawandel (*Climate Change*) und Ressourcen (*Resources*). Diese Wirkungskategorien erfassen die Schadensbeiträge einzelner Stoff- und Energieflüsse, die im *Life Cycle Inventory* (LCI) zusammengefasst sind, auf den jeweils durch sie repräsentierten Bereich (vgl. Abb. 24).

Die LCA ist natürlich mit Beschränkungen verbunden. Insbesondere sind Datenprobleme zu lösen. Darüber hinaus liegen in der Regel keine exakten Werte für die Schadenswirkung einzelner Stoffe vor und die Bewertungen erfolgen oft subjektiv. Die hohe Komplexität dieser Analyse macht es erforderlich, modellhaft mit Vereinfachungen zu arbeiten. Vorteile dieser Vorgehensweise liegen in der Offenlegung der Subjektivität der Bewertung sowie der zugrunde gelegten Prämissen und der Möglichkeit, eigene Schlussfolgerungen zu ziehen (vgl. Dyckhoff/Souren 2008, S. 168f.).

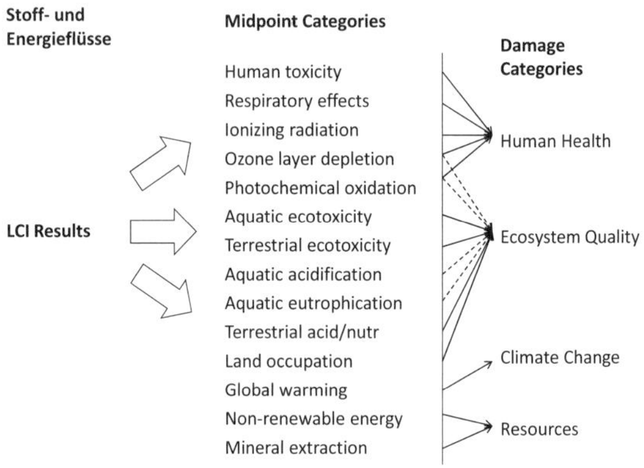

Abb. 24: LCA nach der IMPACT 2002+ Methode
Quelle: Humbert et al. 2005

Methoden der Öko-Bilanzierung

Zur Analyse, Quantifizierung und Bewertung der mit den Stoff- und Energieströmen verbundenen Umwelteinwirkungen (*Wirkungskategorien*) können verschiedene Methoden der Öko-Bilanzierung eingesetzt werden. Die *BUWAL-Methode* (Methode des *Schweizerischen Bundesamtes für Umwelt, Wald und Landschaft*) stellt eine Weiterentwicklung der sog. *„Ökologischen Buchhaltung“* dar. Umwelteinwirkungen werden nach dem *„Grad der ökologischen Knappheit“* durch sog. Öko-Punkte bewertet. *Öko-Punkte* (Umweltbelastungspunkte) ergeben sich aus der Multiplikation eines bestimmten Umwelteintrages (z.B. t NO_2) mit dem aus Grenzwerten abgeleiteten Öko-Faktor (z.B. 23 Öko-Punkte je Gramm NO_2). Diese Methode ermöglicht ein Verrechnen unterschiedlicher Umweltwirkungen.

Die *ABC/XYZ-Methode* vom *Institut für Ökologische Wirtschaftsforschung* (IÖW-Berlin) ist ein Konzept einer umfassenden Öko-Bilanz, die in vielen Praxisprojekten erprobt worden ist. Es besteht aus den vier Teilbilanzen: Betriebsbilanz, Prozessbilanz, Standortbilanz und Produktbilanz (vgl. Abb. 25). Die *Betriebsbilanz* umfasst alle auf den gesamten Betrieb bezogenen Input- und Outputströme. Alle dem Betrieb zugeführten Materialien (Rohstoffe, Hilfsstoffe, Betriebsstoffe), Halbprodukte und Energien (Input) und alle den Betrieb verlassenden Produkte und Emissionen (Output), inklusive der Material- und Energieverluste, werden mengenmäßig in physikalischen Maßeinheiten (z.B. t, l, kWh) für den gesamten Betrieb ermittelt und hinsichtlich des Handlungsbedarfs in A-, B- und C-Kategorien eingeteilt (ABC-Analyse). Die *Prozessbilanz* erfasst die Input-Output-Ströme getrennt für einzelne Produktionsprozesse und den damit verbundenen Fertigungsschritten. Die *Produktbilanz* verfolgt Stoff- und Energieströme für einzelne Produkte unter Einbezug aller Phasen des Produktlebenszyklus (*Life Cycle Assessment*). Die *Standortbilanz* dient zur Erfassung sonstiger umweltrelevanter Größen des Standortes und gliedert sich in verschiedene Unterbilanzen auf (z.B. Flächennutzung, Altlasten, Fuhrpark, Verwaltung).

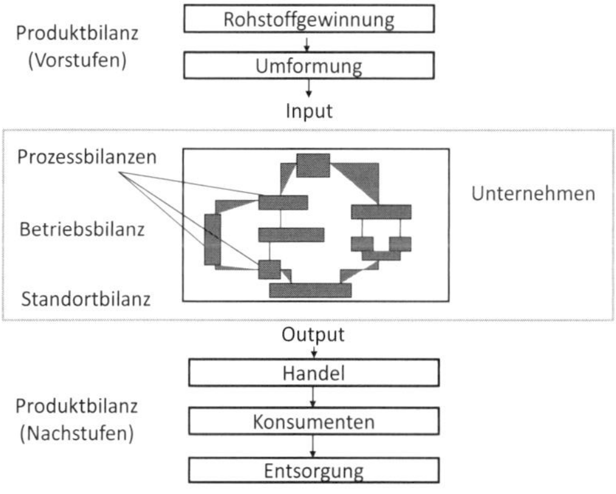

Abb. 25: Öko-Bilanzierung nach dem IÖW-Ansatz

Quelle: in Anlehnung an Stahlmann 1998, S. 767

Alle Stoff- und Energieströme sowie bestandsbezogenen Werte werden anhand ausgewählter Kriterien einer *ABC-Analyse* unterzogen, die den Handlungsbedarf nach den Dringlichkeitsstufen A (dringender Handlungsbedarf), B (mittelfristiger Handlungsbedarf) und C (kein Handlungsbedarf) klassifiziert. Folgende sechs *Bewertungskriterien* werden dazu verwendet:

- umweltrechtliche/-politische Anforderungen,
- gesellschaftliche Akzeptanz,
- Gefährdungs- und Störfallpotenzial,
- internalisierte Umweltkosten,
- negative Effekte auf Vor- und Nachstufen und
- Erschöpfung nicht regenerativer Rohstoffe/Übernutzung regenerativer Ressourcen.

Mittels einer *XYZ-Bewertung* werden die Mengeneffekte der Stoff- und Energieströme abgeschätzt und ebenfalls klassifiziert (hoher, mittlerer und geringer Mengeneinsatz).

Die Erstellung von Öko-Bilanzen ist mit erheblichen Problemen der Beschaffung von betrieblichen Daten hinsichtlich der Zusammensetzungen und physikalisch-chemischen Eigenschaften von Rohstoffen, Energie-, Emissions- und Abfallströmen sowie der Abwasserfrachten verbunden. Darüber hinaus fehlen oft wissenschaftliche Grundlagen zur Wirkungsanalyse (*Ursache-Wirkungs-Beziehungen*) und für die Bewertung steht keine allgemein anerkannte und standardisierte Methodik zur Verfügung. Auch der mit der Erstellung von Öko-Bilanzen verbundene, relativ hohe finanzielle und personelle Aufwand macht dieses Instrument insbesondere für kleine und mittelständische Unternehmen wenig praktikabel.

(4) Sozial-ökologische Belastungsmatrizen

Sozial-ökologische Belastungsmatrizen liefern eine grobe erste Übersicht, in welchen Lebenszyklus- bzw. Wertschöpfungsphasen eines bestimmten Produkts schädliche ökologische (z.B. Treibhausgasemission) oder soziale (z.B. Gesundheit) Belastungen (*Impacts*) nach Art und Höhe entstehen (vgl. auch Belz/Peattie 2009, S. 58ff.). Sie sind immer branchenspezifisch bezüglich der Umwelt- bzw. Sozialdimensionen festzulegen. Die Bewertung erfolgt in drei Belastungsstufen (hoch, mittel, gering). In der Computerbranche ist die Phase der Herstellung mit den höchsten Umweltbelastungen verbunden. Da Computer weltweit verkauft werden, treten beim Transport hohe Energieverbräuche und Luftbelastungen auf. Es fallen erhebliche Abfallmengen in Form von Tonerkartuschen, Tintenpatronen und Farbbändern an sowie ein hoher Papierverbrauch und die Entsorgung des Computers als Elektronikschrott (vgl. Abb. 26).

Umwelt-dimensionen \ Branchenstufen/ Wertschöpfungs-phasen	Herstellung	Distribution	Nutzung	Entsorgung und Verwertung
Luft	B	A	B	B
Wasser und Boden	A	C	B	B
Energie	B	A	A	B
Abfälle	A	B	A	A
Sicherheit und Gesundheit	A	C	B	C
Auswirkungen auf Ökosysteme	B	C	C	B

C geringe Belastung B mittlere Belastung A hohe Belastung

Abb. 26: Ökologische Belastungsmatrix der Computerbranche
Quelle: UBA 2001, S. 163

Kontrollfragen

[1] Was wird unter einer Lieferkette verstanden?

[2] Was ist eine *Szenario-Analyse* und wozu dient sie?

[3] Wie wird bei der *Cross-Impact-Analyse* vorgegangen und welche Aussagen sind möglich?

[4] Worauf bezieht sich die Anspruchsgruppenanalyse?

[5] Was sind Nachhaltigkeitskennzahlen?

[6] Was ist eine Produktbilanz?

[7] Welche Bereiche umfasst das *Life Cycle Assessment* nach dem ISO-Prüfschema?

[8] Wie ist die ABC/XYZ-Bilanzierungsmethode aufgebaut?

2.3 Nachhaltige Unternehmensstrategien

Nach Lektüre dieses Kapitels sollten Sie …

- unterschiedliche Bereiche und Ausrichtungen von Nachhaltigkeitsstrategien erläutern können.
- einzelne Optionen für Nachhaltigkeitsstrategien mit Beispielen untersetzen können.
- wissen, was ökologische und soziale Risiken unternehmerischer Tätigkeit sind und wie im Unternehmen mit ihnen umgegangen werden kann.
- die Ursachen für krisenhafte Entwicklungen infolge gravierender ökologischer oder sozialer Schadensereignisse kennen.
- die große strategische Bedeutung des Dialogs begründen können.

2.3.1 Strategieausrichtungen und Strategiebezüge

Der sich aus der strategischen Analyse ergebende Handlungsbedarf nachhaltigen Wirtschaftens im Unternehmen muss in Strategien umgesetzt werden, die geeignet erscheinen, Nachhaltigkeitsziele zu erreichen. Nachhaltigkeitsstrategien sind mittel- bis langfristig angelegte Grundsatzentscheidungen zur Umsetzung der Nachhaltigkeitsleitbilder im Unternehmen (z.B. *Corporate Social Responsibility*). Es sind langfristige, an erwartete Markt-, Umwelt- und Gesellschaftsentwicklungen angepasste Handlungspläne zur Sicherung von Wettbewerbsfähigkeit, Umweltschutz und gesellschaftlicher Legitimation. Die Strategien legen als Bindeglied zwischen Zielen und Maßnahmen eine Handlungsausrichtung für geeignete Maßnahmen fest, um gesetzte ökonomische, ökologische und soziale Unternehmensziele erreichen zu können. Hinsichtlich der Kompatibilität zwischen ökonomischen Zielen einerseits sowie sozialen und ökologischen Zielen andererseits können nach Porter/Kramer (2006, S. 89) Nachhaltigkeitsstrategien dahingehend unterschieden werden, ob sie primär auf soziale und ökologische Ziele ausgerichtet sind (*Responsive CSR*) oder ob damit auch eine Verbesserung der Wettbewerbsposition des Unternehmens erreicht werden soll (*Strategic CSR*).

Nachhaltigkeitsstrategien können generell hinsichtlich der *Strategieausrichtung* (defensiv/reaktiv, offensiv und selektiv) und des *Strategiebezuges* (Markt, Gesellschaft, Umwelt und Unternehmen) untergliedert werden (vgl. Abb. 27). Im Hinblick auf den Grad der Bereitschaft der Unternehmung zum nachhaltigen Wirtschaften können offensive und defensive Strategieausrichtungen unterschieden werden. Während defensive Strategien nachhaltiges Wirtschaften eher als Risiko oder notwendiges Übel und weniger als geschäftliche und gesellschaftliche Chance begreifen, sind offensive Nachhaltigkeitsstrategien chancenorientiert und beinhalten auch Initiativen zur Durchsetzung und Beschleunigung des Nachhaltigkeitsleitbildes in der Wirtschaft (vgl. auch McDaniel/Rylander 1993, S. 6ff.). Selektive Nachhaltigkeitsstrategien konzentrieren sich auf bestimmte Zielgruppen, Stakeholder und Umweltmedien.

- Die *offensive Strategieausrichtung* zielt auf die Schaffung von Wettbewerbsvorteilen und gesellschaftlicher Akzeptanz durch nachhaltiges Management. Nachhaltigkeit wird als innovatives Konzept gleichermaßen sowohl als gesellschaftliche Verpflichtung (*Social case*) als auch als Möglichkeit, Wettbewerbsvorteile zu erzielen (*Business case*), aufgefasst. „*The corporation seeks to go beyond industry norms and anticipates future expectations by doing more than expected*" (Ernst & Young 2009, S. 24).
- Die *defensive Strategieausrichtung* versucht, negative Konsequenzen einer nicht nachhaltigen Unternehmensführung zu vermeiden, zu umgehen oder zu bekämpfen. „*The corporation admits responsibility but fights it, doing the very least that seems to be required. Hence, the corporation may adopt an approach based mainly on superficial public reaction rather than positive action*" (Ernst & Young 2009, S. 24). Es lassen sich folgende Untergruppen defensiver Nachhaltigkeitsstrategien unterscheiden:

- *nachhaltig reaktiv:* Nachhaltigkeit wird als unternehmerisches Risiko eingeschätzt und nur dann im Unternehmen umgesetzt, wenn bei Nichtbeachtung negative Konsequenzen drohen (z.B. Umwelthaftung, Imageschäden, Gefahr von Kaufboykotten). *„The corporation denies any responsibility for social issues, for example by claiming that they are the responsibility of government, or arguing that the corporation is not to blame"* (Ernst & Young 2009, S. 24).
- *nachhaltig resignativ:* Diese Strategieausrichtung zielt auf einen ersatzlosen Rückzug des Unternehmens aus sozial-ökologisch brisanten Tätigkeitsfeldern (z.B. Aufgabe oder Verlagerung von umweltschädigenden Geschäftsfeldern).
- *nachhaltig resistiv:* Strategien richten sich darauf, sich öffentlichen Forderungen nach Umweltschutz und CSR entgegenzustellen und Widerstand dagegen zu leisten (z.B. Lobbyismus).

Hinsichtlich des *Strategiebezuges* unterscheiden wir Nachhaltigkeitsstrategien mit Fokus auf die Märkte, die Gesellschaft, die Umwelt und auf das eigene Unternehmen (vgl. Abb. 27):

- *Auf den Markt gerichtete Nachhaltigkeitsstrategien* beinhalten das Wahrnehmen von Chancen bzw. das Abwehren von Risiken durch artikulierte Nachhaltigkeitsforderungen auf Märkten. *Defensive* marktgerichtete Nachhaltigkeitsstrategien sind darauf angelegt, Wettbewerbsvorteile durch opportunistisches Verhalten zu erzielen (z.B. Verbrauchertäuschung durch fragwürdige Werbung mit ökologischen Argumenten). *Offensive* Strategien sind dagegen darauf gerichtet, durch nachhaltiges Management Wettbewerbsvorteile zu erzielen. Dieser Strategietyp kann sich sowohl auf die Profilierung als sozial verantwortungsbewusstes Unternehmen (*CSR-Profilierung*) als auch auf die Profilierung eines Anbieters von Produkten mit einer hohen nachhaltigen Qualität (*Marken-Profilierung*) beziehen. Aus einer gelungenen Unternehmens- bzw. Markenprofilierung können sich wettbewerbsrelevante *Image- und Reputationsvorteile* für das Unternehmen einstellen (*Profilierungsstrategie*). Eine Profilierung kann allerdings nur dann wirkungsvoll sein, wenn sich dadurch Unternehmen bzw. die Produkte der Unternehmen von der Konkurrenz und deren Produkte positiv abgrenzen können (*Positionierungsstrategie*). Die Positionierung eines Unternehmens bezieht sich auf das, was Konsumenten mit diesem Unternehmen verbinden bzw. strategisch verbinden sollen (z.B. Wissen, Erfahrungen).

		Strategiebezug			
		Markt	Gesellschaft	Umwelt	Unter-nehmen
Strategieausrichtung	defensiv/ reaktiv	▪ opportunistische Wettbewerbs-strategien (z.B. *greenwashing*)	▪ Abwehr- bzw. Absicherungs-strategien (z.B. Lobbying)	▪ Ressourcen-Effizienzstrategien (z.B. Energie-management)	▪ Übernahme gesetzlicher Vorgaben (z.B. Arbeitsschutz)
	offensiv	▪ Profilierungs-strategien ▪ Added-value Strategie ▪ Selbstver-pflichtungen	▪ Transparenz-strategien ▪ Anti-Korruption ▪ Dialog- und Kooperations-strategien	▪ Umwelt-management ▪ Klimaschutz-strategien ▪ Risiko-vermeidung	▪ Organisations- und Personal-entwicklungs-strategien ▪ Ethische *Codes of Conduct*
	selektiv (Zielgruppen, Stakeholder, Umweltmedien)	auf bestimmte Marktsegmente/ Zielgruppen ausgerichtet (z.B. LOHAS)	auf bestimmte gesellschaftliche Anspruchsgrup-pen ausgerichtet (z.B. Öffentlichkeit)	auf bestimmte Umweltbereiche begrenzt (z.B. Klima)	▪ Unterneh-mensbereiche ▪ interne Anspruchs-gruppen

Abb. 27: Typologie von Nachhaltigkeitsstrategien
Quelle: in Anlehnung an Dyllick et al. 1997 und UBA 2001, S. 167

Es sind die Merkmale, die Konsumenten mit Unternehmen assoziieren (Ellen et al. 2006, S. 147). Dieses Unternehmenswissen ist bei den Individuen als sog. *kognitives Schema* im Gedächtnis verankert (vgl. Balderjahn/Scholderer 2007, S. 34ff.). Wenn ein Unternehmen als nachhaltig und verantwortungsbewusst bei Konsumenten wahrgenommen wird, dann kann das positive Effekte auf die Reputation und das Image der Firma zeigen (*Reputations- und Imagestrategie*). Auch die Bewertung der vom Unternehmen angebotenen Produkte durch Konsumenten kann sich durch ein positives Unternehmensimage ebenso verbessern wie die Loyalität und das Weiterempfehlungsverhalten (Ellen et al. 2006, S. 147). Zudem wird bei solchen Unternehmen oft eine höhere Leistungsfähigkeit vermutet (Du et al. 2007, S. 237).

Auch können nachhaltige Unternehmen eine Strategie der Schaffung und Festigung einer starken Konsumenten- bzw. Stakeholder-Firmen-Identifikation verfolgen (*Customer/Stakeholder-company identification*; vgl. Bhattacharya/Sen 2003; Sen et al. 2006; auch Sichtmann 2011).

Die Nachhaltigkeit ist eine den Grundnutzen eines Produktes ergänzende Qualität bzw. Eigenschaft mit *Zusatznutzencharakter* (*added value*). Auf die Produkte gerichtete Nachhaltigkeitsstrategien sind darauf gerichtet, das gesamte Leistungsangebot eines Unternehmens oder Teile davon mit einem zusätzlichen für den Nachfrager wahrnehmbaren Nutzen hinsichtlich der sozialen und/oder ökologischen Qualität der Produkte auszustatten (*Added-value-Strategie*). Ein nachhaltiger Kundennutzen kann durch Produktmerkmale wie z.B. Dauerhaftigkeit (Umweltschutz), Gesundheit (Lebensmittel aus kontrolliertem Anbau), Fairness (z.B. Fairtrade-Produkte) oder durch neuartige Nutzungskonzepte (z.B. *Car Sharing*) entstehen. *Car Sharing* ist eine soziale und organisatorische Innovation zur nachhaltigen Befriedigung von Mobilitätsbedürfnissen (*Innovationsstrategie*). Durch einen spezifischen, sozialen, ökologischen oder ethischen Zusatznutzen können Produkte einen Wettbewerbsvorteil erlangen und erfolgreich im Markt positioniert werden (*Markenstrategie*).

Schließen sich Unternehmen globalen Initiativen zur Förderung der Nachhaltigkeit an (z.B. *Global Compact*), treten sie nachhaltigen Unternehmensnetzwerken (z.B. CSR Europe) oder Brancheninitiativen (z.B. BSCI) bei und erklären sie öffentlich, nachhaltig zu wirtschaften, so werden dadurch Markt- und Branchenstrukturen stetig in Richtung mehr Nachhaltigkeit verändert (*Selbstverpflichtungsstrategien*). Je mehr Unternehmen einer Branche sich auf einen nachhaltigen Verhaltenskodex (*Code of Conduct*) verständigen, desto schwerer werden es opportunistische Unternehmen haben, Wettbewerbsvorteile aus unverantwortlichen Geschäftspraktiken zu ziehen.

Selektiv können marktgerichtete Nachhaltigkeitsstrategien auf einzelne Marktsegmente bzw. Zielgruppen ausgerichtet sein. *Marktsegmentierung* ist ein zentraler Bestandteil der nachhaltigkeitsorientierten strategischen Marketingplanung und dient der Entwicklung von erfolgreichen Nachhaltigkeitsstrategien im Marketing. Die nachhaltigkeitsorientierte Marktsegmentierung hat die Identifikation, Bildung und Beschreibung von Nachhaltigkeitssegmenten (Markterfassung), deren Bewertung und Auswahl (Marktauswahl) sowie die Festlegung von Nachhaltigkeitsstrategien für einzelne Segmente zur Aufgabe (vgl. Balderjahn/Scholderer 2007, S. 115ff.). Im Rahmen der Markterfassung erfolgt eine Zerlegung des Marktes in Käufergruppen (Marktsegmente), die ähnlich und von anderen Käufergruppen deutlich unterscheidbar Umwelt- und Sozialqualitäten von Produkten bewerten. Eine für das Nachhaltigkeitsmarketing interessante Zielgruppe sind die LOHAS. LOHAS steht für *Lifestyle of Health and Sustainability*. Darunter wird ein Lebensstil verstanden, der von den übergeordneten Werten nach Gesundheit und Nachhaltigkeit geprägt ist. Es ist ein durch persönliche Erfahrungen und dem Streben nach Selbstverwirklichung getriebener, authentischer und ganzheitlicher Lebensstil, der darauf ausgerichtet ist, in Harmonie mit der Natur und der Gesellschaft die persönliche Lebensqualität zu steigern (Glöckner et al. 2010, S. 37).

- *Auf die Gesellschaft gerichtete Strategien* erfassen die Förderung (offensiv) oder Behinderung (defensiv) von gesellschaftlichen Forderungen nach einer nachhaltigen Unternehmensführung und sozialer Verantwortung von Unternehmen (CSR). *Defensive* Strategien zielen auf die Abwehr von gesellschaftlichen Forderungen zur Nachhaltigkeit (*Abwehrstrategien* z.B. durch gezieltes *Lobbying*) durch „opponierende Unternehmen" (*Opposing Companies*) und sollen zur Aufrechterhaltung klassischer Wirtschaftsformen und des *status quo* dienen (*Absicherungsstrategien*). *Offensive Strategien* von „unterstützenden Unternehmen" (*Promoting Companies*) ergreifen Initiativen zur Förderung der Nachhaltigkeit (z.B. Unterstützung der *UN Global Compact* Initiative, *Initiativstrategien*), schaffen und intensivieren Kooperationen mit relevanten gesellschaftlichen Anspruchsgruppen und führen mit diesen Gruppen einen offenen Dialog (z.B. Kooperationen mit Umweltvereinen, *Kooperations- und Dialogstrategien*). Zudem geben solche Unternehmen Einblicke in das Unternehmensgeschehen durch Schaffung von Transparenz und engagieren sich im Kampf gegen Korruption (*Transparenz- und Anti-Korruptionsstrategien*). Neben der Verbesserung der Beziehungen zu gesellschaftlichen Anspruchsgruppen zielen diese Strategien auch auf eine Verbesserung des Images und der Reputation der Unternehmen (*Win-Win-Strategien*). *Selektiv* können sich diese Strategien auf einzelne gesellschaftliche Anspruchsgruppen beziehen (z.B. Politik, NGOs).

- *Auf die Umwelt gerichtete Nachhaltigkeitsstrategien* können auf verschiedene Umweltmedien (z.B. Klima, Wasser), auf den Ressourcenschutz und auf die Vermeidung bzw. Reduzierung von ökologischen Risiken durch unternehmerisches Handeln zielen. *Defensive* Strategien zielen auf *Business case Situationen* wie z.B. das Erschließen von Kostensenkungspotenzialen durch Einsparungen an Energie, Material, Produktions- und Entsorgungskosten (*Steigerung der Ressourceneffizienz*). Erreicht wird das durch den Einsatz z.B. ökologisch effizienter Produktions- und Recyclingprozesse (z.B. Energiemanagementsysteme, Kreislaufprozesse, *Design for Efficiency*, Reduzierung von Montage- und Demontagekosten). *Offensive Strategien* verfolgen Umweltschutzmaßnahmen über reine Kostensenkungspotenziale und über das gesetzliche Mindestmaß hinaus durch Wahrnehmung unternehmerischer Verantwortung. Dazu gehört insbesondere die Einrichtung von etablierten Energie- und Umweltmanagementsystemen (EMAS, ISO 50001 und ISO 14001). Auch eine auf die Nachhaltigkeit gerichtete Abstimmung und Kooperation der Hersteller mit Zulieferern und Händlern entlang der Wertschöpfungskette ist ein strategischer Ansatz (*Kooperationsstrategien*). Nachhaltigkeit erfordert in vertikalen Wertketten unternehmensübergreifende, kooperative Ansätze (in vorgelagerten Bereichen z.B. bei der Rohstoff- und Materialbeschaffung und in den nachgelagerten Stufen im Handel sowie in der Entsorgung und Redistribution). Der Handel besetzt oftmals die Position des Vermittlers (*Gatekeeper*) zwischen Hersteller und Konsumenten und kann deshalb die Vermarktung nachhaltiger Produkte einerseits fördern, andererseits aber auch behindern oder sogar blockieren. Nach dem Grundsatz „*von der Wiege bis zur Bahre*“ erstreckt sich die

Verantwortung eines Unternehmens auf den vollständigen Lebenszyklus eines Produkts (Leitbild des *Product Stewardship*). Im horizontalen Wettbewerb sind unternehmensübergreifende strategische Kooperationen z.B. im F&E (z.B. Lösung der Verkehrsproblematik) sowie mit staatlichen Institutionen und Umweltschutzvereinen möglich. Unternehmen müssen sich zudem der ökologischen Risiken ihrer Aktivitäten bewusst und auf eventuelle Schadensereignisse gut vorbereitet sein (*Risikostrategien*).

- *Auf das Unternehmen gerichtete Nachhaltigkeitsstrategien* erfassen im Wesentlichen die unternehmerische Gesetzestreue (*Corporate Compliance*) sowie alle darüber hinaus eingegangenen Verpflichtungen im Rahmen der Unternehmensverfassung (*Corporate Governance*). *Defensive Strategien* beschränken sich auf die Erfüllung einschlägiger Gesetze bzw. Vereinbarungen (z.B. Arbeits- und Mitbestimmungsgesetze, Umweltschutzgesetze), um negative Konsequenzen des Gesetzgebers zu vermeiden (z.B. Betriebsstilllegungen). *Offensive*, nach innen gerichtete Strategien zielen darauf, die Strukturen (Organisation) und Systeme (z.B. Umweltmanagementsystem) des Unternehmens an den Anforderungen der Nachhaltigkeit auszurichten und Mitarbeiter für die Nachhaltigkeit zu motivieren und zu qualifizieren (Personalführung). Darüber hinaus kann das Unternehmen einen eigenen, auf die Nachhaltigkeit gerichteten ethischen *Code of Conduct* verbindlich für das Management vorgeben. *Selektiv* können diese Strategien auf einzelne Unternehmens- bzw. Geschäftsteile (z.B. Produktion, Regionen) sowie auf einzelne interne Anspruchsgruppen gerichtet sein (z.B. Aktionäre, Management).

2.3.2 Risiko- und Krisenstrategien der Nachhaltigkeit

Risikostrategien und Risikomanagement

(1) Nachhaltige Risiken für Unternehmen

Unternehmen sind die Orte der Entstehung ökonomischer, ökologischer und sozialer Risiken und Chancen. Das Management betrieblicher Nachhaltigkeitsrisiken ist ein wesentlicher Teilaspekt des strategischen Nachhaltigkeitsmanagements. Potenzielle ökologische, soziale und persönliche Gefährdungen durch Aktivitäten von Unternehmen werden von den Menschen oft als Risiko wahrgenommen, das sie entweder zu tragen bereit sind oder nicht (*Risikoakzeptanz*). Die hohe Wertschätzung der Gesundheit und des Umweltschutzes in der Bevölkerung sowie die starke Bedeutung der Medien in modernen Gesellschaften haben dazu geführt, dass im besonderen Maße die Aktivitäten großer internationaler und börsennotierter Konzerne von gesellschaftlichen Anspruchsgruppen kritisch beobachtet und oft als Ursache für soziale und ökologische Gefahren gebrandmarkt werden (Staehle/Nork 1992, S. 71). Die Medien sind es, die Unternehmen auf die *„Bühne der Öffentlichkeit"* heben (Becker 1993, S. 345). Vorhandene Missstände in Unternehmen können von den Medien durch Schuldzuweisungen und Dramatisierungen schnell zu handfesten *Skandalen* gemacht werden (vgl. Kepplinger 2012). Akzeptieren Anspruchsgruppen das Verhalten eines Unternehmens nicht, werden deren Forderungen und Erwartungen von diesem Unternehmen nicht erfüllt, so kann es über Reputations- und Imageeinbußen bis hin zu einem Entzug der gesellschaftlichen Akzeptanz (*License to operate*) für das Unternehmen kommen. Die Schaffung von *Shareholder-Value* ist ohne gesellschaftliche Akzeptanz (*Stakeholder-Value*) kaum möglich (Gudet 2002, S. 32).

Die Risikosituation hat sich für die Menschheit allgemein, aber auch speziell für Unternehmen in den letzten Jahren grundlegend verändert und verschärft. Das *World Economic Forum* identifiziert in seinem *Global Risks Report 2011* fünf Arten globaler Risiken: Ökonomische (u.a. Verfall der Vermögenswerte, hohe Energiepreisvolatilität), geopolitische (u.a. Korruption, Terrorismus), technologische (u.a. Datensicherheit im Internet, Bedrohung durch neue Technologien), ökologische (u.a. Luftverschmutzung, Klimawandel) und soziale Risiken (u.a. demographischer Wandel, ökonomische Ungleichheit). Ökologische und soziale Risiken fassen wir als *Nachhaltigkeitsrisiken* zusammen. Der *Klimawandel* wird neben fiskalischen Krisen und geopolitischen Konflikten vom *World Economic Forum* (2011) als ein sehr wahrscheinliches Risiko mit einem enormen Schadenspotenzial eingestuft. Dem sozialen Risiko globaler *Wohlstandsunterschiede* (*economic disparity*) und dem damit verbundenen Prozess der *sozialen Fragmentierung* wird neben dem Versagen globaler Governance-Systeme (*global governance failures*) eine starke Vernetzung mit anderen Risiken und eine zentrale Bedeutung für die Zukunft in der Analyse attestiert.

Ökologische Risiken beziehen sich auf potenzielle Umweltschäden als Folge der Unternehmenstätigkeit (z.B. Risiken aus CO_2-Emissionen).

☐ Merksatz

Ein ökologisches Risiko stellt eine Gefahr dar, die natürliche Umwelt über ein gesetzlich erlaubtes bzw. gesellschaftlich akzeptiertes Maß hinaus zu verschmutzen.

Umweltrisiken können globale Katastrophenpotenziale aufweisen (z.B. Risiken aus dem Betreiben von Atomkraftwerken, Klimawandel). Sie berühren das öffentliche Interesse und bedürfen einer expliziten gesellschaftlichen Legitimation (vgl. Balderjahn/Mennicken 1996, S. 25f.). *Soziale Risiken* beziehen sich zum einen auf allgemeine Gefahren für Menschen und soziale Gemeinschaften, die infolge von Mechanismen der globalen Wirtschaft auftreten können (z.B. ökonomische und soziale Ungleichheiten, Armut, Ausbeutung und Migration in Teilen der Welt) und zum anderen auf solche spezifischen negativen sozialen Gefahren für den Menschen, die durch Nichteinhaltung von Gesetzen oder internationalen Konventionen (z.B. Menschenrechte) durch Unternehmen eintreten können. Oft sind ökologische Risiken (z.B. Klimaerwärmung) mit sozialen Risiken verbunden (z.B. Missernten).

(2) Management nachhaltiger Risiken

Risiken werden durch die Höhe der Eintrittswahrscheinlichkeit und des Schadenspotenzials eines Ereignisses definiert. Allerdings können viele soziale und ökologische Risiken nur recht ungenau hinsichtlich ihrer Eintrittswahrscheinlichkeit und ihres Schadensausmaßes quantifiziert werden (z.B. Folgen des Klimawandels). Auch die Höhe des möglichen Verlustes bei Schadenseintritt kann als Risiko definiert werden. Diese Risikoauffassung kommt dem Standardinstrument der Risikovorsorge, der Versicherung, sehr nahe. Viele, wohl die meisten nachhaltigen Risiken lassen sich aber nicht versichern (z.B. Risiken aus der Betreibung eines Atomkraftwerkes).

☐ Merksatz

> In der Betriebswirtschaftslehre bedeutet Risiko die Gefahr, dass angestrebte Unternehmensziele nicht erreicht werden (vgl. Übersicht zu Risikodefinitionen von Loew et al. 2011, S. 14).

Betriebliche Risiken müssen vom Management rechtzeitig erkannt und in ihrem Gefahrenpotenzial korrekt eingeschätzt werden. Dazu sind grundlegende individuelle (Risikobewusstsein des Managers), unternehmenskulturelle (Nachhaltigkeit als Unternehmenswert) und organisatorische Fähigkeiten (z.B. Einsatz eines Risikomanagementsystems) erforderlich. Für Unternehmen mit einer auf *Corporate Social Responsibility* (CSR) ausgerichteten Unternehmenskultur ist die risikobewusste Unternehmensführung ein bedeutsamer Aspekt des allgemeinen Nachhaltigkeitsmanagements (vgl. BMU 2011b, S. 9). Nachhaltiges Risikomanagement umfasst die Identifikation, Analyse und Bewertung betriebsbedingter Gefahrenpotenziale für Mensch, Natur und Unternehmen, die Planung von Strategien und Maßnahmen zur Vermeidung bzw. Verminderung dieser Risiken sowie Strategien der Kommunikation bzw. Berichterstattung über potenzielle Risiken (*Transparenzstrategien*). Es verfolgt das Ziel, Risiken für Mensch, Gesellschaft und Natur zu vermeiden bzw. zu minimieren.

Formal ist das unternehmerische Risikomanagement in Deutschland für börsennotierte Aktiengesellschaften durch das 1998 in Kraft getretene *Gesetz zur Kontrolle und Transparenz im Unternehmensbereich* (KonTrG) geregelt. Es verpflichtet diese Unternehmen zur Einrichtung eines *Risikomanagementsystems* und soll dazu dienen, Transparenz und Kontrolleffizienz für Anspruchsgruppen hinsichtlich unternehmerischer Risiken zu verbessern. Es regelt Prozesse der Risikofrüherkennung und -überwachung, der Berichterstattung über Risiken im Lagebericht der Aktiengesellschaft, die Aufgaben und Haftungsfragen von Vorstand und Aufsichtsrat sowie Pflichten von Wirtschaftsprüfern (vgl. Loew et al. 2011, S. 17).

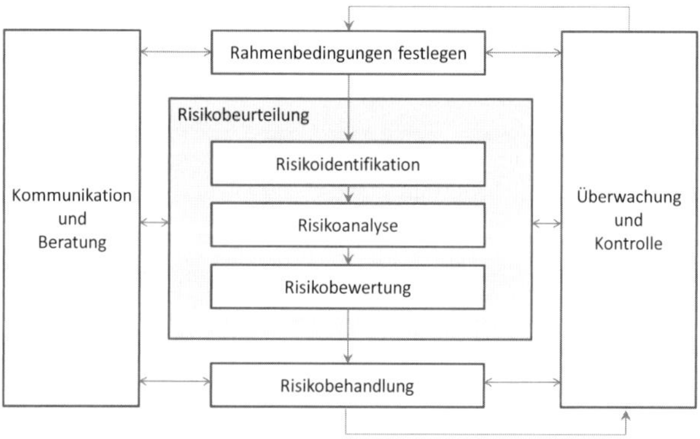

Abb. 28: Aufbau des Risikomanagements nach ISO 31000
Quelle: BMU 2011b, S. 11

Das 2009 verabschiedete *Bilanzrechtsmodernisierungsgesetz* (BilMoG) verlangt von den Unternehmen, *„die wesentlichen Merkmale des internen Kontroll- und Risikomanagementsystems im Hinblick auf den Rechnungslegungsprozess zu beschreiben"* (BilMoG, § 289 Abs. 5 HGB). Auf internationaler Ebene regelt die ISO 31000:2009 Norm Inhalte und Struktur von Risikomanagementsystemen. Diese nach dem für ISO Normen üblichen *Plan-Do-Check-Action Kreislauf* aufgebaute Norm umfasst die Teilbereiche Risikobeurteilung und Risikobehandlung (vgl. Abb. 28; Loew et al. 2011, S. 32ff.).

(3) Nachhaltige Risiken und Geschäftsrisiken

Ökologische und soziale Risiken stellen *Geschäftsrisiken* dar, wenn sie einen direkten Einfluss auf die Geschäftstätigkeit ausüben (z.B. staatliche Regulierungen zur Reduktion des Treibhauseffektes) oder wenn das Unternehmen als Verursacher identifiziert werden kann (z.B. Schadensersatzforderungen bei verbotener Abfallentsorgung; vgl. Abb. 29). Das Risiko, Mensch und Natur durch unternehmerisches Handeln zu schädigen, überträgt sich auf ein wirtschaftliches Risiko, das sich aus Aktivitäten geschädigter bzw. betroffener Anspruchsgruppen ergeben kann (z.B. Schadensersatzzahlungen, Betriebsstilllegung, Kaufzurückhaltung bis Kaufboykott; vgl. auch Wagner/Janzen 1994, S. 577).

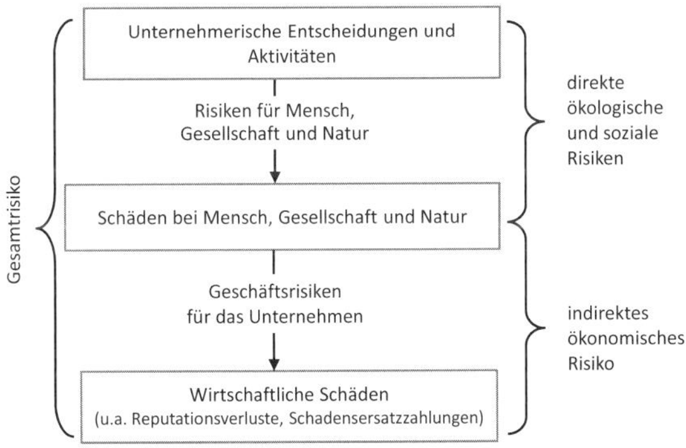

Abb. 29: Nachhaltige Risiken und Geschäftsrisiken
Quelle: in grober Anlehnung an Wagner 1997, S. 56

Bei knappen Ressourcen wie Energie (z.B. Erdöl) und Rohstoffe (z.B. seltene Erden) kann es zu Versorgungsengpässen und entsprechenden Preissteigerungen kommen (vgl. BMU 2011b, S. 5). Ökologische und soziale Missstände in der Lieferkette können für das jeweilige Unternehmen mit einem erheblichen *Reputationsrisiko* verbunden sein. Darüber hinaus kann eine kritische Medienberichterstattung über von Unternehmen verursachte Schäden für Mensch und Natur (z.B. *Shaming-Kampagne*) zu Nachfrage-, Reputations- und Imageverlusten führen (vgl. Abb. 29).

Ökologische und soziale Risiken werden von der Unternehmensleitung häufig vernachlässigt und unterschätzt; oft sogar übersehen. Nachhaltiges Risikomanagement dient deshalb dazu, die relevanten unternehmensbedingten Gefahrenpotenziale für Umwelt und Gesellschaft im Management des Unternehmens möglichst frühzeitig bewusst zu machen, um schon im Vorfeld eines möglichen Schadensfalles angemessen darauf reagieren zu können (*Risikobehandlung*). Der Einsatz sehr komplexer Technologien und Produktionsprozesse (z.B. Kern-, IT- und Gentechnologien) innerhalb großer industrieller Anlagen zur Ausnutzung von Skaleneffekten (*economies of scale*) ist tendenziell mit einer reduzierten Beherrschbarkeit, erhöhten Ungewissheit über Risiken und Risikofolgen sowie mit einer wachsenden Gefahrenaussetzung immer größerer Bevölkerungsanteile verbunden. Nicht zuletzt wegen der oft asymmetrischen Verteilung des ökonomischen Nutzens auf die Unternehmen einerseits und der Gefahrenaussetzung von Menschen andererseits berühren ökologische und soziale Risiken das öffentliche und politische Interesse und bedürfen einer expliziten gesellschaftlichen Legitimation bzw. Akzeptanz (Akademie der Wissenschaften 1992, S. 248f.). Letztendlich liegt das Spezielle vieler Risiken für die Nachhaltigkeit in der oft extremen Schwierigkeit, wenn nicht sogar Unmöglichkeit einer exakten Gefahreneinschätzung. Diese Risiken sind häufig kaum quantifizierbar, nicht mit Sicherheit zu vermeiden und oft nicht versicherungsfähig.

(4) Risikobewusstsein des Managements

In einer empirischen Studie (vgl. Balderjahn 1997) wurde der Frage nachgegangen, wie Manager unterschiedliche Risiken wahrnehmen und beurteilen und welche Kriterien sie zur Risikobeurteilung verwenden. Grundlage dieser Studie ist das in Abb. 30 dargestellte verhaltenswissenschaftliche Risikourteilsmodell.

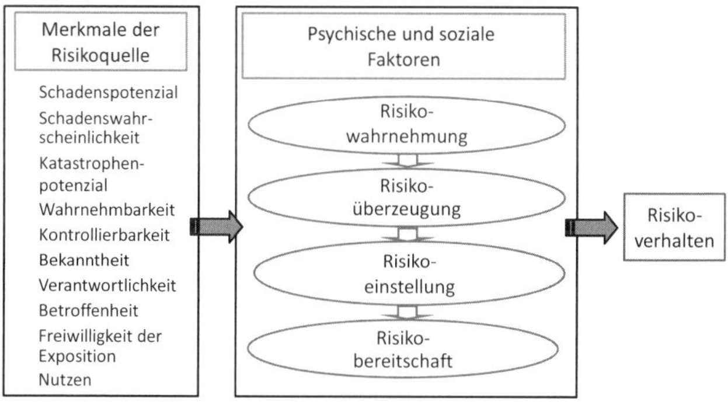

Abb. 30: Modell der persönlichen Risikobewertung
Quelle: Balderjahn 1997, S. 84

Wahrnehmung und Bewertung von Risiken setzen bei den einzelnen Merkmalen von Risikoquellen an. Aus der Wahrnehmung einer Risikoquelle bilden sich Überzeugungen (Auffassungen) über einzelne Risikomerkmale (z.B. persönliche Einschätzung der Eintrittswahrscheinlichkeit eines Risikos). Risikoquellen können z.B. anhand der Merkmale potenzielle Schadenshöhe, Katastrophenpotenzial, Kontrollierbarkeit und Bekanntheit beschrieben werden (Balderjahn/Mennicken 1996, S. 28ff.). Werden diese Überzeugungen verknüpft mit der Bedeutung, die der Einzelne dem jeweiligen Merkmal zuordnet, bilden sich *Risikoeinstellungen*, die die objektbezogenen Risikobereitschaften und letztlich das Risikoverhalten determinieren (vgl. Akademie der Wissenschaften 1992, S. 227ff.). Dieser Prozess, von der Wahrnehmung eines Risikos bis zur Reaktion darauf, wird beeinflusst von allgemeineren *psychischen Faktoren* wie die Disposition zur Angst, die Leistungsmotivation, Wissen und Erfahrungen sowie durch soziale bzw. kulturelle Faktoren.

Die empirische Studie zielte zum einen darauf, die der Wahrnehmung zugrunde liegenden persönlichen Risikodimensionen von Risikoquellen zu identifizieren und zum anderen auf die Frage, mit welchen Eigenschaftsbündeln Risikoquellen assoziiert werden. Damit wurde der Versuch unternommen, die auf Risiken gerichtete kognitive Struktur (*mentales Risikomodell*) von Managern zu ermitteln. Insgesamt wurden 21 hochrangige Manager aus mittelständischen und großen Unternehmen unterschiedlicher Branchen von uns zur Risikowahrnehmung befragt. Ihnen wurden neun sehr unterschiedliche Risikoquellen vorgelegt, die sie anhand von 15 Eigenschaften (z.B. gut wahrnehmbar, sehr wahrscheinlich, tödlich) auf einer dreistufigen Skala (*„trifft voll und ganz zu"*, *„trifft etwas zu"*, *„trifft nicht zu"*) beurteilen sollten. Zur Ermittlung der Positionierung der vorgelegten Risikoquellen im „Wahrnehmungsraum" der Manager wurde die *Korrespondenzanalyse* eingesetzt, ein exploratives und strukturentdeckendes Verfahren zur Visualisierung von Kreuztabellen (vgl. Greenacre 1984). Mit diesem Verfahren lassen sich latente Strukturen in den vorliegenden Daten identifizieren und beschreiben.

Als Ergebnis zeigte sich, dass Risikoquellen hauptsächlich anhand der folgenden drei *Risikodimensionen* wahrgenommen werden (vgl. Abb. 31):

- Risikoreichweite (individuelle vs. globale Risiken),
- Risikoinvolvement (schwache vs. starke Risiken) und
- Risikolatenz (akute vs. latente Risiken).

Globale Risiken (z.B. Klimaveränderung, Kernenergie) werden als tödlich, katastrophal, nicht kontrollierbar, nicht zu vermeiden und folgenschwer eingeschätzt (vgl. Abb. 31). Die klassischen betrieblichen bzw. *Risiken unternehmerischen Handelns* (z.B. umweltbelastende Materialien, störanfällige Produktionstechnologien) werden dagegen als kontrollierbar, reduzierbar, vermeidbar und zudem als wenig wahrscheinlich eingestuft. Die Manager fühlen sich hinsichtlich dieser Risiken relativ sicher. *Persönliche Risiken* sind bekannt (z.B. Auto fahren), werden freiwillig eingegangen und verantwortet. Qualitative Risikomerkmale (z.B. Katastrophenpotenzial) beeinflussen wesentlich die Risikowahrnehmung.

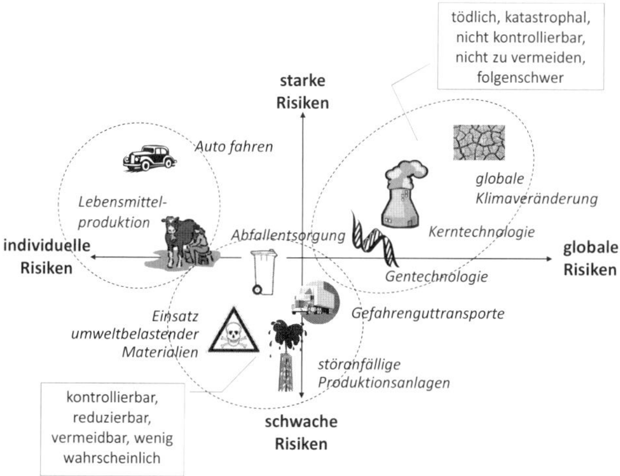

Abb. 31: Wahrnehmung von Risikoquellen durch Manager
Quelle: Balderjahn 1997, S. 86

Nachhaltige Krisenstrategien im Schadensfall

(1) Nachhaltiges Krisenmanagement

Ein fehlendes Risikobewusstsein und ein mangelhaftes Risikomanagement bei exponierter Risikolage bedingen eine hohe *Krisenanfälligkeit* einer Unternehmung mit der Möglichkeit katastrophaler Folgen für Mensch, Natur und Unternehmen. Erfolgreiches nachhaltiges Risikomanagement setzt das frühzeitige Erkennen von ökologischen und sozialen Unternehmensrisiken (*Risikofrüherken-*

nung), die bewusste Auseinandersetzung des Managements mit ihnen (*Risikobewusstsein*), die Implementierung eines *Risikomanagementsystems* sowie organisatorische Vorkehrungen im Unternehmen für den Schadensfall (*Krisenbereitschaft* und *Krisenorganisation*) voraus. Betriebliche Risiken müssen vom Management rechtzeitig erkannt und in ihrem Gefahrenpotenzial möglichst korrekt eingeschätzt werden. Dazu sind grundlegende individuelle und organisatorische Fähigkeiten im Unternehmen erforderlich.

Bei Eintritt sozialer oder ökologischer Risiken können sowohl die Umwelt als auch Menschen erheblich zu Schaden kommen (z.B. unkontrolliertes Austreten von Erdöl aus einem Bohrloch in tiefen Gewässern). Kommt infolge eines gravierenden Schadensereignisses das verursachende bzw. verantwortende Unternehmen in eine krisenhafte Situation, so soll diese als *Nachhaltigkeitskrise* bezeichnet werden.

☐ Merksatz

Nachhaltigkeitskrisen sind unerwartete, diskontinuierlich auftretende Störereignisse mit ungewisser Eintrittswahrscheinlichkeit und gravierendem Schadenspotenzial sowohl für das in die Krise geratene Unternehmen als auch für Menschen und die natürliche Umwelt.

Aus Schadensereignissen können Unternehmenskrisen entstehen, wenn Unternehmen gesetzlich und/oder durch medial vermittelter Ausübung öffentlichen Drucks gezwungen werden, unabweisbaren Forderungen von Anspruchsgruppen, den verursachten Schaden schnellstens zu beheben und für die Schadensregulierung aufzukommen, nachzukommen, ohne dafür ausreichend vorbereitet zu sein. Eine Krise kann auch dann schon entstehen, wenn nur zu befürchten ist, dass ein bestimmtes unternehmerisches Handeln ursächlich zu einem erheblichen Schaden für die Allgemeinheit führen kann und relevante Anspruchsgruppen öffentlich einen Handlungsverzicht fordern (z.B. im *Brent Spar* Konflikt forderte *Greenpeace* von *Shell UK* einen Versenkungsverzicht). Ein in die

Krise geratenes Unternehmen befindet sich in folgender Situation (vgl. Macharzina/Wolf 2010, S. 685):

- Gefährdung existenzsichernder Unternehmensziele (Existenzbedrohung, *threat*),
- extrem kurze Reaktionszeiten (*time pressure*) und extremer Handlungsdruck (Stress) für das Management in komplexen Entscheidungssituationen,
- Unternehmen wird von den sich plötzlich durch eine akute Krise veränderten Handlungsgegebenheiten überrascht (*surprise*),
- Verlust von Handlungskontrolle und Einschränkung des Handlungsspielraumes durch Aktivitäten externer Willens- und Entscheidungszentren (Aktivitäten von Anspruchsgruppen und Medien) und
- hohe Unsicherheit über die Ursachen und die weitere Entwicklung von Krisen (*event uncertainty*).

Schadensereignisse können sowohl durch *technologisch bedingte Ursachen* (z.B. Vergrößerung, Vernetzung und zunehmende Komplexität eingesetzter Produktionstechnologien, steigende Verletzbarkeit und Störanfälligkeit der Anlagen) als auch durch *sozial bedingte Ursachen* (z.B. Missachtung der Menschenrechte in einem Unternehmen) ausgelöst werden. Solche Schadensereignisse oder –vorfälle können sich dann zu Unternehmenskrisen entwickeln, wenn durch intensive Medienberichterstattungen eine kritische Öffentlichkeit und gesellschaftliche Akteure gegen das verantwortliche Unternehmen aufgebracht werden und wenn das Unternehmen nicht angemessen genug bereit oder in der Lage ist, mit den gegen sie vorgetragenen Anschuldigungen und Forderungen der Anspruchsgruppen umzugehen.

(2) Krisenkreislauf und Krisenbereitschaft

Krisen können unterschiedliche Unternehmensbereiche treffen, sie entstehen in einem Systemzusammenhang aus vernetzten Ursachenbündeln (z.B. menschliches Versagen kombiniert mit technischen Defekten), involvieren unterschiedlichste Anspruchsgruppen und verlaufen in bestimmten Phasen (Mitroff 1994, S. 104). Nach dem *Kreislaufmodell der Krise* werden unterschieden (vgl. Abb. 32): Risikophase (Vor-Krisenphase), die akute Krise und die Erholungs- und Lernphase (Nach-Krisenphase). Jeder Krise gehen „Vorboten" (*weak signals*) voraus, die auf die potenzielle Gefahr eines Schadenereignisses hinweisen. Erfolgreiches Krisenmanagement erkennt diese Gefahrensignale rechtzeitig durch eine strategische Frühaufklärung und schätzt die damit verbundenen Risiken richtig ein (*Risikomanagement*). Krisenmanagement ist dann am erfolgreichsten, wenn es trotz eines Schadensfalles nicht zu einer Krise bzw. zum Skandal kommt. Krisenmanagement zielt auf eine Beseitigung bzw. Verminderung der Auswirkungen einer krisenhaften Entwicklung. Das beinhaltet eine möglichst schnelle Behebung bzw. Begrenzung eingetretener sozialer, ökologischer und ökonomischer Schäden, eine Krisenzeitverkürzung sowie den Erhalt von Reputation und Image bei den Kunden des Unternehmens und in der Öffentlichkeit (Krystek 1981, S. 67ff.).

Charakteristisch am Krisenmanagement ist, dass sich die eingeschlagenen Krisenstrategien dem Verlauf der Krise anpassen müssen. Der Verlauf und die Stärke von Krisen hängen wesentlich von den Aktivitäten der Anspruchsgruppen und insbesondere von der Intensität der Medienberichterstattung ab. Nach einer Krise muss sich eine Unternehmung möglichst schnell wieder konsolidieren und aus der Krise lernen, um beim nächsten Schadensfall besser vorbereitet zu sein (vgl. Abb. 32). Das Kreislaufmodell verdeutlicht, dass Risiko- und Krisenmanagement hochgradig miteinander vernetzt sind. Risikostrategien nehmen im Falle einer Krise den Stellenwert einer qualifizierten Vorleistung ein. Reaktionsfähigkeit und -angemessenheit im Krisenfall hängen wesentlich von der Qualität des vorgelagerten Risikomanagements ab. Andererseits können Erfahrungen aus Krisen zur Überarbeitung und Verbesserung des Risikomanagements genutzt werden.

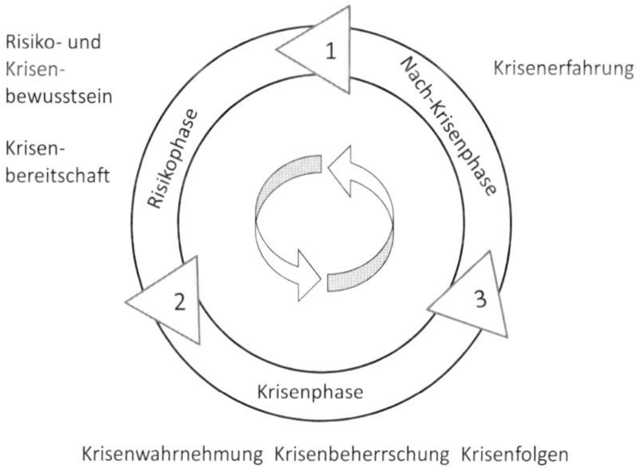

Abb. 32: Modell des Krisenkreislaufes

Quelle: in Anlehnung an Carter et al. 1995, S. 87

☐ Praxis

Krisenfälle bei *Hoechst*

Nachdem sich schon im Frühjahr 1993 beim Chemieunternehmen *Hoechst* dreizehn Störfälle in relativ kurzer Zeit hintereinander ereigneten, sah sich das Unternehmen zu Beginn des Jahres 1996 wieder mit einer Reihe von Störfällen konfrontiert. Von der ersten Krise vor drei Jahren wurde das Hoechst-Management überrascht und zeigte sich völlig unvorbereitet, mit solchen Situationen angemessen umzugehen. Neben Defiziten in der Organisation und in der Kontrolle des Personals offenbarten sich insbesondere Mängel in der Unternehmenskommunikation, die sich zu sehr auf die klassischen Instrumente des PR verließ. Das *Hoechster* Management war sich der betrieblichen ökologischen Risiken nicht bewusst und zeigte sich deshalb nicht genügend gerüstet, mit dieser Krise umzugehen. Aus diesen Fehlern hat *Hoechst* gelernt. In der neuen Störfallserie Anfang des Jahres 1996 -

Austritt eines kanzerogenen Wirkstoffes, Einleitung einer Substanz in den Main und Verletzung eines Mitarbeiters durch austretende Flusssäure - setzte *Hoechst* sofort auf den Dialog mit Anspruchsgruppen, richtete Bürgertelefone und Gesprächskreise mit Betroffenen ein. Dennoch ist der verbleibende Imageschaden hoch, wie *Jürgen Dormann*, damaliger Vorstandsvorsitzender bei *Hoechst*, auf einer Pressekonferenz am 31. Januar dieses Jahres feststellte: *„Wir haben in den vergangenen Jahren mit aller Kraft, mit sehr viel Engagement und professioneller Kompetenz daran gearbeitet, eine Basis für den Dialog und für neues Vertrauen in Hoechst zu schaffen. Viel davon ist jetzt praktisch über Nacht wieder zerstört"*.

Merksatz

Nachhaltiges Krisenmanagement umfasst alle Strategien und Maßnahmen, die einerseits darauf gerichtet sind, eine für das Unternehmen krisenhafte Entwicklung abzuschwächen und andererseits die Schadenswirkungen für Menschen und Umwelt zu reduzieren.

Erfolgreiches Krisenmanagement setzt voraus:

- ein frühzeitiges Erkennen ökologischer und sozialer Risiken unternehmerischen Handelns (*Risikomanagementsystem*),
- die bewusste Auseinandersetzung mit diesen Risiken durch das Management (*Risikobewusstsein*),
- die Einsicht von der *Krisenanfälligkeit* bzw. Verwundbarkeit der Unternehmung (*Krisenbewusstsein*) und
- organisatorische Vorkehrungen zur erfolgreichen Bewältigung von Krisen und zur Minimierung von Schäden bei Menschen und in der Umwelt (*Krisenbereitschaft*).

Wenn sich das Management der ökologischen und sozialen Brisanz seines Handelns entweder nicht bewusst ist oder diese unterschätzt, so kann es schnell zu krisenhaften Entwicklungen und Skandalen kommen. Oft tragen mangelndes *Risiko- und Krisenbewusstsein*, falsche Einschätzung über die *Verwundbarkeit*, ein kommunikativ ungeschickter Umgang von Unternehmensvertretern mit der Öffentlichkeit und fehlende Krisenvorkehrungen in der Unternehmung zur Eskalation von Krisenentwicklungen zu *Skandalen* bei (Carter et al. 1995). Entwicklungen in der Vergangenheit haben gezeigt, dass große Konzerne und damit auch ganze Industriezweige durch katastrophale Ereignisse in tiefe Vertrauens- und Akzeptanzkrisen geraten können und dabei sukzessive Handlungsspielräume verlieren (z.B. Mineralölindustrie, Lebensmittelindustrie, Textilindustrie). Mit steigender öffentlicher Exponiertheit von Unternehmen wachsen deren *Verwundbarkeit* und die Gefahr, durch selbst verursachte oder zu verantwortende Schäden und Gefahren in Krisensituationen zu geraten. Krisen können nicht grundsätzlich ausgeschlossen werden und werden für einige Unternehmen unausweichlich sein. Trotz dieser Gewissheit glauben viele Manager, dass ihr Unternehmen nicht krisengefährdet ist und dass sie auf mögliche Krisen gut vorbereitet sind (*overconfidence effect*; vgl. auch Mitroff et al. 1988, S. 90ff.). Voraussetzung für ein effizientes Krisenmanagement ist deshalb, dass sich die Unternehmensführung der *Krisenanfälligkeit* bzw. Verwundbarkeit bewusst ist und Fähigkeiten zur *Krisenbereitschaft*, Krisenbewältigung und Krisenkommunikation entwickelt (Pauchant/Mitroff 1992; Witte 1981, S. 20). Empirische Studien zeigen, dass die Krisenbereitschaft (*crisis readiness*), d.h. die Fähigkeit einer Organisation, für eine Krise gerüstet zu sein, eine Schlüsselgröße in der erfolgreichen Bewältigung von Krisen darstellt (Balderjahn 1997, S. 89ff.; Mileti/Sorensen 1987, S. 14; Mitroff 1994; Reilly 1987). Bestimmt wird die Krisenbereitschaft

- von der korrekten Einschätzung der Krisengefahr für das Unternehmen durch die Manager,
- vom Einsatz einer effektiven Krisenfrüherkennung,
- vom Vorhandensein von Krisenplänen und organisatorischen Vorkehrungen (Regelungen von Aufgaben, Informationsmanagement, Verantwortung und Kompetenzen in Krisenzeiten; vgl. Mileti/Sorensen 1987, S. 14; Steger/Antes 1991, S. 17),

- von der Professionalität des Anspruchsgruppen- und Medienmanagements (Krisenkommunikation) sowie von der
- Lernfähigkeit einer Unternehmung (Erfahrungen mit Krisen).

Praxis

Krisenfall *Brent Spar*

Greenpeace besetzt am 30. April 1995 die *Brent Spar* und fordert von *Shell UK* einen Versenkungsverzicht. Von der stürmischen Reaktion in der Öffentlichkeit auf die Versenkungspläne wird die *Deutsche Shell* völlig unvorbereitet getroffen. Die starren, dezentralen Zuständigkeits- und Verantwortungsregelungen des multinationalen Konzerns verhinderten eine schnelle und flexible länderübergreifende Kommunikations- und Öffentlichkeitsstrategie. Die *Deutsche Shell* war weder an der Entscheidung zur Versenkung der *Brent Spar* beteiligt, noch lag ihr mit Ausbruch der öffentlichen Auseinandersetzung Informationsmaterial hierzu vor. Auch für die Öffentlichkeitsarbeit war ausschließlich *Shell UK* zuständig. In völliger Unterschätzung der Brisanz hat *Shell UK* versucht, die Krise mit klassischen PR-Instrumenten zu überwinden. Auch die *Deutsche Shell* ging nach erster Einschätzung von einer kurzen, vorübergehenden Krise aus, die mit konventionellen PR-Methoden geregelt werden kann. Während die Öffentlichkeit und die Greenpeace-Kampagne *Shell* ganzheitlich als eine Unternehmung betrachteten und die Strategien darauf abstellten, behindert die dezentrale Struktur der weitgehend autonomen Ländergesellschaften dieses multinationalen Unternehmens mit unterschiedlichen Unternehmenskulturen und -identitäten eine flexible, grenzüberschreitende und differenzierte Strategie im Umgang mit der Öffentlichkeit (Meffert/Kirchgeorg 1995b, S. 156). *Shell UK* ging davon aus, es handele sich hier um ein nationales Problem und es reicht demzufolge aus, sich der nationalen Akzeptanz, insbesondere der zuständigen Regierungsstellen sicher zu sein. Die Anspruchsgruppenorientierung war völlig unzureichend. Die einheitliche Wahrnehmung eines multinationalen Konzerns bzw. einer globalen Marke erfordert bei dezentralen Entscheidungsstrukturen eine länderübergreifende Unternehmenskultur und eine nach Anspruchsgruppen differenzierte Unternehmenskommunikation.

Ursachen und Entwicklung dieser Krise sind in den

- organisationalen Strukturen eines multinationalen Konzerns sowie im Fehlverhalten des Managements,
- günstigen Bedingungen einer medialen Auseinandersetzung sowie in den
- einfachen und wirksamen Sanktionsmöglichkeiten der Öffentlichkeit

zu suchen. Die Umsatzeinbußen traten insbesondere deshalb sehr schnell ein, da der Shell-Boykott für die Autofahrer sehr bequem und mit keinen zusätzlichen Kosten oder Unbequemlichkeiten verbunden war. Um das verloren gegangene Image und Markenvertrauen wieder herzustellen, müssen neue Instrumente der Unternehmenskommunikation, wie z.B. der Dialog mit Anspruchsgruppen, entwickelt und erprobt werden. Insbesondere dann, wenn das Umweltschutzverhalten von Unternehmen für Kunden und Öffentlichkeit schwierig zu beurteilen ist, sind diese Gruppen darauf angewiesen, vom Unternehmen glaubwürdige Informationen zur Verfügung gestellt zu bekommen (vgl. auch zu Knyphausen-Aufseß et al. 2003).

(3) Managemententscheidungen in der Krise

Nicht nur das Unternehmen, sondern auch der einzelne Manager kann durch eine Krise (funktional und emotional) direkt oder indirekt betroffen sein. Die Gefährdung individueller Ziele durch die Krise kann den einzelnen Manager emotional stark involvieren und psychologische Abwehr- und Verdrängungsmechanismen hervorrufen. Manager können selbst in eine psychische Krise geraten. Krisen stellen Manager vor spezifische Anforderungen, denen sie nicht immer gewachsen sind. Nach Witte (1981, S. 11) stehen Manager in Krisen vor *„multivalenten Entscheidungssituationen unter Existenzgefährdung des Unternehmens bei begrenzter Entscheidungszeit"*. Manager reagieren im Vorfeld einer nahen Krise oft mit Negierung, Verdrängung und Ignoranz. Schock, Paralyse, Panik und Resignation sind typische psychische Reaktionsmuster (v.d. Oelsnitz 1993; Pauchant/Mitroff 1992, S. 74). Im Ergebnis nimmt das Fehlverhalten der Manager in Krisensituationen zu. Wahrnehmungsprozesse spielen bei der Bewältigung von Krisensituationen eine ganz entscheidende Rolle (vgl. Balderjahn 1997, S. 91f.). Nach der *Theorie selektiver Wahrnehmung* besteht bei Managern in Krisensituationen die Tendenz, unangenehme, kritische, nicht zur eigenen Meinung oder Strategie passende Informationen abzuwehren. Als bedrohlich empfundene Informationen werden von vornherein gemieden, selektiert oder verleugnet (v.d. Oelsnitz 1993, S. 7). Krisensituationen können zu *kognitiven Dissonanzen* führen. Zu deren Wiederherstellung setzen Manager psychische Prozesse der Problemignoranz und -negierung ein. Das Streben nach kognitiver Konsistenz kann zu einer frühzeitigen und dann *fortlaufenden Selbstbindung* (*creeping commitment*) an eine einmal getroffene Entscheidung führen. Mit zunehmender Selbstbindung ist der Entscheider weniger offen für Kritik und andere Perspektiven (sog. *„Entscheidungsfalle"*).

Aus Sicht des Managers kann eine Krise durch die Merkmale Unsicherheit, Komplexität, Interessenkonflikt und Ego-Involvement beschrieben werden (Stubbart 1987, S. 89f.). Der Faktor *Unsicherheit* ist das zentrale Element krisenhafter Entscheidungssituationen. Unsicherheit besteht über den Krisenverlauf, die Ursache-Wirkungs-Zusammenhänge (Systemzusammenhänge), die eigenen Handlungsoptionen in der Krise und über Reaktionen der Öffentlichkeit und der Medien. Das strikte Vorgehen nach dem Phasenschema der Entscheidungstheorie, das von der Problemerkenntnis, über die Suche und Bewertung von Alternativen bis hin zur Auswahl einer optimalen Alternative verläuft, wird unter Krisensituationen meist verworfen. Entscheidungsphasen werden übersprungen oder retrograd durchlaufen. Die *Theorie begrenzter Rationalität* geht von der Annahme limitierter Informationsverarbeitungskapazitäten beim Menschen aus und leitet daraus ein beschränkt rationales Verhalten ab, das sich nicht auf die Suche nach optimalen, sondern nach brauchbaren bzw. befriedigenden Lösungen macht. Lösungen werden hiernach im Vertrauten, Naheliegenden, Ursachen in der Nähe der Wirkung gesucht, und zur Alternativenauswahl werden einfache Heuristiken, Hauspraktiken und Organisationskulturen eingesetzt. Zur Komplexitätsreduktion setzen Manager einfache Beurteilungs- und *Entscheidungsheuristiken* ein wie z.B. kausale Interpretation zufällig assoziierter Ereignisse, Bevorzugung persönlicher zuungunsten wissenschaftlicher Erklärungen, Suche des Fehlers bei anderen, nicht bei sich selbst, und Bevorzugung der Quantität an Informationen vor deren Qualität (Pauchant/Mitroff 1992, S. 53ff.; Reilly 1987; Stubbart 1987, S. 91f.). Interessenkonflikte im Unternehmen und zwischen Unternehmung und Stakeholdern können zum Eskalieren einer krisenhaften Entwicklung beitragen.

Gruppenprozesse und Gruppendynamik sind die Grundlage für organisationales Entscheiden. Ein wichtiger Ansatz zur Erklärung von Gruppenverhalten ist das Konzept vom *Gruppendenken* (*Groupthink;* vgl. Steinmann/Schreyögg 2005, S. 622ff.). *Gruppendenken* im Unternehmen lässt leicht wichtige Interessengruppen außerhalb der Unternehmung in Vergessenheit geraten (mangelnde Anspruchsgruppenorientierung; vgl. Stubbart 1987, S. 93). Es ist geprägt durch das Streben nach schnellen, einvernehmlichen Lösungen in der Gruppe (Korps- und Teamgeist). Das kann eine vorschnelle Einigung ohne ausreichende Prüfung von Handlungsalternativen zur Folge haben. Meinungen verfestigen sich und abweichende Meinungen, Widerspruch und Kritik werden abgewehrt. Die Folge sind Fehlentscheidungen, unflexibles Verhalten und Konflikte (vgl. Balderjahn/Specht 2011). Die experimentelle Forschung hat eine im Vergleich zu Einzelpersonen höhere Risikobereitschaft von Gruppen festgestellt (*These vom Risikoschub*). Diese Hypothese ist allerdings nicht unumstritten (Steinmann/Schreyögg 2005, S. 621f.).

2.3.3 Dialogstrategien

Unternehmungen, die bereit sind, gesellschaftliche Verantwortung zu übernehmen (*Corporate Social Responsibility*), haben die Möglichkeit, ökologischen und sozialen Forderungen und Strategien relevanter Anspruchsgruppen mit einem dialogisch ausgerichteten und auf Kooperation und Konsens zielenden Verhandlungsangebot proaktiv zu begegnen. Insbesondere die für eine erfolgreiche Geschäftstätigkeit notwendige Legitimation bzw. Unterstützung von Unternehmen durch relevante Anspruchsgruppen (*license to operate*) lässt sich mit dialogischen Maßnahmen erreichen (Porter/Kramer 2006, S. 4). Zudem tragen Dialoge mit Behörden, Bürgern, Kunden und Vertretern von anderen Anspruchsgruppen dazu bei, die Reputation von Unternehmen zu verbessern. Angesichts der sozialen und ökologischen Herausforderungen kann der Dialog als eine Schlüsselaktivität der Unternehmen verstanden werden (Pfriem 1995, S. 129).

☐ Merksatz

> Der Dialog mit gesellschaftlichen Anspruchsgruppen (*Stakeholder*) und Nichtregierungsorganisationen (NGOs) über die an das Unternehmen herangetragenen ökologischen und sozialen Forderungen und Erwartungen dient dem Unternehmen zur Schaffung und Erhaltung von Vertrauen und Akzeptanz sowie der Sicherung der gesellschaftlichen Legitimation (*license to operate*).

Gesellschaftliche *Legitimität* ist dann gegeben, wenn sich die Unternehmung der Unterstützung durch relevante gesellschaftliche Anspruchsgruppen sicher sein kann. Die Bedeutung der *Social License to Operate* macht der *Risk Report 2010* von Ernst & Young (2010) deutlich: Das Risiko des Entzugs gesellschaftlicher Akzeptanz gehört nach dieser Studie zu den Top10-Risiken für Unternehmen. Weiterhin kommt der Gewinnung fähiger und kompetenter Dialogpartner eine zentrale Bedeutung zu. Unternehmungen, die sich auf einen offenen Dialog einlassen, müssen grundsätzlich auch bereit sein, auf etwaige Forderungen eingehen zu können, d.h., sie müssen einen Handlungsspielraum besitzen (Wiedemann/Karger 1995, S. 237f.).

Unter einem Dialog wird eine Kommunikation zwischen zwei oder mehreren Personen zum Zwecke der gegenseitigen Verständigung, Problem- und Konfliktlösung verstanden. Es ist eine interaktive, zweiseitige und argumentativ angelegte Kommunikation (*Diskurs*). Der Dialog kann als Instrument zur frühzeitigen Erkennung marktlicher und gesellschaftlicher Chancen und Risiken eingesetzt werden (Jost/Wiedmann 1993, S. 8). Er bietet gute Möglichkeiten, rechtzeitig etwas über die Ziele und Beweggründe sowie das künftige Verhalten der *Stakeholder* zu erfahren (Göbel 1992, S. 183). Die Chancen eines offenen Dialogs mit Anspruchsgruppen liegen in der Schaffung von Vertrauen und Glaubwürdigkeit. Daraus können sich folgende Vorteile für das Unternehmen ergeben:

- Verbesserung von Image und Reputation,
- Aufbau vertrauensvoller Beziehungen zu Anspruchsgruppen,
- Vermeiden von langwierigen Rechtsstreitigkeiten (z.B. bei geplanten Neuanlagen) und
- Gewinnung von Kooperationspartnern.

Nach dem *Dialogprinzip* sollen Betroffene zu Beteiligten werden. Die von Risiken unternehmerischen Handelns betroffenen Dritten sollen ihre Interessen und Forderungen im Unternehmen einbringen können. Ohne Dialog und ohne Kontakt mit den Anspruchsgruppen gibt es keine fundierte Basis im Management zur Einschätzung ökologischer und sozialer Forderungen von Anspruchsgruppen. Insofern reicht ein *„Ethos der Fürsorge"* nicht aus (Kuhn 1993, S. 135). Deshalb ist eine diskursethische Verantwortungskonzeption unter Einsatz eines systematischen und vernunftsorientierten Dialogs mit allen *Stakeholdern* zu empfehlen. Die Bedingung für einen erfolgreichen Dialog ist, dass Unternehmen die Forderungen von Anspruchsgruppen ernst nehmen und gewillt sind, eine kommunikative Auseinandersetzung mit offenem Ergebnis zu führen.

Ein *idealer Dialog* hat folgende Merkmale (Kuhn 1993, S. 142; Ulrich 1981, S. 68; Wörz 1994, S. 89):

- Beteiligung aller Betroffenen (*Offenheit*, Authentizität der Interessen),
- Argumentative Einigung (*Konsenswille*),
- Chancengleichheit (*Ausgleich* der Verhandlungsmacht, Gleichberechtigung der Dialogpartner),
- Zwanglosigkeit (*Sanktionsverzicht*),
- Unbeschränkte Information für alle Beteiligten (*Transparenz*),
- Argumentative Kompetenz der Beteiligten (*Sachverstand* und Eigenverantwortung) und
- Vernunftswille (*Rationalität*).

Im Dialog können Konfliktpotenziale zwischen Unternehmen und Anspruchsgruppen abgebaut werden. Der Dialog zielt als verständigungsorientierte Kommunikation mit den Anspruchsgruppen auf Konsensfindung und Legitimation des Unternehmensverhaltens und kann in diesem Sinne als ein Instrument des *Konfliktmanagements* im Rahmen einer Weiterentwicklung des Public Relations angesehen werden (Hulpke 1992, S. 182; Steinmann/Zerfaß 1993, S. 13; Zerfaß/Scherer 1995). Die Notwendigkeit zum Konfliktmanagement ergibt sich insbesondere aus den steigenden ökologischen und sozialen Konfliktpotenzialen in modernen pluralistischen Gesellschaften und im Zuge der Globalisierungsprozesse.

Dialogische Instrumente sind z.B. Ombudsleute, Gesprächskreise, Gruppendiskussionen (z.B. Qualitätszirkel), Kundenforen und Kundenbeiräte, Verbraucherabteilungen (vgl. Hansen/Stauss 1985), Ethikkommissionen und Kooperationen mit sozialen und ökologischen Organisationen.

Der auf Nachhaltigkeit gerichtete Dialog bietet die Chance,

- ökologische und soziale Risiken gemeinsam mit Anspruchsgruppen zu identifizieren und zu bewerten, um ökologische Katastrophen und Unternehmenskrisen zu vermeiden (*Risiko- und Krisenmanagement*),
- ökologisch und sozial begründete Konflikte mit Anspruchsgruppen konsensorientiert zu lösen (*Konsensusmanagement*) und

- rechtzeitig in sozial-ökologischen Bereichen Fehlentwicklungen, Glaubwürdigkeits- und Akzeptanzdefizite zu erkennen, um gemeinsam mit Anspruchsgruppen Zukunft zu gestalten (vgl. Abb. 33).

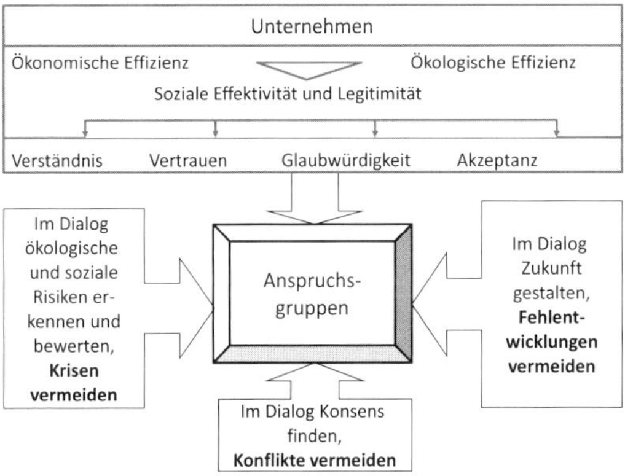

Abb. 33: Nachhaltiges Dialogmanagement

Kontrollfragen

[1] Nennen Sie Bezüge und Ausrichtungen von Nachhaltigkeitsstrategien.

[2] Nennen Sie Beispiele für offensive Nachhaltigkeitsstrategien.

[3] Was ist ein Risiko aus betriebswirtschaftlicher Sicht?

[4] Wie ist das Risikomanagementsystem nach ISO 31000 aufgebaut?

[5] Durch welche Merkmale können Risiken beschrieben werden?

[6] Was wird unter einer Nachhaltigkeitskrise verstanden?

[7] Was kennzeichnet eine Unternehmenskrise?

[8] Was wird unter der Krisenbereitschaft verstanden?

[9] Was ist ein Dialog?

[10] Worauf zielt der Dialog mit Anspruchsgruppen?

2.4 Nachhaltiges Marketing-Management

☐ Lernziele

Nach Lektüre dieses Kapitels sollten Sie …

- die „Vorläufer" des nachhaltigen Marketing kennen und daraus das Nachhaltigkeitsmarketing-Konzept ableiten können.
- das Leitprinzip *Product Stewardship* erläutern und begründen können.
- wissen, was ein Produktlebenszyklus ist und diesen anhand des Beispiels der *Textilkette* auch erläutern können.
- das Schalen-Modell für ethische und nachhaltige Produktmerkmale beschreiben können.
- die vier Instrumente des nachhaltigen Marketing kennen.

2.4.1 Konzept und Merkmale

Nachhaltiges Wirtschaften zielt generell auf eine Verbesserung der Lebensqualität der Menschen sowie auf die Sicherung dieser Lebensqualität für alle zukünftigen Generationen durch Pflege und Erhaltung der sozialen (z.B. kulturelle Werte und Institutionen) und natürlichen Lebensgrundlagen (z.B. Klima, Ressourcen) des Menschen. Dabei verengt sich die Auffassung von Lebensqualität nicht auf den rein materiellen Konsum von Produkten, sondern umfasst insbesondere den Grad der Erfüllung grundlegender menschlicher Bedürfnisse wie z.B. nach ausreichender Ernährung, körperlicher Unversehrtheit, Gesundheit, Ausbildung, sozialen Beziehungen und politischer Partizipation. Die einseitige Ausrichtung des kommerziellen Marketing auf ausschließlich ökonomische Zielgrößen wird durch das Nachhaltigkeitsprinzip aufgebrochen (Kilbourne et al. 1997). Das bedeutet zugleich eine *Vertiefung* (Nachhaltigkeit als Zielgröße des Marketing) und *Ausweitung* (Gestaltung *sozialer* Beziehungen als Aufgabe des Marketing) des auf marktliche Geschäftsbeziehungen und Transaktionen als Gestaltungsgrundlage ausgerichteten kommerziellen Marketing (vgl. auch Meffert et al. 2012, S. 889ff.).

Die wissenschaftliche Auseinandersetzung mit der Frage, wie einerseits die Existenz und Wettbewerbsfähigkeit privater Unternehmen und andererseits die Lebens- und Umweltqualität für die Menschen auf allen Kontinenten und in Zukunft gesichert werden kann, ist im Marketing schon seit Beginn der 1970er Jahre geführt worden. Hierzu lassen sich drei Strömungen innerhalb des Marketing unterscheiden:

- Das *Makromarketing* ergänzt das klassische kommerzielle Marketing mit seinen mikroökonomischen Entscheidungs- und Zielkriterien durch makroökonomische, gesellschaftliche und ökologische Kriterien. Dadurch finden allgemeine gesellschafts- und wirtschaftspolitische Ziele und Forderungen (*Makro-Perspektive*) Eingang in die Unternehmensführung (*Mikro-Perspektive*). Die Unternehmensführung und das Marketing öffnen sich so für Forderungen und Erwartungen gesellschaftlicher Anspruchsgruppen. Das ermöglicht ein proaktives Vorgehen in Bezug auf die Anspruchsgruppen (*Anspruchsgruppenperspektive*). Nachhaltigkeit kann nicht ausschließlich auf die betriebliche Ebene (Mikro-Ebene) reduziert werden, sondern muss den makroskopischen Charakter des Nachhaltigkeitskonzepts berücksichtigen. Nachhaltigkeit ist mehr als ein Konzept zur Gestaltung von Geschäftsbeziehungen; es ist ein gesellschaftspolitisches und im Sinne der *„Green Economy“* auch ein wirtschaftliches Leitbild, das von allen Akteuren ein Umdenken und Verhaltensänderungen einfordert. Insofern ist nachhaltiges Marketing auch ein *Makro-Marketing-Konzept* (vgl. van Dam/Apeldoorn 1996, S. 52; zum Begriff „Makromarketing“ vgl. auch Raabe 1995, Sp. 1429ff.).
- *Gesellschaftsbezogenes bzw. gesellschaftsorientiertes Marketing* (*Societal Marketing*) verlangt von Unternehmen, über die gesetzlichen Vorgaben hinaus soziale Verantwortung zu übernehmen und neben den eigenen Profitinteressen auch das Wohl der Gesellschaft bei betrieblichen Entscheidungen zu berücksichtigen

(Fritz/v.d. Oelsnitz 2006, S. 38.; van Dam/Apeldoorn 1996, S. 46). Es hat die Aufgabe, als Teil der *Corporate Social Responsibility* (CSR) die soziale Verantwortung des Unternehmens auf die Anforderungen der Märkte, d.h. auf die Wünsche und Forderungen der Konsumenten nach sozial verträglichen Verhaltensweisen des Unternehmens (z.B. Produktsicherheit), sowie auf die wettbewerbsrelevanten Aspekte der Sozialverträglichkeit auszurichten (z.B. Zahlung der ortsüblichen Tariflöhne). Das gesellschaftsorientierte Marketing hat seine Ursprünge im *Human Concept of Marketing* (Dawson 1969), das eine Überwindung bzw. Zurückdrängung vorherrschender gewinn- und rentabilitätsorientierter Ziele in Unternehmen zugunsten humanitärer Ziele forderte. Dieser Ansatz ist sehr normativ und moralisch geprägt. Gefragt wird nach der ethischen Vertretbarkeit von Marketingentscheidungen (Marketingethik, vgl. Hansen 2001, Sp. 970ff.).

Das *ökologische Marketing* (*Öko-Marketing, Green Marketing*) hat als Teil eines umfassenden *Umweltmanagements* und als Unterbereich des allgemeinen Unternehmensmarketing die Aufgabe, den betrieblichen Umweltschutz auf die Anforderungen der Märkte, d.h. auf die Wünsche und Forderungen der Konsumenten zum Umweltschutz (z.B. Angebot umweltverträglicher Produkte), und auf die vom Umweltschutz geprägten Bedingungen des Wettbewerbs (z.B. umweltschützende Innovationen) auszurichten (Balderjahn 2004; Belz 1999a; Meffert/Kirchgeorg 1995a). Ökologisches Marketing erhebt den Umweltschutz in den Rang eines Unternehmensleitbildes. In allen Phasen des Produkt- bzw. Wertschöpfungslebenszyklus, also *„von der Wiege bis zur Bahre“*, ist unter Beachtung wirtschaftlicher Prämissen (Ziel der ökonomischen Effizienz) für eine dauerhafte, über die gesetzlichen und sozialen Normen hinausgehende (Ziel der öffentlichen Akzeptanz) Verringerung bzw. Vermeidung von schädlichen Umweltbelastungen und Risiken (Ziel der ökologischen Effizienz) zu sorgen (Balderjahn/Hansen 2001, Sp. 1214ff.). Dazu müssen alle betrieblichen Aktivitäten auf ihre Umweltverträglichkeit hin analysiert und bewertet werden. Durch die Profilierung einer ökologischen Führung im Markt können Unternehmen Wettbewerbsvorteile erzielen. Das ökologische Marketing zielt insbesondere auf die Profilierung eines *ökologischen Zusatznutzens* (*green value added*) angebotener Produkte und Dienstleistungen des Unternehmens für Konsumenten. Zu den wichtigsten Strategien des ökologischen Marketing gehören die Innovationsstrategie zur Entwicklung wettbewerbsfähiger umweltverträglicher Produkte und Dienstleistungen, die Differenzierungsstrategie, die die Umweltqualität der Produkte und Dienstleistungen als wettbewerbsrelevantes Alleinstellungsmerkmal herausstellt, und die Kommunikationsstrategie, die Vertrauen bei den Konsumenten in die von dem Unternehmen angebotenen umweltverträglichen Produkte und Dienstleistungen schafft. Die Umsetzung von Strategien des ökologischen Marketing erfolgt über eine ökologische Ausrichtung der Produkt-, Preis-, Kommunikations- und Distributionspolitik.

Das nachhaltige Marketing ist ein auf die Konzepte des Makro-, Societal und Green Marketing aufbauender, verallgemeinerter Ansatz des klassischen, kommerziellen Marketing (vgl. Balderjahn 2004; Kirchgeorg 2002, S. 11). Nachhaltiges Marketing-Management knüpft insofern am klassischen, profitorientierten Marketing-Konzept an und erweitert die marktorientierte Ausrichtung der Unternehmensführung auf die Bereiche Gesellschaft und Umwelt (vgl. Kirchgeorg 2002, S. 11).

☐ Merksatz

Nachhaltiges Marketing-Management (*Sustainability Marketing*) soll definiert werden als eine Konzeption zur umwelt- und sozialorientierten Führung einer Unternehmung, die alle betrieblichen Marketingentscheidungen auf die Anforderungen des Marktes, d.h. auf die Wünsche und Forderungen der Kunden (Kundenorientierung) und auf die Bedingungen des Wettbewerbs (Wettbewerbsorientierung), unter Beachtung einschlägiger ökologischer und sozialer Standards ausrichtet (Balderjahn 2004, S. 48).

Es integriert die soziale, die ökologische und die ökonomische Perspektive in einem gemeinsamen Managementkonzept. Austauschprozesse und Geschäftsbeziehungen werden markt-, umwelt- und gesellschaftsorientiert gestaltet.

Allgemein bedeutet Management die zielorientierte Gestaltung arbeitsteiliger Prozesse. Insofern betreffen Entscheidungen des nachhaltigen Marketing-Managements die Markt- und Geschäftsfelddefinition, die strategische Markt- und Umfeldanalyse, die Planung einer nachhaltigen Marketing-Konzeption sowie deren Implementierung und Kontrolle. Damit sind folgende Aufgaben angesprochen:

- eine auf die Ziele der Nachhaltigkeit gerichtete Potenzial- und Umfeldanalyse (Markt-, Umwelt- und Sozialanalyse),
- Formulierung auf nachhaltiges Wirtschaften gerichteter Marketingziele,
- Identifikation, Bewertung und Auswahl von nachhaltigen Marketing-Strategien,
- Umsetzung der Strategien über die Produkt-, Preis-, Kommunikations- und Distributionspolitik (nachhaltiges Marketing-Mix) und
- Implementierung und Kontrolle der Maßnahmen (nachhaltige Managementsysteme, Nachhaltigkeitscontrolling).

Nachhaltiges Marketing-Management fühlt sich dem gesellschaftspolitischen Leitbild der Nachhaltigkeit verpflichtet und versucht, proaktiv die Chancen nachhaltiger Märkte zu nutzen und deren Risiken zu vermeiden. Eine nachhaltige Marketing-Konzeption ist ein schlüssiger, ganzheitlicher Handlungsplan, der sich an den angestrebten ökologischen und sozialen Zielen orientiert, für ihre Realisierung geeignete Strategien (z.B. Entwicklung innovativer und nachhaltiger Produkte) wählt und auf ihrer Grundlage geeignete Maßnahmen (z.B. Schaffung glaubwürdiger Nachhaltigkeitsmarken) festlegt.

2.4.2 Nachhaltige Produktpolitik

(1) Product Stewardship und der Produktlebenszyklus

Die klassischen Instrumente des Marketing sind die Produktpolitik, die Preispolitik, die Kommunikationspolitik und die Distributionspolitik (vgl. Bruhn 2012). Wie diese vier Maßnahmenbereiche auf die Nachhaltigkeit ausgerichtet werden können, soll in diesem Kapitel vorgestellt werden. Dem Nachhaltigkeitsmarketing muss es, um erfolgreich zu sein, gelingen, einerseits den wahrgenommen persönlichen Kundennutzen nachhaltiger Produkte zu erhöhen (*customer value*) und andererseits Vertrauen durch glaubwürdige Kommunikation beim Konsumenten aufzubauen. Produkte sind dann wettbewerbsfähig, wenn sie dem Kunden einen attraktiven Nutzen stiften. Das sichert die Existenz der Unternehmung (ökonomisches Ziel) und darüber hinaus die dort vorhandenen Arbeitsplätze (soziales Ziel). Unter dieser Voraussetzung sind Produkte dann nachhaltig, wenn sie neben der Erfüllung ökonomischer Ziele (Wettbewerbsfähigkeit) während des vollständigen Produktlebenszyklus unter Beachtung einschlägiger Umwelt- und Sozialstandards hergestellt und vertrieben werden (vgl. Abb. 34).

Die Entwicklung und Gestaltung nachhaltiger Produkte ist Aufgabe der nachhaltigkeitsorientierten Produktpolitik und erfolgt unter dem Managementaspekt einer umfassenden Produktverantwortung (*Product Stewardship*).

Merksatz

Product Stewardship ist das grundlegende Prinzip für die nachhaltige Produktpolitik, das den (End-)Produkthersteller verpflichtet, dafür zu sorgen, dass alle an der Wertkette des Produktlebenszyklus beteiligten Akteure, insbesondere die Lieferanten des Herstellers und der Handel, ihre Arbeit nach geltenden sozial- und umweltverträglichen Standards ausüben.

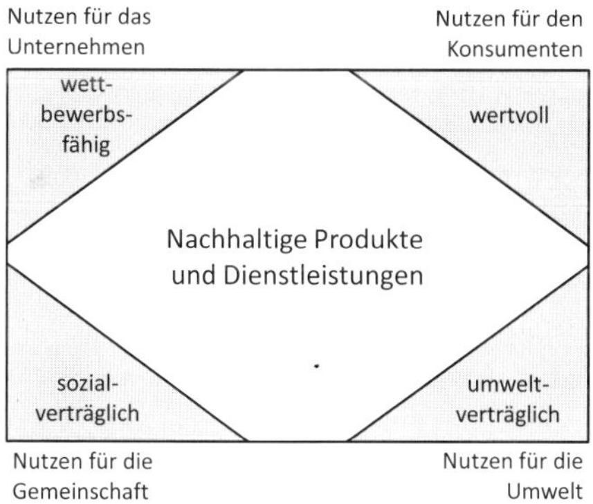

Abb. 34: Nachhaltige Produkte im Spannungsfeld zwischen Wettbewerbsfähigkeit, Umwelt- und Sozialverträglichkeit

Abb. 35: Umweltorientierter Produktlebenszyklus

Quelle: in Anlehnung an Siemens, Corporate Sustainability Report 2002, S. 41

Die Produktverantwortung ist nach §23 des *Kreislaufwirtschaftsgesetz* (KrWG) auch ein zentrales Prinzip der Kreislaufwirtschaft. Nachhaltige Produkte sind solche wettbewerbsfähigen Produkte, die bei der Herstellung, Verteilung, Verwendung, Verwertung und Entsorgung, also *„von der Wiege bis zur Bahre"* (*cradle to grave*), bei vergleichbarem Kundennutzen einerseits

- die Umwelt deutlich weniger belasten als konventionelle Alternativen derselben Produktgruppe (*umweltverträgliche Produkte*) und/oder andererseits
- international geltende *Sozialstandards* hinsichtlich der Arbeitsbedingungen und Entlohnung sowie solche der Produktsicherheit einhalten (*sozialverträgliche Produkte*).

In der Abb. 35 sind beispielhaft umweltrelevante Aspekte in einzelnen Wertschöpfungsphasen dargestellt.

☐ Praxis

Die Textilkette

Wertschöpfungsketten verlaufen heute oft global, sind sehr komplex und deshalb entsprechend schwierig zu steuern und zu kontrollieren (*supply chain management*). Besonders gut kann man diesen Sachverhalt an textilen Lieferanten- bzw. Produktionsketten verdeutlichen. Die sog. *Textilkette* für *Jeans* kann beispielsweise diese Wege einschlagen (*Der Tagesspiegel* vom 04.09.2011): *„Die Baumwolle etlicher Jeanshosen, die hierzulande verkauft werden, stammt von großen Plantagen in Kasachstan. Dort wird sie meistens von Hand geerntet, gesäubert und zu großen Ballen verpackt. In der Türkei wird die Baumwolle aus Kasachstan zu Garn gesponnen. Dessen nächste Station ist Taiwan, wo aus dem Baumwollgarn der Jeansstoff gewoben wird. Dieses Material wiederum wird in Tunesien eingefärbt, mit chemischer Indigofarbe etwa aus Polen. In China werden die Jeans dann zusammengenäht und mit Knöpfen und Nieten aus Italien sowie Futterstoff aus der Schweiz versehen. Die modische Waschung bekommt die Hose schließlich von einer Bleicherei in Frankreich verpasst."*

(2) Nachhaltige Produktqualität

Aufgaben der nachhaltigen Produktpolitik betreffen die Produktinnovation, die Produktqualität, die Marken- und die Verpackungspolitik. Die auf die Nachhaltigkeit ausgerichtete *sozial-ökologische Qualität* misst den Grad der Eignung eines Produkts, weltweit akzeptierte Umwelt- und Sozialstandards über den vollständigen Produktlebenszyklus zu erfüllen (*teleologischer Qualitätsbegriff*).

Merksatz

Die sozial-ökologische Qualität erstreckt sich auf alle Eigenschaften bzw. Merkmale eines Produkts und seines Herstellungsprozesses, die geeignet sind, Gefahren und Schäden für Menschen und Umwelt zu vermeiden bzw. zu reduzieren.

Die sozial-ökologische Qualität eines Produktes ist immer relativ, d.h., sie ist immer nur hinsichtlich vergleichbarer Substitute bzw. Alternativen und auf der Grundlage des aktuellen Kenntnis- und Methodenstandes sowie allgemein akzeptierter Umwelt- und Sozialstandards (*Benchmarks*) zu beurteilen. Darüber hinaus ist die sozial-ökologische Qualität in der Regel für den Konsumenten eine *Vertrauenseigenschaft* (vgl. Balderjahn/Scholderer 2007, S. 156; Bech-Larsen/Grunert 2001; Meffert/Kirchgeorg 1995c, S. 98f.), ein Merkmal also, dessen Vorliegen der Konsument selbst nicht oder nur sehr aufwändig überprüfen kann. Insofern bedarf es zur Förderung nachhaltiger Konsumstile glaubwürdiger Produktinformationen zur Schaffung von Produkttransparenz (*product disclosure*). Aber auch die Hersteller selbst sowie öffentliche Einrichtungen (z.B. Überwachungsbehörden) und NGOs sind aufgrund der oft kaum bekannten, sehr komplexen ökologischen Wirkungszusammenhänge einerseits und der hoch vernetzten, komplexen globalen Beschaffungsketten andererseits nicht immer in der Lage, die ökologische und soziale Qualität von Produkten genau zu bestimmen.

Während die ökologischen Konsequenzen der Produktherstellung, -nutzung und -beseitigung durch ökologische Produktbilanzen annähernd quantifiziert werden können, müssen für die Erfassung und Bewertung sozialer Konsequenzen des Produktkonsums eher qualitative Methoden und Verfahren eingesetzt werden (z.B. das Lieferantenmonitoring). Seit einigen Jahren führt die *Stiftung Warentest* in Ergänzung zu ihren klassischen *Produkttests* bei einigen Warengruppen eine Prüfung der sozial-ökologischen Verantwortung der Anbieter durch (z.B. im Jahr 2011 für Jeans; vgl. Stiftung Warentest 2011). Für diese Prüfung wird ein nahezu unüberschaubar langer *Kriterienkatalog* eingesetzt, der in die Bereiche Unternehmenspolitik, soziale Aspekte/Produktion, umweltrelevante Aspekte/Produktion & Produkt sowie Verbraucher und Gesellschaft eingeteilt ist. Eine Quantifizierung ist danach kaum möglich und scheitert aktuell oft auch daran, dass viele Unternehmen nicht bereit sind, den mehrseitigen, detaillierten Fragebogen der *Stiftung Warentest* zu beantworten.

Für den Konsumenten stellt die nachhaltige Qualität einen *Zusatznutzen* (*sustainable value added*) dar, der durch das in Abb. 36 dargestellte Schalen-Modell anschaulich gemacht werden kann. Während sich der Basis- bzw. Grundnutzen für einen Konsumenten aus den Funktionen des Produkts ergibt und darüber hinaus weitere, das Kaufverhalten stark bestimmende, wahrnehmbare (*tangible*) Produktmerkale wie der Preis oder die Marke den Kundennutzen (*customer value*) bestimmen, sind die *ethischen Produktmerkmale* der Sozial- und Umweltverträglichkeit wie auch produktbezogene Dienstleistungen (nicht in Abb. 36 dargestellt) in einem äußeren, *intangiblen Merkmalskranz* zu finden. Da ethische Produktmerkmale Vertrauenseigenschaften darstellen, müssen sie für den Konsumenten durch glaubwürdige Zeichen bzw. Signets visualisiert werden (z.B. *Fairtrade-Zeichen*).

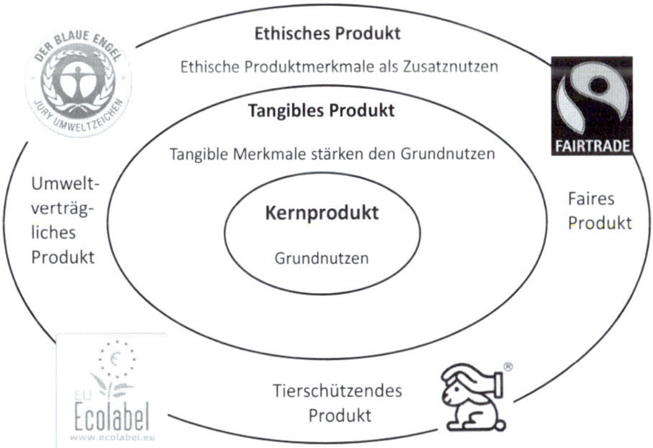

Abb. 36: Schalen-Modell ethischer und nachhaltiger Produktmerkmale

Schon im Designprozess und der Entwicklung nachhaltiger Produkte müssen die Konsequenzen von Produktions- und Konsumprozessen sowohl auf die natürliche Umwelt (z.B. Ressourcenabbau, Klimaschädigung) als auch auf den Menschen (z.B. Arbeitsbedingungen) und soziale Gemeinschaften (z.B. kommunale Institutionen) identifiziert und bewertet werden. Es handelt sich hierbei um Merkmale ...

- des Produktkerns (z.B. Material- und Energieeinsatz) und der Produktfunktion (z.B. hohe Zuverlässigkeit und Haltbarkeit, Anwendungssicherheit),
- des tangiblen Bereichs (z.B. Produktmarke) und
- des ethischen Bereichs (Umwelt- und Sozialverträglichkeit, Fairness, Tierschutz).

Zur Entwicklung und Konstruktion nachhaltiger Produkte werden Instrumente der nachhaltigkeitsorientierten Planung (z.B. Öko-Bilanzen, Lebenszyklusanalysen) eingesetzt. Darüber hinaus liegen verschiedene Gestaltungshinweise und Richtlinien einschlägiger Organisationen vor (z.B. Leitfaden für die Entwicklung und Normung umweltverträglicher Produkte vom *Deutschen Institut für Nor-*

mung (DIN), VDI-Richtlinie 4600 zur Ermittlung des kumulierten Energieaufwands, VDI-Richtlinie 2243 zum recyclinggerechten Konstruieren). Im Einzelnen handelt es sich um folgende, die Umweltverträglichkeit von Produkten bestimmende Merkmale:

- minimaler Material- und Energieeinsatz sowie Einsatz von Sekundärrohstoffen (*Design for Efficiency*),
- Verwendung ökologisch und gesundheitlich unbedenklicher Materialien,
- geringe Materialvielfalt und Verzicht auf Verbundstoffe,
- Kennzeichnung der verwendeten Materialien,
- recyclinggerechte Konstruktion (*Design for Recycability*),
- demontagegerechte Konstruktion (*Design for Disassembly*),
- Langlebigkeit durch (1) modulares Design (ein späteres Nachrüsten auf den neuesten technologischen Standard ist möglich), (2) Mehrfachnutzungs- und Mehrfachverwendungsmöglichkeiten (Mehrwegverpackungen, Refillsysteme), (3) lange Haltbarkeit (*Design for Durability* u.a. durch Instandhaltung, Kundendienst, Beratung und Schulung, Erhöhung der Zuverlässigkeit, Reparaturfähigkeit),
- Umweltverträglichkeit in der Verwendung,
- geringe Schadstoffemissionen in der Herstellungs- und Verwendungsphase,
- hohe (immaterielle) Dienstleistungsanteile durch (1) additive Dienstleistungen (z.B. nachhaltigkeitsorientierter Kundendienst), (2) integrierte Dienstleistungen (z.B. Leasing), (3) substituierende Dienstleistungen (der gewünschte Kundennutzen (immateriell), nicht das dazu verwendete Sachgut (materiell), wird vom Anbieter bereitgestellt).

Darüber hinaus sind soziale Kriterien, wie sie in den einschlägigen Kodizes (z.B. der *Fairtrade Labelling Organizations International FLO*), formuliert werden, einzuhalten. Weiterhin müssen auch gesundheitliche Gefahren ausgeschlossen werden können.

(3) Nachhaltigkeitsmarken und Verpackung

Da die Nachhaltigkeitsqualität für den Konsumenten eine Vertrauenseigenschaft ist, eine Eigenschaft also, die er persönlich nicht überprüfen kann, sondern auf deren Vorhandensein er vertrauen muss, ist der Kauf von Produkten, die als nachhaltig bzw. umweltverträglich angepriesen werden, mit großer Unsicherheit für den Konsumenten verbunden. Nachhaltigkeitsmarken und die Verwendung von glaubwürdigen, zertifizierten Nachhaltigkeitszeichen reduzieren das Kaufrisiko für den Konsumenten und stimulieren somit die Nachfrage. *Nachhaltigkeits-Marken* sind Produkte, die als *Markenartikel* dem Kunden eine (relativ) hohe sozial-ökologische Qualität versprechen bzw. garantieren. Markenartikel sollen glaubwürdig eine Produktpersönlichkeit verkörpern, die auf den Konsumenten sympathisch wirkt und mit der er sich identifizieren kann. Der Aufbau von Nachhaltigkeits-Marken ist ein wesentliches Element einer nachhaltigen Profilierungs- und Differenzierungsstrategie und beinhaltet insbesondere die Markierung eines nachhaltigen Produktes (z.B. Öko-Marken wie *Demeter*, *Rapunzel* und *Bioland;* vgl. auch Meffert et al. 2010, S. 31). Darüber hinaus können ergänzend zertifizierte Zeichen bzw. Signets zur Profilierung der Marke eingesetzt werden (z.B. *Der Blaue Engel*). Nachhaltigkeitszeichen haben die Funktion, dem Konsumenten als glaubwürdige *Schlüsselinformation* zu dienen (sog. *Signaling*). Da der Aufbau und die Pflege von Marken oft Millionen verschlingen und die Markenbindung des Konsumenten recht anfällig auf negative Schlagzeilen bezüglich des Produkts bzw. des Unternehmens reagiert (z.B. Berichte über inhumane Arbeitsbedingungen in den Fabriken des Unternehmens bzw. bei dessen Lieferanten), kommt hier dem Nachhaltigkeitsmarketing zum Schutze der Marke eine erhebliche Bedeutung zu. Ein langfristig aufgebautes nachhaltiges Markenimage könnte in kürzester Zeit durch negative Schlagzeilen ruiniert werden und damit in Verbindung stehende Aktivitäten von Konsumenten (Kaufzurückhaltung und Kaufboykotte) würden zudem den Absatz belasten.

Nachhaltigkeitsorientierte *Verpackungspolitik* umfasst alle Entscheidungen hinsichtlich einer umwelt- und sozialverträglichen Umhüllung (Packung) von Produkten. Ziel ist es, ohne die klassischen Funktionen der Verpackung (z.B. Transportschutz) zu beeinträchtigen, Verpackungsmittel zu vermeiden bzw. zu reduzieren und nur solche Materialien zu verwenden, die recycelt bzw. umweltschonend entsorgt werden können. Dadurch können knappe Ressourcen geschont und Energie eingespart werden. Zudem ist es ein Beitrag zur Abfallvermeidung bzw. zur umweltschonenden Abfallbeseitigung. Die Verpackungsgestaltung ist einerseits gesetzlichen Normen und andererseits Anforderungen des Handels unterworfen. Kooperationen mit dem Handel sind sinnvoll, da dieser bestrebt ist, das Verpackungsabfallaufkommen zu reduzieren und den anfallenden Abfall möglichst mittels Redistributionssystemen der Wiederverwertung (z.B. Mehrwegverpackungen) bzw. Weiterverwendung (Verpackungen mit Zweitnutzen) zuzuführen.

Die Grenzen der nachhaltigen Produktpolitik liegen darin begründet, dass die sozial-ökologische Qualität mit anderen Produktmerkmalen wie z.B. dem Preis konkurriert. Da Produkte in der Regel nicht primär gekauft werden, weil sie sozial- bzw. umweltverträglich sind, sondern weil sie insgesamt Bedürfnisse besser befriedigen als andere Alternativen, wird es eine ausschließlich auf den sozial-ökologischen Wert des Produktes ausgerichtete Profilierung schwer haben, wirtschaftlich erfolgreich zu sein.

2.4.3 Nachhaltige Preispolitik

Die nachhaltigkeitsorientierte Preispolitik umfasst alle Entscheidungen bezüglich der Festsetzung und zeitlichen Veränderung von Einzelpreisen und Konditionen (Rabatte, Boni, Skonti), Preisdifferenzierungen sowie der preislichen Programmabstimmung unter Beachtung des Leitbilds der Nachhaltigkeit. Um erfolgreich zu sein, müssen nachhaltige Produkte entweder zu vergleichbaren Preisen angeboten werden wie herkömmliche Produkte oder höhere Preise müssen durch die Profilierung eines herausragenden, zusätzlichen Nachhaltigkeitsnutzens (*sustainable value added*) abgesichert werden. Solange nachhaltige Produkte und Dienstleistungen bei gleicher

Qualität nicht teurer sind als die anderen, werden sie in der Regel wettbewerbsfähig sein. Die sozial-ökologische Produktqualität wird dann als Zusatzgabe, die nichts kostet und gleichzeitig das Gewissen beruhigt, gerne entgegengenommen. Je höher aber die Preisdifferenz zwischen nachhaltigem und herkömmlichem Produkt ist, desto weniger beeinflusst die sozial-ökologische Produktqualität die Kaufentscheidung und desto weniger wettbewerbsfähig sind diese Produkte. Konsumenten sind oft kaum bereit, einen deutlich höheren Mehrpreis für nachhaltige Produkte zu bezahlen. Einzelne Maßnahmen der nachhaltigkeitsorientierten Preispolitik:

- nachhaltigkeitsorientierte Preisdifferenzierung (z.B. Differenzierung zwischen nachhaltigen und klassischen Produktangeboten),
- preisliche Anreize zur Rückgabe von Altprodukten,
- Mischkalkulation zugunsten nachhaltiger Produkte und
- wettbewerbsfähige Miet- und Leasingangebote.

2.4.4 Nachhaltige Kommunikationspolitik

Die nachhaltigkeitsorientierte Kommunikationspolitik umfasst den Einsatz aller Kommunikationsinstrumente zur Förderung des Verkaufs nachhaltiger Produkte. Dabei kann es sich sowohl um Maßnahmen der Massenkommunikation (z.B. *Öko-Werbung*) als auch der Individualkommunikation (z.B. Kundendialog) handeln. Nachhaltige Kommunikationskonzepte umfassen Kommunikationsziele, -strategien und geeignete Kommunikationsmaßnahmen. Ziele der nachhaltigkeitsorientierten Kommunikationspolitik sind insbesondere die Schaffung von Glaubwürdigkeit und der Aufbau von Vertrauen hinsichtlich der nachhaltigen Produkte. Einerseits verbessert sich dadurch die allgemeine Reputation und das Image des Unternehmens und andererseits reduziert diese Kommunikation das wahrgenommene Kaufrisiko beim Konsumenten. Das soziale und umweltfreundliche Handeln im Unternehmen ist ebenso wie die sozial-ökologische Produktqualität für Konsumenten eine Frage des Vertrauens. Ist das Vertrauen in Unternehmen und Produkte gering, stellt sich Misstrauen und ein erhöhtes wahrgenommenes Kaufrisiko bei Konsumenten ein.

Über die Zielgruppe der Nachfrager hinaus kann sich die *Unternehmenskommunikation* (PR) auf relevante Anspruchsgruppen aus Wirtschaft und Gesellschaft richten. Maßnahmen nachhaltiger Unternehmenskommunikation sind:

- interne Nachhaltigkeitskommunikation (z.B. betriebliches Vorschlagswesen, Umweltleitfäden, Mitarbeiterzeitschriften),
- Produktwerbung (z.B. Werbung mit Umweltschutzargumenten und unter Verwendung von Umweltzeichen),
- nachhaltiges Sponsoring (z.B. Sponsoring sozialer Projekte),
- nachhaltigkeitsorientierte Öffentlichkeitsarbeit (z.B. Nachhaltigkeitsberichte).

Nachhaltigkeits-Werbung zielt auf eine bewusste Beeinflussung nachhaltigkeitsorientierter Konsumeinstellungen und Kaufhandlungen. Neben auf Aspekte der Nachhaltigkeit ausgerichteten Headlines und Argumenten werden in der Werbung Marken und Nachhaltigkeitszeichen bzw. Logos eingesetzt. Nachhaltigkeitszeichen dienen der Profilierung von Produkten hinsichtlich nachhaltiger Qualitätsmerkmale.

Von den gesetzlich vorgeschriebenen Warenkennzeichnungen (z.B. Symbole nach der Gefahrstoffverordnung) und den (freiwilligen) Güte- bzw. Nachhaltigkeitszeichen, die nach bestimmten Vergabekriterien von unabhängigen Prüfinstituten vergeben werden, sind firmen- und verbandseigene *Umweltzeichen* (z.B. der *Öko-Tex Standard 100*) zu unterscheiden. Geprüfte Umweltzeichen sind z.B. *„Der Blaue Engel"*, das deutsche Umweltzeichen, und das *Europäische Umweltzeichen. Der Blaue Engel* ist eine vom *Umweltbundesamt* (UBA) in Zusammenarbeit mit dem *Deutschen Institut für Gütesicherung und Kennzeichnung e.V.* (RAL) vergebene Warenkennzeichnung für Produkte, die – bei gleichem Gebrauchswert – im Vergleich zu anderen Produktalternativen der gleichen Produktgruppe die Umwelt weniger belasten. *Der Blaue Engel* wurde als erste umweltschutzbezogene Kennzeichnung der Welt für Produkte und Dienstleistungen 1978 eingeführt. Es handelt sich um ein marktkonformes Instrument, mit dem Unternehmen auf freiwilliger Basis umweltverträgliche Eigenschaften ihrer Produkte kennzeichnen können (vgl. Abb. 37).

Der Blaue Engel verfolgt die vier Umweltschutzziele Umwelt & Gesellschaft, Klima, Wasser und Ressourcen. Aktuell nutzen rund 1.050 Lizenznehmer den *Blauen Engel* für ca. 11.500 Produkte (www.blauer-engel.de). *Das Europäische Umweltzeichen (EU Ecolabel)* wurde durch eine europäische Verordnung (EWG 880/92) am 23. März 1992 für Produkte, die geringere Umweltauswirkungen als vergleichbare andere aufweisen, eingeführt und im Jahr 2000 auf Dienstleistungen erweitert (www.eu-ecolabel.de). Im Vergleich zum *Blauen Engel* sollen mit dem europäischen Umweltzeichen nur Produkte ausgezeichnet werden, die während ihrer gesamten Lebensdauer (*„von der Wiege bis zur Bahre"*), relativ betrachtet, umweltverträglich sind, *„ohne dass dabei die Sicherheit der Produkte beeinträchtigt oder die Eignung für den vorgesehenen Gebrauch verringert wird"* (BMU 2012b). Aktuell ist das *EU Ecolabel* in den 27 EU-Mitgliedsstaaten sowie in Norwegen, Island und Liechtenstein anerkannt und wird von mehr als 1.000 Zeichennehmern in 24 Produktkategorien genutzt (vgl. Abb. 37). Die Prüfung erfolgt anhand vorgegebener Kriterien (Vergabegrundlagen), die für jede der Produktgruppen definiert werden. Hält ein Unternehmen die jeweiligen Vergabegrundlagen ein, dann kann es bei der RAL einen Antrag auf Nutzung des *EU Ecolabels* stellen (www.eu-ecolabel.de).

Deutsches Bio-Siegel

Blauer Engel

Europäisches Umweltzeichen

EU Bio-Siegel

Abb. 37: Umweltzeichen

Hersteller, die den Anforderungen der *EG-Öko-Verordnung* vom 1. Juli 2010 nach kontrolliert ökologischer Erzeugung von Lebensmitteln gerecht werden und die bereit sind, sich Kontrollen zu unterziehen, dürfen ihre Produkte mit dem *Europäischen Bio-Siegel* (*EU-Bio-Siegel*) auszeichnen, dass im Jahr 2000 eingeführt und 2009 durch eine neue Version ersetzt wurde. Das *Deutsche Bio-Siegel* wurde 2001 eingeführt. Aktuell nutzen 4.129 Unternehmen das Bio-Siegel auf 65.405 Produkten (www.bio-siegel.de). Beide Zeichen können gleichzeitig auf Produkten abgebildet werden. Ausgezeichnet mit dem Bio-Siegel werden nur solche landwirtschaftlichen Produkte, die den Vorgaben der EU-Verordnung Nr. 271/2010 entsprechen. Die Verordnung legt für Erzeuger und Verarbeiter fest, wie produziert werden muss und welche Stoffe dabei verwendet werden dürfen. Es darf nichts eingesetzt werden, was nicht ausdrücklich erlaubt ist.

2.4.5 Nachhaltige Distribution

Die nachhaltigkeitsorientierte Distribution umfasst alle Entscheidungen der Versorgung nachgelagerter Vertriebsstufen und des Endverbrauchers mit den Leistungen des Unternehmens unter Beachtung der Nachhaltigkeit. Dazu gehören insbesondere die Wahl der Absatzwege und die Durchsetzung nachhaltiger Standards im Absatzkanal sowie in der Logistik. Die *Verpackungsverordnung* (Konzept der dualen Abfallwirtschaft) und das *Kreislaufwirtschaftsgesetz* geben Rahmenbedingungen für die Redistribution und damit den Aufbau geschlossener Stoffkreisläufe vor, die nur in Kooperation mit dem Handel zu erfüllen sind. Nachhaltigkeitsorientierte logistische Konzepte zielen auf den Einsatz umweltfreundlicher und gefahrloser Transportmittel (z.B. Bahn statt Lkw), eine effektivere Transportmittelausnutzung (z.B. Platzausnutzung) sowie auf eine Reduzierung bzw. Optimierung erforderlicher Verkehrsströme. Durch die Einrichtung von Güterverteilzentren in der Nähe städtischer Ballungsräume erfolgt die Optimierung durch eine Bündelung von Warenströmen, so dass weniger Fahrten anfallen und Leerfahrten und Mehrfachzustellungen weitgehend vermieden werden können (*City-Logistik*).

Kontrollfragen

[1] Was wird unter Öko-Marketing verstanden?

[2] Was versteht man unter *Product Stewardship*?

[3] Was ist ein Produktlebenszyklus und welche Phasen können dort unterschieden werden?

[4] Warum ist die sozial-ökologische Produktqualität eine Vertrauenseigenschaft?

[5] Wie lässt sich das Schalen-Modell ethischer und nachhaltiger Produktmerkmale beschreiben?

[6] Wie lässt sich die sozial-ökologische Produktqualität definieren?

[7] Welche Umweltzeichen kennen Sie?

2.5 Organisationsformen und Managementsysteme

Nach Lektüre dieses Kapitels sollten Sie …

- typische Organisationsformen mit Nachhaltigkeitsaufgaben kennen.
- die Umweltmanagement- und Sozialmanagementsysteme nach EMAS, ISO 14001 und ISO 26000 in ihrer Zielsetzung und Struktur erläutern können.
- die Funktionen eines Nachhaltigkeitscontrollings kennen.
- wissen, wie die traditionelle *Balanced Scorecard* durch die Berücksichtigung von Nachhaltigkeitsaspekten erweitert werden kann.

2.5.1 Nachhaltige Organisationsformen

Nachhaltigkeit als Leitbild muss im Unternehmen umgesetzt werden. Das erfordert spezielle Organisationskonzepte und Managementsysteme.

☐ Merksatz

> Die Organisation ist ein Führungsinstrument, das dazu dient, durch eine bewusst geschaffene Ordnung arbeitsteiliger Aufgaben im Unternehmen betriebliche Ziele effizient zu erreichen (vgl. Domschke/Scholl 2008, S. 352f.).

Diese Ordnung umfasst Strukturen zwischen den Teilaufgaben bzw. Subsystemen (*Aufbauorganisation*) sowie die Abläufe (Prozesse) einzelner Teilaufgaben (*Ablauforganisation*) eines Unternehmens (Balderjahn/Specht 2011, S. 117). Das Organisieren bezieht sich auf die Differenzierung eines Betriebes in arbeitsteilige Subsysteme und deren Integration zu einem zielgerichteten Ganzen. Die Aufbauorganisation gliedert das Unternehmen in einzelne organisatorische Subsysteme und regelt unter ihnen die Verteilung von Aufgaben, Kompetenzen und Verantwortungsbereichen. Dadurch entstehen geordnete, hierarchische Strukturen (vgl. Balderjahn/Specht 2011, S. 117). Mitarbeiterinnen und Mitarbeitern im Management werden so Entscheidungskompetenzen zugewiesen. Ihre Verantwortung besteht darin, über ihre Aufgabenerfüllung persönlich Rechenschaft abzulegen (vgl. Thommen/Achleitner 2009, S. 854). Art und Umfang der Zuständig- und Verantwortlichkeiten von Aufgabenträgern (*Stellen*) und Organen des Unternehmens sind rechtsformenabhängig und werden durch die *Unternehmensverfassung*, die auch als *Corporate Governance* bezeichnet wird, geregelt. *Corporate Governance* wird als Bezeichnung für eine verantwortungsvolle Führungs- und Überwachungsorganisation von Unternehmen zur Schaffung von Transparenz und Vertrauen bei den relevanten Anspruchsgruppen (Stakeholder) verwendet.

Aufgaben der Nachhaltigkeit können auf verschiedene Arten und mit unterschiedlichen Kompetenzen in einer Unternehmensorganisation verankert werden. Da die Organisation dazu dienen soll, betriebliche Ziele arbeitsteilig und effizient zu erreichen, ist die Organisation (*structure*) stark von der jeweiligen Unternehmensstrategie abhängig (*structure follows strategy*). In Abhängigkeit der jeweiligen Nachhaltigkeitsstrategie werden sich also unterschiedliche Organisationstypen anbieten. Grob kann in funktional-additive und integrative Nachhaltigkeitsorganisationen unterschieden werden (Müller-Christ 2001, S. 124). Während der *funktional-additive Organisationstyp* für Aufgaben der Nachhaltigkeit (Funktion) zusätzliche, neu geschaffene Stellen bzw. Abteilungen vorsieht, werden Aufgaben der Nachhaltigkeit bei integrativen Organisationslösungen innerhalb der bestehenden Struktur mit übernommen.

Zu typisch funktional-additiven Organisationsstellen gehören die sog. *Umweltschutzbeauftragten*, die für verschiedene Aufgabenbereiche vom Gesetzgeber bei Vorliegen bestimmter Voraussetzungen in Unternehmen vorgeschrieben sind. Hierzu gehören: der Abfallbeauftragte (§§ 58-60 Kreislaufwirtschaftsgesetz KrWG), der Gefahrengutbeauftragte (§ 11 Gefahrstoffverordnung), der Gewässerschutzbeauftragte (§ 64 Wasserhaushaltsgesetz, WHG), der Immissionsschutzbeauftragte (§§ 53-58 Bundesimmissionsschutzgesetz, BImSchG) und der Störfallbeauftragte (§§ 58a–58d BImSchG und VO über Immissionsschutz- und Störfallbeauftragte). *Umweltschutzbeauftragte* haben im Wesentlichen die Aufgaben, auf die Einhaltung der Gesetze im Unternehmen zu achten, für Information und Weiterbildung von Betriebsangehörigen zu sorgen und der Geschäftsführung Bericht zu erstatten. Eine weitere organisatorische funktional-additive Einbindung des Umweltschutzes bzw. der Nachhaltigkeit stellen Stabstellen und Zentralbereiche dar. *Stabstellen* entlasten die jeweiligen Entscheidungsinstanzen in Fragen der Nachhaltigkeit. In *Zentralbereichen* werden aus anderen Organisationseinheiten herausgelöste spezialisierte Aufgaben zusammengefasst und in der Regel direkt unterhalb der Unternehmensleitung angesiedelt. Es handelt sich insofern oft um Dienstleistungsbereiche (z.B. Zentralbereich Umweltschutz). Eine vollständig *integrative Organisationsform* für den Nachhaltigkeitsbereich liegt in der Praxis kaum vor. Vielmehr finden sich dort häufig *hybride Strukturen*, in denen „normale" funktionale, strategische oder regionale Einheiten über koordinierende Organisationstypen (z.B. *Lenkungskreise*, *Nachhaltigkeitsbeiräte*) hinsichtlich der Fragen der Nachhaltigkeit aufeinander abgestimmt und gesteuert werden (siehe Abb. 38).

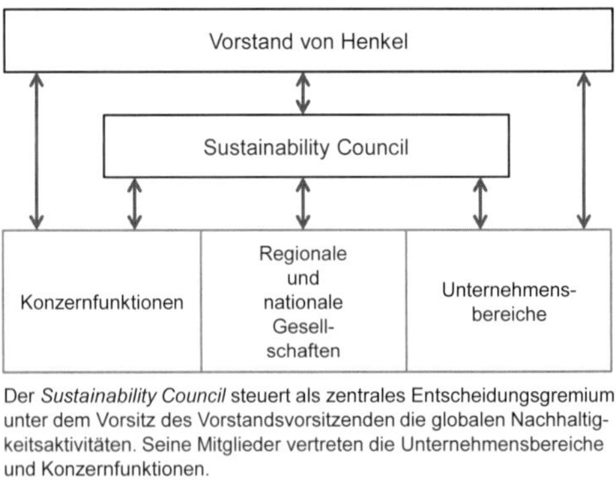

Abb. 38: Organisation für nachhaltiges Wirtschaften bei Henkel

Quelle: http://nachhaltigkeitsbericht.henkel.de

2.5.2 Nachhaltige Managementsysteme

Umweltmanagementsysteme

(1) Nachhaltigkeits-Audit

Ein Nachhaltigkeits-Audit ist ein Managementinstrument, das systematisch, periodisch und objektiv die Effektivität von Nachhaltigkeitsmanagement und nachhaltigkeitsorganisatorischen Strukturen und Regelungen sowie von Aufgaben zum Schutze von Mensch, Gesellschaft und Natur mit dem Ziel prüft und dokumentiert, Kontrollen von Nachhaltigkeitsmaßnahmen zu ermöglichen und den Erfüllungsgrad rechtlicher und unternehmenspolitischer Vorgaben zur Nachhaltigkeit festzustellen. Merkmale des Nachhaltigkeits-Audits sind:

- systematische Prüfung der Einhaltung rechtlicher Bestimmungen aus Nachhaltigkeitsgesetzen (z.B. Arbeitsschutz-, Mitbestimmungs- und Umweltschutzgesetze; sog. *Compliance-Audit*),
- Prüfung der Effektivität des Nachhaltigkeitsmanagementsystems (z.B. Regelungen von Verantwortungen und Zuständigkeiten, Krisenpläne, Informationspolitik),
- kontinuierliche Verbesserung der betrieblichen Anstrengungen zur Nachhaltigkeit (z.B. Verbesserung organisatorischer Regelungen, Aus- und Weiterbildung der Mitarbeiter, Zertifizierungspflicht für Lieferanten; sog. *System-Audit*).

Implementierungsfähige Audit-Konzepte liegen heute für den Umweltschutz insbesondere durch das *European Eco-Management and Audit Scheme* (EMAS) und die internationale ISO 14001 Normenreihe vor.

(2) Das europäische Eco-Management and Audit Scheme (EMAS)

EMAS (*Environmental Management and Audit Scheme*) ist die internationale Kurzbezeichnung für die „*Verordnung (EWG) Nr. 1836/93 des*

Rates vom 29. Juni 1993 über die freiwillige Beteiligung gewerblicher Unternehmen bzw. Organisationen an einem Gemeinschaftssystem für das Umweltmanagement und die Umweltbetriebsprüfung". Die erste Verordnung von 1993 (EMAS I) wurde nach mehrjähriger Überarbeitung novelliert und trat 2001 in Kraft (EMAS II). Die wichtigsten Neuerungen betrafen die Übernahme der Managementsystemanforderungen der DIN EN ISO 14001, eine Öffnung für alle Branchen und ein neues einheitliches EMAS-Logo als Erkennungszeichen. Die aktuelle Rechtsgrundlage ist die Verordnung (EG) Nr. 1221/2009. Diese Novellierung (EMAS III) ist am 11. Januar 2010 in Kraft getreten. Nach EMAS III ist jetzt auch eine weltweite Anerkennung möglich, die Belange kleiner und mittlerer Unternehmen (KMU) werden verstärkt berücksichtigt und zur Darstellung der Umweltschutzleistung (*eco-performance*) dienen jetzt sechs standardisierte Umweltkennzahlen (*Kernindikatoren*; vgl. www.emas.de). EMAS fordert als *System-Audit* die Einrichtung eines Umweltmanagementsystems, die Durchführung von regelmäßigen Umweltbetriebsprüfungen sowie die Information der Öffentlichkeit. Im Gegensatz dazu richtet sich ein *Compliance-Audit* ausschließlich auf die Prüfung der Einhaltung gesetzlicher Vorschriften.

Wesentliche Merkmale der *EMAS-Verordnung* sind die Freiwilligkeit der Teilnahme (kein gesetzlicher Zwang, *Marktkonformität*), der Aufbau eines Umweltmanagementsystems durch Integration der Managementanforderungen nach der DIN EN ISO 14001, die Öffnung für alle Branchen und Organisationen, die Einbindung von Mitarbeiterinnen und Mitarbeitern, die Einhaltung der Rechtsvorschriften, die Verwendung eines Logos als Erkennungssignal in der Firmenkommunikation (nicht für Produkte), der Zweck der kontinuierlichen Verbesserung der Umweltleistung, gemessen an den sechs vorgegebenen *Kernindikatoren* (Energieeffizienz, Materialeffizienz, Wasserverbrauch, Abfallaufkommen, Flächenverbrauch, Emissionen wie CO_2 etc.), die Dokumentation der Umweltleistung und Kommunikation mit der interessierten Öffentlichkeit (Schaffung von Transparenz), die Validierung des Systems durch akkreditierte Gutachter (*Third-party verification*) sowie die Registrierung.

EMAS formuliert drei zentrale Ansprüche (*premium benchmark;* www.ec.europa.eu/environment/emas):

- Umweltleistung (*Performance*): Umweltziele und Umweltschutzmaßnahmen sollen jährlich aktualisiert und überprüft werden, um eine ständige Verbesserung der Umweltschutzleistung zu gewährleisten.
- Vertrauen (*Credibility*): Durch die *Third-party verification* sollen sowohl die Umweltleistungen als auch die offengelegten Informationen von unabhängigen Gutachtern bestätigt werden.
- Transparenz (*Transparency*): Bereitstellung von für jeden zugängliche Informationen über die Umweltschutzaktivitäten und Leistungen eines Unternehmens bzw. einer Organisation.

Traditionell werden durch EMAS einzelne Standorte (*Sites*, wie z.B. Produktionsstätten) validiert. Es können sich aber auch Unternehmen mit mehreren Standorten (*Organisations*) zertifizieren lassen. Zum 30. Juni 2012 waren in Europa 8.174 Standorte und 4.581 Unternehmen nach EMAS registriert (www.ec.europa.eu/environment/emas). Die meisten EMAS-Zertifizierungen von Organisationen erfolgten in Deutschland (1.336), Spanien (1.258) und Italien (1.134). Trotz der Freiwilligkeit der Teilnahme an EMAS haben sich somit sehr viele Unternehmen entschlossen, ein Umweltmanagementsystem einzurichten und zertifizieren zu lassen. Gründe dafür lassen sich zum einen in der öffentlichen Aufmerksamkeit für den Umweltschutz finden, die dazu führt, dass Unternehmen gut beraten sind, durch eine glaubwürdige Umweltleistung und Transparenz ihre Reputation sowie ihre Beziehungen zu relevanten Anspruchsgruppen zu verbessern. Zum anderen ergeben sich Vorteile einer EMAS-Zertifizierung durch Kostensenkungspotenziale in den Bereichen Material, Energie und Abfall, in der Möglichkeit, in den Genuss von Fördermöglichkeiten (z.B. Finanzierung von Beratungsleistungen) und Vollzugserleichterungen (*Privilegierungen*) des Bundes und der Länder zu kommen (vgl. Umweltgutachterausschuss 2011), in einer Reduktion von Reputations- und Haftungsrisiken sowie in Chancen, durch ein Umweltmanagementsystem Wettbewerbsvorteile erlangen zu können, wenn Geschäfts- oder Privatkunden eine EMAS-Zertifizierung für die Aufrechterhaltung der Geschäftsbeziehung fordern (*customer requirements;* vgl. *DG Environment of the European Commission* 2009). Zudem genießen EMAS zertifizierte Unternehmen gerade bei Fach- und Führungskräften oft über eine höhere Attraktivität als Arbeitgeber, was sich im Wettbewerb um Talente auszahlen kann (*staff recruitment*).

(3) Das Umweltmanagementsystem nach DIN EN ISO 14001

Auf internationaler Ebene hat die ISO (*International Standard Organisation*) eine Normenreihe zum Umweltmanagement (*Environmental Management Systems*: EMS) vorgelegt, die in Deutschland anerkannt und als DIN EN ISO 14001 veröffentlicht ist. Da es sich hier um eine weltweit akzeptierte *Industrienorm* handelt, sind auch im Vergleich zum europäischen EMAS mit ca. 200.000 in 155 Ländern deutlich mehr Unternehmen nach ISO 14001 zertifiziert. ISO 14001 ist Teil der ISO 14000 Familie, zu der noch weitere Normen gehören (ISO 2009, S. 4). Die Struktur der ISO 14001 Norm ist als *Plan-Do-Check-Act-Kreislauf* festgelegt: Analysiere und plane, implementiere die Pläne, messe die Ergebnisse, korrigiere und verbessere die Leistung. ISO 14001:2004 und ISO 14004:2004 richten sich auf Umweltmanagementsysteme (EMS). ISO 14001 formuliert die Anforderungen (*requirements*) an ein Umweltmanagementsystem und ISO 14004 enthält allgemeine Hinweise (*guidelines*) und Erläuterungen dazu (www.iso.org/iso/iso14000). Anforderungen nach ISO 14001 sind:

- Feststellung und Kontrolle der Umwelteinflüsse unternehmerischen Handelns (*environmental impacts*),
- kontinuierliche Verbesserung der Umweltleistung (*environmental performance*),
- Implementierung eines Umweltmanagementsystems (*systematic approach*) mit Zielen und Maßnahmen und Erbringung des Nachweises der Zielerreichung.

Andere Normen der ISO 14000 Familie beziehen sich u.a. auf die Kennzeichnung (ISO 14020), Leistungsevaluation (ISO 14031), Lebenszyklusanalyse (ISO 14040), Kommunikation und Auditing

(ISO 14063 und ISO 19011). Umweltmanagementsysteme nach ISO 14001 sollen Unternehmen dazu befähigen, ihre Umwelteinwirkungen zu identifizieren und zu kontrollieren, ihren Umweltschutz kontinuierlich zu verbessern und ihre Umweltziele zu erreichen (www.iso.org). Die Vorteile der Implementierung eines EMS nach ISO 14001 sind ähnlich wie die der EMAS-Zertifizierung. Da allerdings ISO 14001 keine Zertifizierung verlangt (auch wenn sie möglich ist), kann eine Inanspruchnahme staatlicher Förderung und von Privilegierungsmaßnahmen versagt werden.

Sozialmanagementsysteme

(1) Handlungsfelder von Sozialmanagementsystemen

Ein Sozialmanagementsystem (SMS) soll dazu dienen, sozialverantwortliches Handeln im Unternehmen und innerhalb der vollständigen Wertschöpfungskette bei Lieferanten und Sub-Lieferanten durchzusetzen und weiterzuentwickeln. Es umfasst die Elemente

- *Sozialpolitik*: Leitbilder und Handlungsgrundsätze sozialverträglichen Wirtschaftens im Unternehmen.
- *Sozialmanagement*: Analyse sozialer Aspekte, Ziele, Strategien und Maßnahmen sozialer Unternehmenspolitik, Organisation des Sozialmanagements.
- *Sozialaudit*: Systematische und regelmäßige Überprüfung der Einhaltung vorgegebener sozialer Standards im Unternehmen sowie bei Geschäftspartnern entlang der Wertschöpfungskette. Das Audit kann von Seiten des Unternehmens oder von unabhängigen Drittorganisationen (*Third-party audits*) überprüft und zertifiziert werden.
- *Sozialbericht*: Veröffentlichung der sozialen Aktivitäten des Unternehmens.

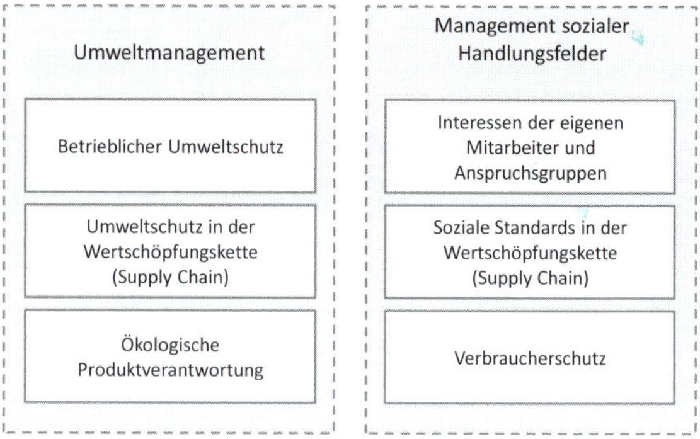

Abb. 39: Umwelt- und Sozialmanagementsystem in der Gegenüberstellung

Quelle: In Anlehnung an Loew/Braus 2006, S. 9

Die Handlungsfelder eines SMS richten sich auf Mitarbeiter und sonstige Anspruchsgruppen, auf die Einhaltung sozialer Standards in der Wertschöpfungskette sowie auf die Berücksichtigung von Verbraucherinteressen. Diese Bereiche können denen des Umweltmanagements gegenübergestellt werden (vgl. Abb. 39).

(2) Die ISO 26000 Norm Social Responsibility

Zur Umsetzung von Grundsätzen zur sozialen Verantwortung in Unternehmen und Organisationen wurde die ISO 26000 Norm *Social Responsibility* von der *International Organisation for Standardization* (www.iso.org/iso) unter Einbindung vieler Interessengruppen und Experten aus fast 100 Ländern über einen Zeitraum von knapp 6 Jahren entwickelt und 2010 veröffentlicht (in Deutschland als DIN ISO 26000). Die ISO 26000 Norm stellt einen Leitfaden zur Wahrnehmung gesellschaftlicher Verantwortung für Organisationen bereit. Verantwortung tragen nach dieser ISO Norm Organisationen für die Konsequenzen ihrer Entscheidungen und Tätigkeiten auf die Gesellschaft und die Umwelt sowie auf von der Organisation betroffene spezifische Anspruchsgruppen (vgl. Kleinfeld/Kettler 2011, S. 21; BMAS 2011, S. 11). Die Wahrnehmung von Verantwortung nach ISO 26000 fordert die Berücksichtigung der Erwartungen von Anspruchsgruppen sowie rechtskonformes Handeln (*Compliance*), was auch die Einhaltung internationaler Verhaltensstandards beinhaltet (BMAS 2011, S. 11). Jede Organisation bzw. jedes Unternehmen soll Aktivitäten so gestalten, dass betroffene Interessen dabei Berücksichtigung finden und zu einer nachhaltigen Entwicklung beigetragen wird.

Fundamente der ISO 26000 Norm sind (ISO 2010a, S. 3):

- Schaffung einer allgemeinen Verständigung darüber, was unter *Social Responsibility* (SR) zu verstehen ist und welche Aspekte davon für Organisationen relevant sind,
- Bereitstellung von *Richtlinien* zur Umsetzung allgemeiner SR-Prinzipien in effektive Maßnahmen und
- Verfeinerung und weltweite Verbreitung von anerkannten *Best Practice Methoden.*

Die ISO 26000 Norm umfasst im Wesentlichen zwei fundamentale Praktiken, sieben Prinzipien und sieben Kernbereiche organisationaler Verantwortung (ISO 2010b, S. 7). Bei den beiden Praktiken (*fundamental practices of social responsibility*) handelt es sich um die *„Anerkennung sozialer Verantwortung"* und das *„Engagement im Umgang mit Anspruchsgruppen"*. Die Prinzipien (*principles of social responsibility*) der ISO 26000 Norm sind (ISO 2010b, S. 7):

- Rechenschaftspflicht (*accountability*)
- Transparenz (*transparency*)
- Ethisches Verhalten (*ethical behaviour*)
- Achtung der Interessen von Anspruchsgruppen (*respect for stakeholder interests*)
- Achtung der Rechtsstaatlichkeit (*respect for the rule of law*)
- Achtung internationaler Verhaltensstandards (*respect for international norms of behaviour*)
- Achtung der Menschenrechte (*respect for human rights*)

Neben diesen Prinzipien formuliert ISO 26000 sieben Kernthemen (*social responsibility core subjects*) als Schwerpunktbereiche verantwortungsbewussten organisationalen Handelns (*organizational governance*) (ISO 2010b, S. 4):

- Berücksichtigung der Grundsätze gesellschaftlicher Verantwortung in der Unternehmensführung (*Organisational Governance*)
- Menschenrechte (*Human Rights, u.a. Economic, social and cultural rights*)
- Arbeitsbedingungen (*Labor Practices, u.a. Conditions of work and social protection*)
- Umweltschutz (*The Environment, u.a. Climate change mitigation and adaption*)
- Faire Betriebs- und Geschäftspraktiken (*Fair operating practices, u.a. fair competition*)
- Konsumentenanliegen/Verbraucherschutz (*Consumer issues, u.a. sustainable consumption*)
- Einbindung und Entwicklung der Kommunen (*Community involvement and development, u.a. emploiment creation and skills development, corporate citizenship*)

Zu jedem Kernthema werden Handlungsfelder und Handlungserwartungen beschrieben, die an gesellschaftlich verantwortliches Verhalten von Unternehmen gerichtet werden. ISO 26000 formuliert *freiwillige Standards* und kann deshalb nicht als eine zertifizierungsfähige Norm eingesetzt werden. Es besteht allerdings für Unternehmen die Verpflichtung zur Kommunikation der Anstrengungen und Erfolge in der Wahrnehmung sozialer Verantwortung.

2.5.3 Nachhaltiges Controlling

(1) Aufgaben

Nachhaltigkeitscontrolling ist ein uneinheitlich verwendeter Begriff, der sowohl mit einzelnen nachhaltigkeitsorientierten Planungsinstrumenten (z.B. Öko-Bilanzen) gleichgesetzt als auch als Sammelbegriff bzw. Oberbegriff für diese Instrumente verwendet wird.

Insofern kann Nachhaltigkeitscontrolling sowohl als ein System der informations- und kennzahlengesteuerten Unterstützung von Führungsentscheidungen zur Nachhaltigkeit als auch als Instrument zur Implementierung von nachhaltigkeitsorientierten Planungsinstrumenten aufgefasst werden (vgl. Müller-Christ 2001, S. 259). Das Nachhaltigkeitscontrolling stellt eine Ergänzung bzw. Erweiterung des allgemeinen betrieblichen Controllings durch Aspekte der Nachhaltigkeit dar. Es handelt sich insofern um den Teil des Nachhaltigkeitsmanagementsystems, der die Bereitstellung von entscheidungsrelevanten Daten zur Steuerung, Koordination, Planung und Kontrolle aller auf die Nachhaltigkeit gerichteten Aktivitäten eines Unternehmens zur Aufgabe hat (vgl. Abb. 40).

Abb. 40: Der Nachhaltigkeitscontrolling-Kreislauf
Quelle: in Anlehnung an: UBA 2001, S. 50

In der Zielplanung werden die Soll-Vorgaben für einzelne Steuerungsgrößen festgelegt (z.B. spezifischer Energieverbrauch). Über das Berichtswesen laufen dann die Informationen über die Ist-Werte der jeweiligen Steuerungsgrößen ein. Im Rahmen der Zielkontrolle werden dann *Soll-Ist-Vergleiche* durchgeführt und Zielabweichungen analysiert. Darauf aufbauend werden Steuerungs- und Anpassungsmöglichkeiten gesucht, Strategien geplant und Maßnahmen durchgeführt (vgl. Abb. 40).

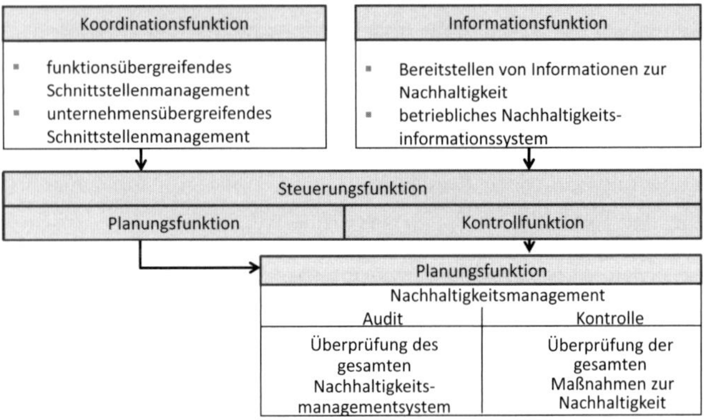

Abb. 41: Funktionen des Nachhaltigkeitscontrolling
Quelle: in Anlehnung an Meffert/Kirchgeorg 1998, S. 412

Das strategische Nachhaltigkeitscontrolling zielt auf die Früherkennung hinsichtlich chancen- bzw. risikobehafteter Entwicklungen in den Bereichen Markt, Umwelt und Gesellschaft sowie auf eine Verbesserung der Beziehungen des Unternehmens zu seinen Anspruchsgruppen durch Schaffung von Transparenz und Vertrauen. Es soll der Implementierung von nachhaltigen Strategien (strategischer Bereich) sowie nachhaltiger Planungs- und Kontrollinstrumente (operativer Bereich) dienen. Das Nachhaltigkeitscontrolling umfasst die Informations-, Koordinations-, Steuerungs- und Kontrollaufgabe. Die Informations- und Koordinationsfunktion kann als wesentliche Voraussetzung zur Wahrnehmung der Steuerungsfunktion (Planung und Kontrolle) angesehen werden (vgl. Abb. 41).

Im Mittelpunkt des Nachhaltigkeitscontrollings stehen Koordinations- sowie Informationsversorgungs- und –verwendungsaufgaben. *Koordinationsaufgaben* können in systembildende (Schaffung von aufbau- und ablauforganisatorischen Strukturen und Prozessen) und systemkoppelnde (wechselseitige Abstimmungs- und Integrationsaktivitäten zwischen einzelnen Teilsystemen) unterschieden werden (Meffert/Kirchgeorg 1998, S. 411ff.). Darüber hinaus erfasst die Koordination sowohl unternehmensinterne (z.B. Wertschöpfungsprozesse) als auch unternehmensexterne Vorgänge (z.B. Zusammenarbeit mit sozialen Anspruchsgruppen). Der Koordinationsfunktion kommt im Rahmen eines Nachhaltigkeitscontrollings die wohl größte Bedeutung zu. Dementsprechend kann als Hauptaufgabe des Nachhaltigkeitscontrollings die Unterstützung der Unternehmensführung bei der Sicherung ihrer auf nachhaltiges Wirtschaften bezogenen Koordinationsfähigkeit sowohl auf betrieblicher als auch auf überbetrieblicher Ebene bezeichnet werden (vgl. Müller-Christ 2001, S. 251). Zur Erfüllung der Koordinationsaufgaben müssen betriebliche Informationsflüsse abgestimmt sowie geeignete Methoden und Instrumente der Datenerfassung und -dokumentation bereitgestellt werden.

Angesichts der vielfältigen Informations- und Bewertungsprobleme bei der Bewältigung der unternehmensbezogenen Nachhaltigkeitsprobleme wird die Bereitstellung entscheidungsrelevanter Informationen (*Informationsfunktion*) durch das Controlling als weitere wesentliche Funktion gekennzeichnet (Meffert/Kirchgeorg 1998, S. 413). Die *Informationsversorgung* stützt sich einerseits auf das betriebliche Rechnungswesen und andererseits auf die Erfassung sozial und ökologisch relevanter Daten aus den Bereichen Betrieb (z.B. Stoff- und Energieströme), Lieferkette (Einhaltung der *Codes of Conduct*), Recht (z.B. Anforderungen von Umweltschutzgesetze wie das Anlegen von Sicherheitsdatenblättern), Markt (z.B. Marktchancen nachhaltiger Produkte) und Gesellschaft (z.B. öffentliche Meinung zu sozialen Themen). Zur systematischen Erfassung, Dokumentation und Bereitstellung nachhaltigkeitsbezogener Informationen in einem Unternehmen können betriebliche *Nachhaltigkeitsinformationssysteme* eingerichtet werden.

Das Controlling bedient sich entsprechender Planungsmethoden (*Planungsfunktion*). Hierzu gehören insbesondere die Methoden der operativen Nachhaltigkeitsanalyse. Vorhandene betriebliche Informations-, Planungs-, Steuerungs- und Kontrollinstrumente sind für die Aufgaben des Nachhaltigkeitscontrollings anzupassen und zu erweitern. Die *Steuerungsfunktion* des Nachhaltigkeitscontrollings ist dadurch gekennzeichnet, dass im Rahmen der Planungsfunktion Sollvorgaben entwickelt werden und deren Erreichung durch Soll-Ist-Vergleiche innerhalb der *Kontrollfunktion* überwacht werden (Meffert/Kirchgeorg 1998, S. 414ff.). Aus der Analyse der Soll-Ist-Abweichungen und der dahinter liegenden Einflussfaktoren leiten sich notwendige Anpassungsmaßnahmen ab.

(2) Die Sustainability Balanced Scorecard

Die *Balanced Scorecard* („ausgeglichener Berichtsbogen") wurde Anfang der 90er Jahre als ein Instrument zur Umsetzung von Strategien in Zielgrößen und Maßnahmen entwickelt und stellt somit ein strategisches, kennzahlenbasiertes Managementsystem dar (Kaplan/Norten 1997). Die wichtigsten Merkmale der Balanced Scorecard (BSC):

- Die BSC umfasst vier Perspektiven: Finanzen, Kunden, interne Geschäftsprozesse, Lernen und Entwicklung.
- Für alle vier Perspektiven werden Ziele, Kennzahlen, Vorgaben und Maßnahmen ermittelt.
- Die Kennzahlen werden nach Ergebniskennzahlen (*lagging indicators*) und Leistungstreibern bzw. Einflusskennzahlen (*leading indicators*) unterschieden.
- Innerhalb der vier Perspektiven werden sog. generische, strategische Kernaspekte definiert, die grundsätzlich für jedes Unternehmen relevant sind.
- Im Gegensatz zu den Ergebniskennzahlen sind die Leistungstreiber unternehmensspezifisch.

Dyllick/Schaltegger (2001), Schaltegger/Dyllick (2002) und Schaltegger/Wagner 2006) haben die die *Balanced Scorecard* (BSC) zu einer *Sustainability Balanced Scorecard* (SBSC) weiterentwickelt (vgl. auch Schmid 1999 zum Konzept einer „Ecologically Balanced Scorecard").

Merksatz

Die *Sustainability Balanced Scorecard* ist ein kennzahlenorientiertes Instrument des strategischen Nachhaltigkeitsmanagements. Es dient der Steuerung der Umweltleistung im Unternehmen.

Ziel der SBSC ist die Integration der Nachhaltigkeitsdimensionen Ökologie und Soziales innerhalb der klassischen Perspektiven der BSC (Schaltegger/Wagner 2006, S. 162f.). Damit bietet dieses Instrument die Möglichkeit, den ökonomischen Nutzen eines effektiven Umwelt- und Sozialmanagements begründbarer, nachvollziehbarer und sichtbarer zu machen (Schaltegger/Dyllick 2002, S. 37).

Die SBSC weist folgende Merkmale auf (Schaltegger/Dyllick, 2002, S. 38ff.):

- nicht-monetäre und qualitative Erfolgsgrößen, wie sie im Umwelt- und Sozialbereich oft zu finden sind, werden berücksichtigt,
- setzt die Vision der Nachhaltigkeit stringent in Managementprozessen um,
- zeigt Kausalbeziehungen auf. Dadurch können die mit einer Strategie verbundenen Nachhaltigkeitsbeiträge abgeschätzt und transparent gemacht werden.
- wirkt koordinierend und integrativ und legt Umwelt- und Sozialaspekte von Unternehmensstrategien offen.

Für die *Sustainability Balanced Scorecard* schlagen Hahn et al. (2002, S. 55f.) drei Varianten vor:

- *Integration* von Umwelt- und Sozialaspekten in die vier Perspektiven der BSC.
- *Erweiterung* der BSC um eine spezifische Nachhaltigkeitsperspektive als fünfte Perspektive. Damit werden nicht-marktliche Nachhaltigkeitsaspekte zum Ausdruck gebracht. Dieses Vorgehen bietet sich an, wenn Nachhaltigkeitsaspekte eine hohe strategische Relevanz für das Unternehmen besitzen. Diese Variante ist in Abb. 42 dargestellt.
- Ableitung einer speziellen SBSC aus einer vorhandenen BSC.

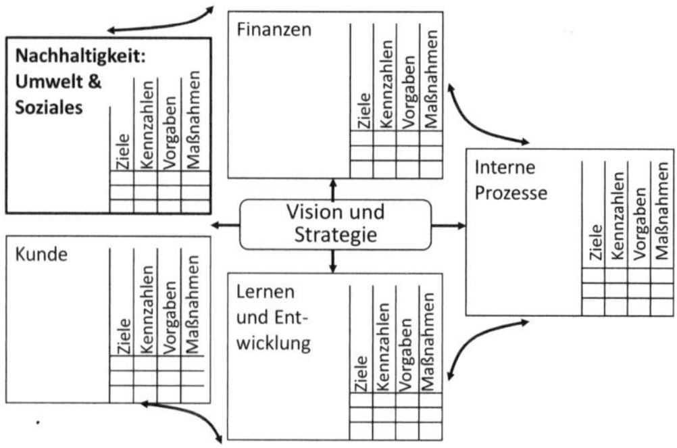

Abb. 42: Grundmodell einer Sustainability Balanced Scorecard (SBSC)

Quelle: in Anlehnung an Hahn et al. 2002, S. 59

☐ Kontrollfragen

[1] Was ist ein Nachhaltigkeits-Audit?

[2] Was ist der Unterschied zwischen einem Compliance Audit und einem System Audit?

[3] Welche sind die Kernindikatoren der EMAS-Verordnung?

[4] Welche sind die Teilbereiche des ISO 14001-Kreislaufes?

[5] Aus welchen Elementen besteht ein Sozialmanagementsystem?

[6] Welche sind die Grundsätze und die Kernthemen der ISO 26000 Norm?

[7] Welche sind die Funktionen des Nachhaltigkeitscontrollings?

3 Nachhaltiges Konsumentenverhalten

3.1 Ethischer und nachhaltiger Konsum

Lernziele

Nach Lektüre dieses Kapitels sollten Sie …

- wissen, wie ethischer Konsum begründet wird und welche Formen er annehmen kann.
- Gemeinsamkeiten und Unterschiede zwischen nachhaltigem und ethischem Konsum erläutern können.
- den umweltbewussten Konsum in seinen Ursachen und das Umweltbewusstsein in seiner Wirkung erklären können.
- den fairen Konsum in seinen Ursachen und das faire Konsumbewusstsein in seiner Wirkung erklären können.

3.1.1 Ethischer Konsum

Im Zusammenhang mit dem nachhaltigen Konsumentenverhalten wird oft der Begriff ethischer Konsum verwendet.

Merksatz

Ethischer Konsum (*Ethical Consumerism*) wird als Oberbegriff für sämtliche Konsumhandlungen aufgefasst, die unter Beachtung ethischer bzw. moralischer Standards (z.B. Rechtschaffenheit, Ehrlichkeit, Gerechtigkeit und Fairness) ausgeübt werden.

Ethisches Konsumentenverhalten ist, ganz allgemein betrachtet, motiviert aus einer Mischung von Eigeninteressen (*self-interest*; z.B. eigene Gesundheit, selbst Spaß haben) und empfundenen moralischen Verpflichtungen (*pro-social motives*) für andere Personen, für zukünftige Generationen, für andere Lebewesen und für die Umwelt als Ganzes (vgl. Bamberg/Möser 2007, S. 15). Dementsprechend kann vom „ethischen Konsumentenverhalten" gesprochen werden, wenn Konsumenten bei Kaufentscheidungen nicht nur von egoistischen (*self-centered*), sondern auch von ökologischen und sozialen Motiven (*other-oriented*) geleitet sind (vgl. Kirchgässner 2000, S. 16). In solchen Fällen treffen Konsumenten Kaufentscheidungen (gänzlich oder teilweise) aus Gewissensgründen. Ethische Konsummotive sind solche, die den Konsum moralisch begründen und darauf lenken, nur solche Produkte zu kaufen, die nach dem Gewissen als richtig, fair und gerecht eingeschätzt werden (Carroll 1991). *"Ethical consumption is the conscious and deliberate choice to make certain consumption choices due to personal and moral beliefs"* (Carrigan et al. 2004, S. 401). Ethischer Konsum kann als eine ganzheitliche, nicht in einzelne Bereiche teilbare Konsumform aufgefasst werden (vgl. Carrigan/Attalla 2001; Shaw/Shiu 2002). Diese Position stützt sich auf das Argument, dass ein ethischer Konsumstil Produkte erfordert, die umfassend und nicht nur in Teilaspekten eine ethische Qualität aufweisen müssen (vgl. Harrison et al., 2005). Zweckmäßiger ist es, ethischen Konsum als Oberbegriff für Konsumhandlungen aufzufassen, die ein Konsument aus der moralischen Verpflichtung (*moral obligation*) heraus, ethische Gesichtspunkte beim Konsum zu berücksichtigen, ausübt. Nach diesem Verständnis ist ethischer Konsum kein holistisches Phänomen, sondern entspricht einem Konsummuster mit unterschiedlichen ethischen Bezügen. Ökologische und soziale Qualitäten eines Produkts stellen für den Konsumenten verschiedene Kaufkriterien mit unterschiedlicher individueller Wichtigkeit dar.

Um ethisches Konsumentenverhalten verstehen zu können, müssen einzelne Teilbereiche ethischen Konsums identifiziert und hinsichtlich unterschiedlicher, zugrunde liegender Kaufverhaltensprozesse voneinander abgegrenzt werden. Dafür, dass ein Konsument ein Produkt bevorzugt, weil es vergleichsweise die Umwelt weniger belastet als andere (*green products*), weil es unter Einhaltung humaner Arbeitsbedingungen hergestellt wurde (*fair products*) oder weil dadurch Tiere vor Quälerei geschützt werden (*cruelty-free pro-*

ducts), können sehr unterschiedliche Erklärungsansätze herangezogen und Wirkungsstrukturen vermutet werden (vgl. Auger/Devinney 2007, S. 362; Crane 2001 S. 362; Shaw et al. 2006a, S. 428). Hinsichtlich der Trennung von umwelt- und sozialverträglichem Konsum weisen schon Anderson et al. 1974 (S. 310) darauf hin, dass „*[...] it would appear to be unwise to interpret socially and ecologically responsible consumers as constituting a single market segment*". Insgesamt spricht also vieles dafür, soziale und ökologisch orientierte Kaufentscheidungen zwar als interagierende, aber dennoch als eigenständige Phänomene ethischen Konsums aufzufassen. Die moralische Verpflichtung (*obligation for others*) eines ethischen Konsumenten zeigt sich in der Übernahme von Verantwortung für andere Menschen, für Tiere und für die Umwelt (Barnett et al. 2005, S. 13). Es sollen deshalb drei Formen ethischen Konsums unterschieden werden: der umweltverträgliche Konsum (Konsum zum Schutz der natürlichen Umwelt), der soziale Konsum (Konsum in Verantwortung für andere Menschen) und der tierschützende Konsum (vgl. auch Anderson et al. 1974; de Pelsmacker et al. 2005, S. 363; Hiscox/Smyth 2006; Roberts 1995, S. 109; Shaw et al. 2006a, S. 428; vgl. Abb. 43).

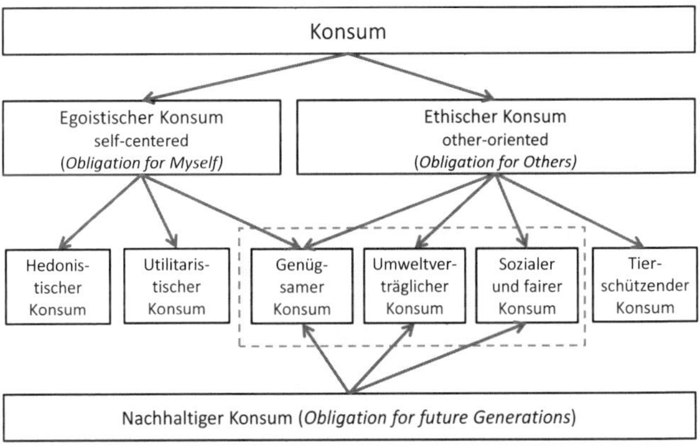

Abb.: 43: Klassifikation ethischen und nachhaltigen Konsums

3.1.2 Nachhaltiger Konsum

Insbesondere die Produktions- und Konsumweisen der westlichen Industriestaaten werden in der *Agenda 21 der Vereinten Nationen* als Hauptverursacher für die fortschreitende weltweite Umweltverschmutzung verantwortlich gemacht. Auch wenn die Güterproduktion den größten Anteil an der Umweltverschmutzung verantwortet, so ist auch der Konsum zu einem erheblichen Umfang daran beteiligt (Bogun 2012, S. 25). Insofern gibt es im privaten Konsum ein enormes Nachhaltigkeitspotenzial, das durch konkretes Handeln der Konsumenten ausgeschöpft werden kann. Dazu muss allerdings der Einzelne zum nachhaltigen Konsum willens und fähig sein (vgl. auch Hansen/Schrader 1999; Reisch/Scherhorn 1998).

Nachhaltig zu konsumieren bedeutet, die eigenen Bedürfnisse zu befriedigen, ohne die Lebens- und Konsummöglichkeiten anderer Menschen (*Prinzip der intra-generativen Gerechtigkeit*) und zukünftiger Generationen (*Prinzip der inter-generativen Gerechtigkeit*) zu gefährden (vgl. Belz/Peattie 2009; Belz et al. 2007). Nachhaltiger Konsum impliziert insofern eine Verpflichtung des Einzelnen, einen Beitrag dafür zu leisten, dass zukünftigen Generationen angemessene Lebens- und Konsummöglichkeiten erhalten bleiben (*obligation for future generations*). Entsprechend der allgemeinen Definition nachhaltigen Wirtschaftens der *UN Weltkommission für Umwelt und Entwicklung* (WCED) kann analog von nachhaltigem Konsum gesprochen werden, *„wenn er zur Bedürfnisbefriedigung der heute lebenden Menschen beiträgt, ohne die Bedürfnisbefriedigungsmöglichkeiten zukünftiger Generationen zu gefährden"* (Hansen/Schrader 2001, S. 22). Als ein Aspekt sozialen Handelns richtet sich nachhaltiger Konsum (*sustainable consumption*) nicht nur auf die Befriedigung persönlicher Bedürfnisse, sondern auch auf eine Berücksichtigung ökologischer und sozialer Belange.

Das Konzept der nachhaltigen Entwicklung stützt sich auf die drei Dimensionen bzw. Säulen Ökonomie, Ökologie und Gesellschaft. Entsprechend sind ökologische und soziale Konsumformen auch ethisch. Die ökonomische Komponente nachhaltigen Konsums bildet der genügsame, selbstbeschränkende Konsum (*voluntary simplicity;* vgl. Leonard-Barton 1981), der sowohl egoistischen (Sparsamkeit, um knappe finanzielle Mittel zu schonen) als auch ethischen Konsumformen (freiwilliger Konsumverzicht aus Gründen der Ressourcenschonung) zugeordnet werden kann (vgl. Shaw/ Newholm 2002; vgl. Abb. 43).

3.1.3 Der Handlungsspielraum für den nachhaltigen Konsum

Als zentraler (Mit-)Verursacher einer fortschreitenden Umweltzerstörung und zumindest mittelbar (Mit-)Verantwortlicher für soziale Missstände in Herstellerbetrieben verfügen Konsumenten, positiv formuliert, über Handlungsoptionen, durch ein verändertes Konsumverhalten sowohl Umweltbelastungen als auch soziale Problemlagen zu verringern. Nachhaltige Konsumstile erfordern die Umsetzung dieses Leitbildes der Nachhaltigkeit auf individuelle Konsumprozesse. Erklärungsansätze nachhaltigen Konsums müssen dementsprechend sowohl auf der Makroebene (Institutionen und Rahmenfaktoren) als auch auf der Mikroebene (individuelle Determinanten) ansetzen und beide Bereiche miteinander verknüpfen. Diese Verknüpfung der Makro- mit der Mikroebene wird im Modell von Gatesleben/Vlek (1998, S. 146) sehr gut dargestellt (Abb. 44).

Die *Makroebene* wird repräsentiert durch Rahmenfaktoren wie Technologie, Wirtschaft, Demographie, Gesellschaft, Medien und Kultur. Als wesentliche Determinanten individueller Konsumentscheidungen und nachhaltiger Konsumstile erfasst das Modell Bedürfnisse, Konsum- und Kaufgelegenheiten sowie individuelle Fähigkeiten, den Nachhaltigkeitsanspruch in individuelles Konsumverhalten umzusetzen. *Individuelle Bedürfnisse* bzw. Motive (z.B. umweltbewusst zu handeln) beeinflussen die Nutzenbewertung und damit die Präferenz für nachhaltige Produkte. Sie sind verknüpft mit persönlichen Normen (z.B. Moralvorstellungen), Werten, Einstellungen, Überzeugungen und Kenntnissen sowie mit der Wahrnehmung sozialer Konsumnormen (z.B. Erwartungen von Freunden). Die hieraus entstehende Konsumabsicht kann durch die Faktoren Fähigkeiten und Gelegenheiten zum nachhaltigen Konsum beschränkt, behindert oder sogar in ihrer Umsetzung verhindert werden.

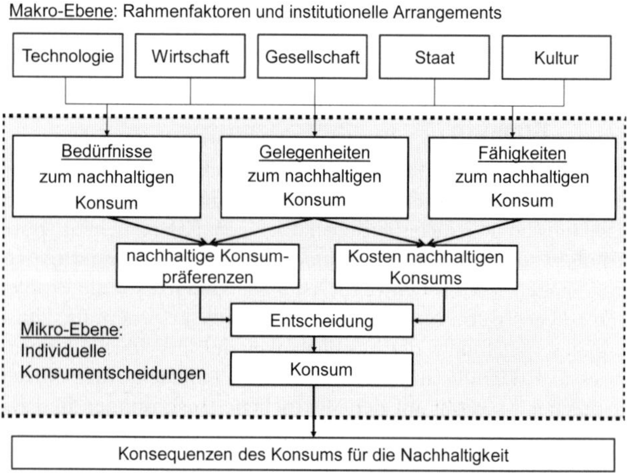

Abb. 44: Das Bedürfnis-Gelegenheits-Fähigkeits-Modell zum Konsumentenverhalten

Quelle: in Anlehnung an Gatesleben/Vlek 1998, S. 146

Individuelle Konsumfähigkeiten umfassen finanzielle, zeitliche, räumliche, kognitive und physische Ressourcen, die beim Kauf und Konsum nachhaltiger Produkte aufgebracht werden müssen (z.B. Zahlung eines Mehrpreises für ein nachhaltiges Produkt). Als *Gelegenheiten* werden solche Faktoren bezeichnet, die dem Konsumenten einen nachhaltigen Konsumstil erst ermöglichen (Verfügbarkeit an Nachhaltigkeitsprodukten). Alle drei Faktoren, Bedürfnisse, Fähigkeiten und Gelegenheiten, definieren gemeinsam den individuellen Handlungsspielraum beim Kauf nachhaltiger Produkte. Damit sind die Handlungsoptionen gemeint, die das Konsumverhalten ökologischer und sozialer ausrichten können. Kaufentscheidungen reflektieren sowohl die Präferenzen (erwartete Bedürfnisbefriedigung) als auch die wahrgenommenen Kosten (z.B. der Produktpreis) nachhaltiger

Produkte. Welche Konsumoptionen ergriffen werden und mit welcher Intensität, ist von persönlichen, sozialen und infrastrukturellen Bedingungen abhängig. Die Förderung nachhaltiger Konsumstile muss an diesen drei Bedingungen ansetzen: Bedürfnisse zur Nachhaltigkeit ansprechen, Gelegenheiten zum nachhaltigen Konsum schaffen und Fähigkeiten zu nachhaltigem Konsum ausbilden.

3.1.4 Umweltverträglicher Konsum

(1) Determinanten, Bereiche und Optionen umweltverträglichen Konsums

Das umweltverträgliche Konsumentenverhalten (*green consumption*) ist schon sehr intensiv mit einem weiten Spektrum an Ergebnissen erforscht worden (vgl. u.a. Anderson/Cunningham 1972; Auger et al. 2003; Balderjahn 1986, 1988; Dunlap/van Liere 2008; Gardner/Stern 1996; Kinnear et al. 1974; Maloney/Ward 1973; Meffert/Kirchgeorg 1997; Roberts/Bacon 1997; Schlegelmilch et al. 1996). Das wesentliche Anliegen der Forschung liegt in der Erklärung umweltverträglicher Konsumentscheidungen und -handlungen. Bamberg/Möser (2007, S. 16) gehen auf der Basis der *Theorie geplanten Verhaltens (TPB)* von Ajzen (1991) und des *Norm-Aktivierungsmodells* (NAM) von Schwartz (1977) davon aus, dass umweltverträgliches Verhalten im Wesentlichen vom Umweltbewusstsein (*pro-environmental attitude*), vom Grad der persönlichen Kontrolle und von der moralischen Norm bestimmt wird. Nach der TPB bildet sich die Einstellung zum Kauf als Prozess rationalen Abwägens zwischen den Vor- und Nachteilen der jeweiligen Konsumkonsequenzen. Der Kauf selbst, bzw. die mental davor gelagerte Intention zum Kauf eines Produkts, ist allerdings nicht nur von der Einstellung abhängig, sondern auch davon, inwieweit eine Person sich selbst dazu fähig hält, eine einmal getroffene Entscheidung auch wirklich umzusetzen (*perceived behavioural control*). Die dritte Erklärungsgröße nach dem Modell von Bamberg/Möser (2007) ist die moralische Norm, die nach dem NAM als „*feelings of strong moral obligations that people experienced for themselves to engage in pro-social behaviour*" definiert wird (Bamberg/Möser 2007, S. 15).

Neben den persönlichen Größen Einstellung bzw. Bewusstsein, Handlungskontrolle und moralische Norm nach dem Modell von Bamberg/Möser (2007) werden auch noch weitere *individuelle Determinanten* zur Erklärung umweltfreundlicher Konsumstile vermutet (vgl. Abb. 45). So werden oft auch demografische Merkmale zur Erklärung des Konsumverhaltens herangezogen (z.B. Geschlecht, Alter, Bildung, sozialer Status). Soziale Normen, d.h. an das Individuum herangetragene Verhaltenserwartungen anderer, die Kultur sowie die Thematisierung nachhaltigkeitsbezogener Aspekte in den Medien (sog. *Agenda Setting*) stellen relevante *soziale Determinanten* des nachhaltigen Konsumentenverhaltens dar. Zur Gruppe der *situativen Determinanten* gehören Gelegenheiten zum Konsum (z.B. Angebot nachhaltiger Produkte), politische Maßnahmen zur Förderung nachhaltiger Produkte (Anreiz-Konstellation) und Faktoren am *Point of Sale* (z.B. verkaufsfördernde Maßnahmen).

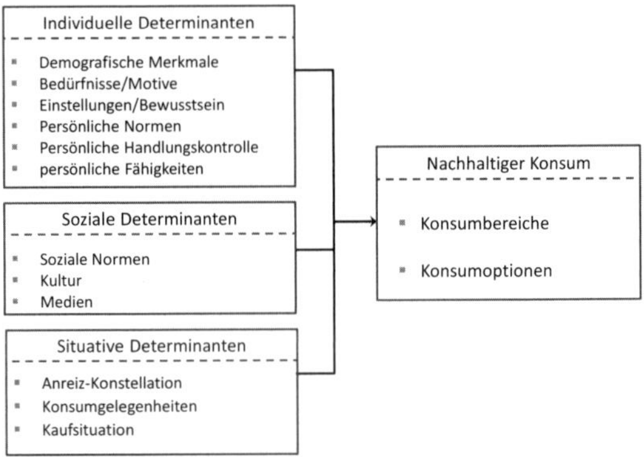

Abb. 45: Erklärungsmodell umweltfreundlicher Konsumstile

Soziodemokratische Merkmale haben in vielen empirischen Studien keinen wesentlichen Beitrag zur Erklärung umweltverträglicher Kaufentscheidungen geleistet (vgl. Schlegelmilch et al. 1996, S. 36). Auch viele psychische Merkmale wie z.B. Werthaltungen weisen nur einen eher enttäuschenden Erklärungshintergrund auf (vgl. Schlegelmilch et al. 1996, S. 36). Das *Umweltbewusstsein* hingegen, darauf verweisen zahlreiche Studienergebnisse, erweist sich als eine wichtige Determinante umweltverträglichen Konsums (vgl. Bohlen et al. 1993; Schlegelmilch et al. 1996, S. 48). Der umweltverträgliche Konsum hat viele Facetten, die separat, anstatt undifferenziert analysiert werden sollten. So weisen der Kauf von umweltverträglichen Konsumgütern (vgl. Bohlen et al. 1993; Kinnear/Taylor 1973), das Energiesparverhalten (vgl. Hseueh/Gerner, 1993; Poortinga et al., 2004; Schlegelmilch et al., 1996, S. 40f.), das Mobilitätsverhalten (Balderjahn 1993), das Recycling (vgl. Arbuthnot/Lingg, 1975; Bohlen et al., 1993) und der sozialorientierte Konsum (Balderjahn/Peyer 2012a) spezifische Verhaltens- und Erklärungsmuster auf. Zum sozialen bzw. fairen Bewusstsein liegen ermutigende Ergebnisse vor (vgl. Balderjahn/Peyer 2012b).

Relevante Bereiche umweltfreundlichen Konsums sind Verkehr und Mobilität, Energieverbrauch, Konsumgüter und Recycling (vgl. Abb. 46). Auf der Mikroebene stellen sich für den umweltbewussten Konsumenten in diesen verschiedenen *Konsumbereichen* unterschiedliche *Konsumoptionen* zur Auswahl:

- Suche nach relevanten Informationen über nachhaltige Unternehmen (solche mit einer CSR) sowie über umweltfreundliche Produkte und Dienstleistungen (*Informationsoption*),
- Bewusster Verzicht auf Produkte (*anti-consumption motives*; vgl. Cherrier 2009) bzw. eingeschränkter Genuss solcher Produkte, die Kriterien der Nachhaltigkeit nicht erfüllen, zugunsten genügsamerer Konsumstile (*voluntary simplicity*). Hiermit ist verbunden, dass sich Lebens- und Konsumstile in Richtung nachhaltiger und zukunftsfähiger Lebensformen verändern (*Suffizienz-Option*),
- Kauf des jeweils relativ nachhaltigsten Produkts innerhalb einer Produktgruppe (*Effizienz-Option*),
- Nachhaltige Nutzung von Produkten und Dienstleistungen (*Effizienz-Option*),
- *Nachhaltige Verwertung* und Entsorgung von Produkten (*Recycling-Option*).

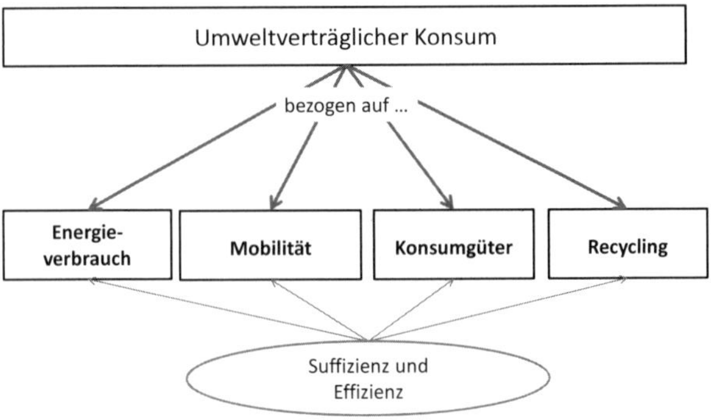

Abb. 46: Formen umweltverträglichen Konsums

Hinsichtlich der Effizienz-Option muss allerdings angemerkt werden, dass hier sog. *Rebound-Effekte* eintreten können. Gemeint ist damit, dass durch Einsparungen infolge des Kaufs oder der Nutzung effizienterer Produkte (z.B. Kühlschränke mit geringerem Energieverbrauch, Pkw mit günstigerem Benzinverbrauch), eine vermehrte Nutzung dieser Produkte (z.B. Pkw, direkter Rebound) oder die Verwendung gesparter Kosten für den Kauf anderer Produkte (indirekter Rebound) der Ressourcen sparende Effizienzeffekt abgeschwächt oder sogar überkompensiert werden kann. Ein Großteil der Effizienzvorteile neuer Technologien und Produkte könnte so wieder rückgängig gemacht werden (vgl. Santarius 2012).

(2) Das Umweltbewusstsein von Konsumenten

Dem Umweltbewusstsein wird eine zentrale Bedeutung zur Erklärung umweltfreundlichen Konsumentenverhaltens beigemessen. Das Umweltbewusstsein kann als ein *„Umbrella-Konzept"* bezeichnet werden, da es sich auf sehr viele und teilweise recht unterschiedliche Einzelaspekte des Umweltschutzes richtet. Grundlage und Basis der Nachhaltigkeit ist der Umweltschutz. Aus diesem Grund liegen zum Umweltbewusstsein (*environmental concern*) von Konsumenten zahlreiche Untersuchungen vor (Balderjahn 1986, 1988; Bohlen et al. 1993; Maloney/Ward 1973; Meffert/Bruhn 1996; Müller et al. 2007; Schlegelmilch et al. 1996; Wimmer 1995, Zimmer et al. 1994).

☐ Merksatz

> Umweltbewusstsein wird als Einsicht, dass das eigene Verhalten Umweltschäden verursacht, verbunden mit der Bereitschaft, durch eigenes Handeln diese Belastungen zu vermeiden bzw. zu minimieren, definiert.

Umweltfreundliche Konsumenten berücksichtigen die ökologischen Konsequenzen ihrer Konsumgewohnheiten. Sie wissen, dass Herstellung, Verwendung, Verwertung und Entsorgung von Produkten und Dienstleistungen Umweltbelastungen verursachen, und versuchen, schädliche Umwelteinwirkungen durch eigenes Handeln bewusst zu minimieren bzw. vollständig zu vermeiden.

In der *demoskopischen Forschung* wird das Umweltbewusstsein der Menschen oft als Stellenwert des Umweltschutzes im Vergleich zu anderen gesellschaftlichen Problemen erfasst (sog. *„Sorgen der Nation"*). Das Umweltbundesamt (www.umweltbundesamt.de) führt seit Anfang der 1990er Jahre im Zweijahresrhythmus repräsentative Umfragen zum Umweltbewusstsein in Deutschland durch. Danach verliert der Umweltschutz im Vergleich zu anderen Problemen seit 1990 kontinuierlich an Wertschätzung in der allgemeinen Bevölkerung. Auf die Frage *„Was glauben Sie, ist das wichtigste Problem, dem sich unser Land gegenüber sieht"*, nannten 1990 noch 60% der Bevölkerung den Umweltschutz. Seit dem Jahr 2000 sind es nur noch rund 20%, die den Umweltschutz als das wichtigste Problem ansehen (Abb. 47). Themen wie Arbeitslosigkeit sowie Wirtschafts- und Finanzpolitik haben den Umweltschutz 2010 in der Problemwahrnehmung der Bevölkerung überholt.

„Was glauben Sie, ist das wichtigste Problem, dem sich unser Land gegenüber sieht"

Umweltschutz unter den ersten beiden Nennungen gaben an in Prozent:

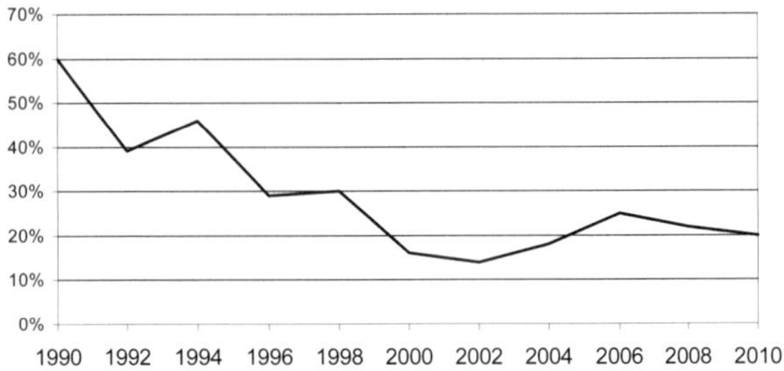

Abb. 47: Stellenwert des Umweltschutzes in der Bevölkerung
Quelle: UBA: Umweltbewusstsein in Deutschland, von 1990 bis 2010

Das Umweltbewusstsein, das als *psychisches Konstrukt* die Tendenz eines Konsumenten ausdrückt, bevorzugt umweltverträgliche Produkte zu konsumieren, kann allerdings durch eine so einfache Frage nicht valide gemessen werden. Es handelt sich vielmehr um ein mehrdimensionales Konstrukt, das umweltbezogene Aspekte des menschlichen Wert-Einstellungs-Systems erfasst (Müller et al. 2007, S. 11f.; Wimmer 1995, S. 268). Deshalb wird das Umweltbewusstsein oft im Sinne des *Dreikomponenten-Modells* der Einstellung konzeptualisiert (Meffert/Bruhn 1996; Wimmer 1995, S. 268f.; zum Dreikomponentenmodell Balderjahn/Scholderer 2007, S. 65f.). Danach werden sowohl das Wissen um die Umweltprobleme (*kognitive Komponente*) als auch die Einsicht in umweltgefährdende Konsequenzen des eigenen Verhaltens (*affektive Komponente*) sowie die Bereitschaft zum umweltgerechten Verhalten (*konative Komponente*) zum Umweltbewusstsein zusammengefasst. Inzwischen sind zahlreiche Skalen zur Messung des Umweltbewusstseins entwickelt und erprobt worden (vgl. Müller et al. 2007).

Die *Gesellschaft für Konsumforschung* (GfK) ermittelte von 1985 bis 2007 (seit 1990 auch in Ostdeutschland) in Repräsentativerhebungen das Umweltbewusstsein in der Bevölkerung anhand von elf 5-poligen Zustimmungsfragen zu Aspekten wie umweltbezogene Werthaltungen und Einstellungen, Selbstverantwortung und wahrgenommenes Handlungspotenzial (Konsumenteneffektivität), Opferbereitschaft für den Umweltschutz sowie umweltbezogene Verhaltensweisen (z.B. *„Die Erhaltung der Natur ist mir wichtiger als ein weiteres Wachstum"*, *„Für den Umweltschutz muss man persönlich auch erhebliche Einschränkungen in Kauf nehmen"*). Mittels einer Clusteranalyse wurden hieraus unterschiedliche umweltbewusste Konsumentengruppen (*Typologie umweltfreundlicher Konsumenten*) abgeleitet. Diese Typologie unterscheidet die Gruppe der *„Nicht-Umweltbewussten"*, die zu keinerlei Einschränkungen zugunsten der Umwelt bereit sind, von der Gruppe der *„Umweltbewussten"*. Die Gruppe der *„Umweltbewussten"* wird weiter aufgeteilt in die *„Umwelt-Aufgeschlossenen"* und die *„Umwelt-Aktiven"*. Nur die *„Umwelt-Aktiven"* (sog. *Kerngruppe*) leisten auch dann einen Beitrag zum Umweltschutz, wenn damit erhebliche persönliche Einschränkungen verbunden sind. Die Datenerhebung erfolgte aus Vergleichsgründen von 1990 bis 2005 getrennt für Ost- und Westdeutschland (vgl. Abb. 48).

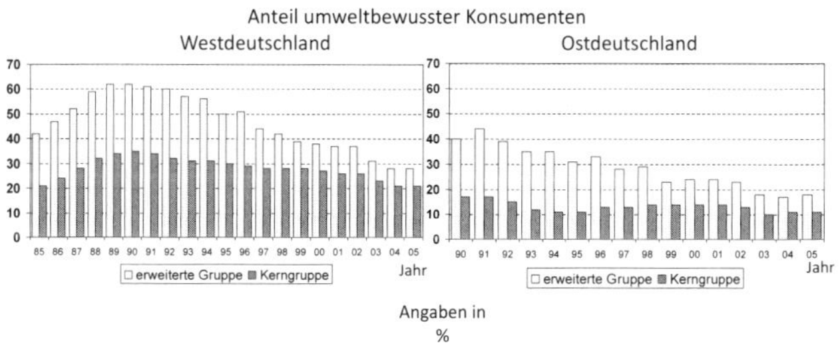

Abb. 48: Umweltbewusstsein in Deutschland (West und Ost)
Quelle: GfK Panel Services Consumer Research GmbH

Der Anteil der umweltbewussten Konsumenten im Westteil Deutschlands hat seit Anfang der 1990er Jahre von 62% auf 28% stetig abgenommen. Auch die Kerngruppe reduzierte sich von 35% (1990) auf 21% (2005). Insgesamt verringerte sich die Kerngruppe relativ weniger stark als die erweiterte Gruppe. Sozial erwünschte Lippenbekenntnisse sind also stark zurückgegangen. Im Osten war der Anteil umweltbewusster Konsumenten schon 1990 deutlich geringer als im Westen. Auch hier ist das Umweltbewusstsein bis heute weiter rückläufig. Die Kerngruppe im Osten ist nur ca. halb so groß wie die im Westen der Republik (vgl. Abb. 48). Auf Gesamtdeutschland bezogen betrug 2007 der Anteil der Umweltbewussten 29%. Davon gehörten 20% zur Kerngruppe (GfK Haushaltspanel). Seit 2011 setzt die GfK den sog. *Global Green Index* ein, der aus den 7 Subindizes Abfall/Recycling/Entsorgung, Energieversorgung allgemein, Energie im Haushalt, Konsum und Produktion, Mobilität, Umweltschutz und Ressourcen sowie Tourismus besteht (www.gfk.com).

Internationale Daten zum Umweltbewusstsein und zum umweltverträglichen Konsum sind vom *Consumer Greendex* (*Consumer Choice and the Environment - A Worldwide Tracking Survey*) zu bekommen (www.nationalgeographic.com/greendex). Zum vierten Mal wurden 2012 von *National Geographic* gemeinsam mit dem Markt- und Meinungsforschungsinstitut *GlobalScan* der *Greendex* ermittelt. Dabei handelt es sich um eine Befragung von ca. 17.000 Konsumenten in 17 Ländern zum Konsumverhalten in den Bereichen Haushalt, Mobilität, Lebensmittel und Konsumgüter sowie zum Wissen über Umweltthemen und zur Einstellung zur Umwelt. Diese Befragungsdaten werden zu einem individuellen Index-Wert zwischen 0 und 100 zusammengefasst. Der Index erfasst die Auswirkung (*impact*) des Konsumverhaltens eines durchschnittlichen Konsumentens eines Landes auf die Umwelt. Nach den Ergebnissen für 2012 sind negative Auswirkungen auf die Umwelt durch den individuellen Konsum in Indien, China und Brasilien am geringsten und in Frankreich, Japan, Kanada und den USA am größten. Deutschland liegt an Position 9 von den 17 untersuchten Ländern. Nicht nur die Auswirkungen des Konsums auf die Umwelt, auch in der Wertschätzung des Umweltschutzes unterscheiden sich Länder und Kulturen. Dies haben kulturvergleichende Untersuchungen gezeigt (z.B. Ottman 1994, S. 6; Sutton/Al-Khatib 1994).

3.1.5 Sozialer Konsum

Während das umweltverträgliche Konsumentenverhalten (*green consumption*) schon sehr intensiv mit einem weiten Spektrum an Ergebnissen erforscht wurde (vgl. u.a. Anderson/Cunningham 1972; Balderjahn 1988; Dunlap/van Liere 2008; Gardner/Stern 1996; Schlegelmilch et al. 1996), liegen zum sozial orientierten Konsum noch vergleichsweise wenige wissenschaftliche Untersuchungen vor (vgl. Balderjahn/Peyer 2012a,b). Sozialer Konsum kann allgemein als Verhalten *„that are intended to help or benefit another individual or group of individuals"* (Eisenberg/Mussen 1989, S. 3) aufgefasst werden. Der soziale Konsum kann in die drei folgenden interagierenden, aber eigenständigen Bereiche untergliedert werden (Balderjahn/Peyer 2012a; vgl. Abb. 49):

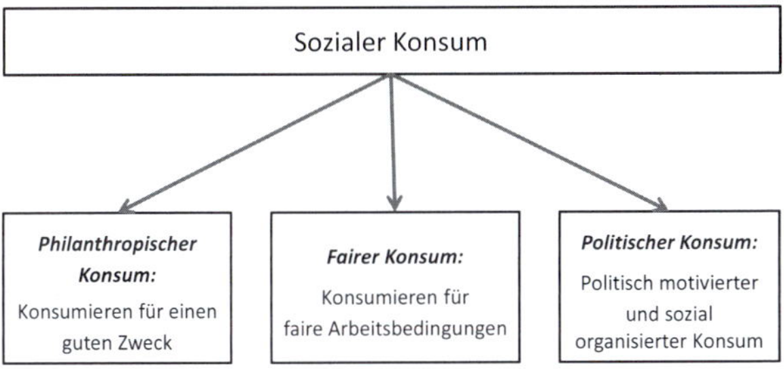

Abb. 49: Formen sozialen Konsums

- *Philanthropischer Konsum*: Konsumieren für einen guten Zweck, um anderen zu helfen (z.B. Spenden im Rahmen einer *Cause-related Marketing* Kampagne; vgl. Oloko/Balderjahn 2011; Varadarajan/Menon 1988). *Cause related Marketing* (CrM) ist ein Marketinginstrument, das den Kauf eines Produktes oder einer Dienstleistung mit einem guten, sozialen Zweck verbindet.
- *Politischer Konsum*: Konsumieren als Form demokratischer Abstimmungsprozesse durch tägliches Kaufverhalten (vgl. Dolan 2002; Shaw et al. 2006b). Konsumenten können auf unethisches

bzw. vorbildliches Verhalten von Unternehmen durch *Boykotts* bzw. *Buycotts* reagieren (auch *Anti-brand Communities*, *Shaming-Kampagnen*; vgl. Brenton/ten Hacken 2006; Castaldo et al. 2009; Carrigan et al. 2004, S. 404ff.; Maignan 2001; Pomering/Dolnicar 2006; Sen/Bhattacharya 2001; Stolle et al. 2005). Mit *Boykotts* können über unethische bzw. unveantwortliche Geschäftspraktiken (*Corporate Social Irresponsibility*: CSI) von Unternehmen empörte Konsumenten reagieren. Typischerweise entstehen *Konsumentenboykotts* in einem kollektiven Kontext. Sie können für das einzelne Unternehmen empfindliche Reputations- bis hin zu finanziellen Schäden nach sich ziehen. Beispiele sind Boykotte gegen *Nestlé*, wegen der Vermarktung von Säuglingsnahrung in Afrika, und gegen *Shell*, wegen der geplanten Versenkung der Ölverladestation *Brent Spar* in der Nordsee (vgl. Lindenmeier/Tscheulin 2008, S. 554). Theoretisch wird der Boykotterfolg als öffentliches Gut aufgefasst. Da auch nicht-boykottierende Konsumenten im Falle eines Boykotterfolges in den Genuss davon kommen, kann es für den Einzelnen rational sein, sich nicht an dem Boykott zu beteiligen (*Trittbrettfahrer*; vgl. Lindenmeier/Tscheulin 2008, S. 560). Klein et al. (2004) beschreiben und prüfen empirisch vier Motive für die Entscheidung, an einem Boykott teilzunehmen. Dazu legen sie einen Kosten-Nutzen-Ansatz zugrunde:

  - Der erwartete Nutzen einer Boykotthandlung (*Willingness to Boycott*)
  - Steigerung des Selbstwertgefühls durch die Teilnahme am Boykott (*Self-enhancement* z.B. Bewunderung von anderen und Vermeidung sozialer Kritik)
  - Kosten der Boykottteilnahme (*Counterarguments*: z.B. dass Arbeitsplätze gefährdet sind, wenn ein Unternehmen boykottiert wird)
  - Ungewollter Verzicht auf ein präferiertes Produkt, wenn dieses boykottiert werden soll (*Constrained consumption*)

- *Fairer Konsum:* Konsumieren unter Berücksichtigung der Einhaltung menschenwürdiger Arbeitsbedingungen und fairer Entlohnung bei der Herstellung der Produkte.

3.1.6 Fairer Konsum

(1) Grundlagen

Merksatz

Unter *fairem Konsum* werden Kaufentscheidungen verstanden, die unter Berücksichtigung der Gewährleistung menschenwürdiger Arbeitsbedingungen und fairer Entlohnung bei der Herstellung der Produkte durch den Anbieter erfolgen.

Solche Produkte werden auch als *„faire Produkte"* bezeichnet (Fairness als Produktmerkmal; vgl. de Pelsmacker et al. 2005, S. 367; Smith 2001, S. 143ff.). Dazu gehören vor allem Produkte mit einem Fairtrade-Siegel. Produkte tragen dann ein *Fairtrade-Siegel*, wenn die Hersteller die Standards der Fairtrade Siegel-Organisation FLO (*Fairtrade Labelling Organizations International*) einhalten. Insbesondere geht es der Fairtrade-Bewegung darum, die Lebens- und Arbeitsbedingungen von Bauern und Beschäftigten in den armen Ländern dieser Welt zu verbessern. Fairer Handel ist heute einer der am schnellsten wachsenden Märkte der Welt. Dabei sind Europa und die USA mit Abstand die größten Märkte für fair gehandelte Produkte. Weltweit stieg der Umsatz mit fairen Produkten 2010 um 28% auf 4,36 Mrd. Euro (*GlobeScan* 2011b). In Deutschland werden in über 36.000 Geschäften rund 1.000 Produkte in 19 verschiedenen Produktkategorien mit dem Fairtrade-Siegel verkauft. Der Umsatz betrug hier 2010 ca. 340 Mio. Euro, eine Steigerung um 27% zum Vorjahr (www.fairtrade-deutschland.de). Der Bekanntheitsgrad von Fairtrade liegt in Deutschland bei 69% (*GlobeScan* 2011b).

Faires Konsumentenverhalten kann aus zwei *Perspektiven* heraus betrachtet werden: Aus der Produkt- und aus der Unternehmensperspektive. Während die Produktperspektive die Auswahl *„fairer Produkte"* durch den Konsumenten erfasst, geht es der Unternehmensperspektive um die Erklärung des Kaufs von Produkten *„fairer*

Unternehmen". Ein Signe, wie das Fairtrade-Siegel, kann dem Konsumenten als Hinweis für eine faire Produkteigenschaft dienen.

☐ Merksatz

Ein Unternehmen kann dann als fair bezeichnet werden, wenn es sich den ethischen Prinzipien der Integrität, Transparenz, Glaubwürdigkeit und Fairness gegenüber Mensch, Gesellschaft und Natur verpflichtet.

Ein glaubwürdiges CSR-Konzept kann dem Konsumenten als Hinweis auf die Unternehmensfairness (*Corporate Fairness*) dienen. Dementsprechend wird unter fairem Konsum verstanden:

- das bevorzugte Konsumieren von Produkten, die unter Einhaltung menschenwürdiger Arbeitsbedingungen und fairer Entlohnung hergestellt wurden (Produktperspektive) sowie
- das bevorzugte Konsumieren von Produkten fairer Unternehmen (Unternehmensperspektive).

Arbeiten zum *Kauf fairer Produkte* beziehen sich größtenteils auf Analysen zum Kauf von Produkten mit einem Fairtrade-Siegel. Damit haben sich schon zahlreiche wissenschaftliche Studien auseinandergesetzt (vgl. u.a. de Pelsmacker/Janssens, 2007; de Pelsmacker et al., 2005, 2006; Shaw/Shiu, 2003). Zur Erklärung des Konsums von Fairtrade-Produkten sind sozio-demografische Merkmale (vgl. Auger et al. 2003; de Pelsmacker et al. 2006; Hustvedt/Bernard 2010), das Involvement (vgl. Bezençon/Blili 2010), das Vertrauen (Castaldo et al. 2009), menschliche Werte (vgl. de Pelsmacker et al. 2005; Shaw et al. 2005), Wissen (vgl. de Pelsmacker/Janssens 2007) und Einstellungen (vgl. de Pelsmacker/Janssens 2007) herangezogen worden. Das Bewusstsein von Konsumenten als Determinante des Kaufs von Fairtrade-Produkten wurde dagegen bislang nur von Balderjahn/Peyer (2012a,b) und Hustvedt/Bernard (2010) aufgegriffen.

Der Kauf von *Produkten fairer Unternehmen* wird über die Reaktion von Konsumenten auf CSR-Aktivitäten von Unternehmen betrachtet und analysiert (vgl. Auger et al. 2003; Bhattacharya et al. 2009; Carrigan et al. 2004; Maignan 2001; Pomering/Dolnicar 2006; Sen/Bhattacharya 2001; Sichtmann 2011). Unternehmerische CSR dient in solchen Fällen dem Konsumenten als Kaufentscheidungskriterium. Der Fokus geht mit dieser Perspektive von der Produkt- auf die Unternehmensebene über. Es steht also nicht mehr die Entscheidung zwischen alternativen Produktangeboten im Vordergrund, sondern zwischen Unternehmen, deren Produkte gekauft oder nicht gekauft werden. Die Grundlage dafür, dass glaubwürdige CSR eines Unternehmens die Einstellung des Konsumenten zu den Produkten dieses Unternehmens positiv beeinflussen kann, kann in einer starken, identitätsgebundenen Beziehung zwischen dem Konsumenten und dem Unternehmen gesehen werden (*Consumer-Company Identification*). Es sind *„strong, committed, and meaningful relationships with certain companies, becoming champions of these companies and their products"* (Bhattacharya/Sen 2003, S. 76). Diese stark identitätsorientierte Beziehung zwischen dem Konsumenten und dem Unternehmen kann einerseits über die Wahrnehmung grundlegender Merkmale oder Werte des Unternehmens durch den Konsumenten (vgl. Bhattacharya/Sen 2003, S. 77) oder andererseits durch das vorhandene Wissen über das Unternehmen (*corporate associations*) erklärt werden (vgl. Brown/Dacin 1997). Glaubwürdige CSR-Aktivitäten können dem Konsumenten als Anlass dafür dienen, sich einem Unternehmen besonders verbunden zu fühlen und bevorzugt dessen Produkte zu kaufen (sog. *Buycott*; vgl. Howard/Allen 2010, S. 248). Studien zeigen, dass erhöhte CSR-Aktivitäten den Absatz der Produkte des Unternehmens steigern können (vgl. Choi et al. 2010; Miller/Sturdivant 1977).

(2) Faires Konsumbewusstsein

Das soziale Bewusstsein von Konsumenten ist in der Forschung bisher im Vergleich zum Umweltbewusstsein relativ wenig aufgegriffen worden (vgl. Balderjahn/Peyer 2012a,b). Die in den 1970er und 1980er Jahren publizierten Arbeiten zur Messung des Sozialbewusstseins von Konsumenten (*socially conscious consumer*) erfassten im Wesentlichen nur ökologische (z.B. Recycling), nicht aber soziale Aspekte des Konsums. Oft werden soziale und ökologische Aspekte des Konsums begrifflich gleichgesetzt und zu einem Index zusammengefasst (vgl. Anderson/Cunningham 1972; Antil/Bennett 1979). Weiterhin mangelt es in der bisherigen Forschung auch an einer Präzisierung und Konzeptualisierung des sozialen Konsumbewusstseins.

Merksatz

> Das *faire Konsumbewusstsein* definieren wir als eine auf persönlichen Werten, Einstellungen und Überzeugungen beruhende Disposition zum bevorzugten Kauf fairer Produkte.

Darin spiegelt sich die Absicht wider, durch eigene Kaufentscheidungen einen Beitrag zum Schutze vor Armut, Unterdrückung und Ausbeutung von an Wertschöpfungsprozessen beteiligten Personen zu leisten. Balderjahn/Peyer (2012a) orientieren sich bei ihrer Konzeptualisierung des Bewusstseins für fairen Konsum (*Consciousness for Fair Consumption*: CFC) an dem *Adequacy-Importance Modell* (vgl. Foscht/Swoboda 2011, S. 82) und spezifizierten die latente Absicht zum Kauf eines fairen Produkts durch die persönliche Überzeugung (*Belief-Komponente*), dass bei der Herstellung eines Produkts faire Arbeitsstandards eingehalten wurden, und durch die persönliche Bedeutung dieser Arbeitsstandards für den Konsumenten (*Importance-Komponente*). Danach ergibt sich das faire Konsumbewusstsein (CFC) nach dem folgenden Modell:

$$Consciousness\ for\ Fair\ Consumption_{(i)} = \sum_{j=1}^{J} B_{ij} \times I_{ij}$$

B_{ij} sind die Überzeugungen (*Belief-Komponente*) von Konsument i hinsichtlich der für faire Produkte herangezogenen j (j=1…J) Standards. I_{ij} messen die jeweiligen Bedeutungen (*Importance-Komponente*) dieser Standards für den Konsumenten. Zur Operationalisierung des fairen Konsumbewusstseins (CFC) wurden Vorgaben (*Guidelines*) der *Internationalen Arbeitsorganisation* (*ILO*), des *UN Global Compact* sowie der *Fairtrade Labelling Organizations International (FLO)* herangezogen und die sechs folgenden Kriterien nach einem Validierungsprozess ausgewählt (vgl. Balderjahn/Peyer 2012a):

- Einhaltung der Rechte der Arbeitnehmer
- Keine Zwangsarbeit

- Keine Kinderarbeit
- Keine Diskriminierung von Arbeitnehmern
- Einhaltung gesetzlicher Arbeitsstandards
- Faire Entlohnung der Arbeitnehmer

Die Messung der Überzeugungen (*Belief-Komponente*) erfolgt durch die Formulierung: *„Ich kaufe ein Produkt nur dann, wenn ich überzeugt bin, dass bei der Herstellung…“* auf einer 7er Rating-Skala von 1 (*trifft nicht zu*) bis 7 (*trifft voll und ganz zu*). Die Messung der Bedeutung (*Importance-Komponente*) erfolgt über die Formulierung: *„Wie wichtig ist es Ihnen persönlich, dass in Unternehmen…“* ebenso auf einer 7er Rating-Skala von 1 (*gar nicht wichtig*) bis 7 (*sehr wichtig*). Es konnte gezeigt werden, dass die CFC-Skala reliabel und valide das faire Konsumbewusstsein messen kann (vgl. Balderjahn/Peyer 2012a,b). Je höher das Bewusstsein für einen fairen Konsum bei einer Person ausgeprägt ist, desto größer ist der mit dem Fairtrade-Zeichen verbundene Zusatznutzen und desto höher ist die Bedeutung des Fairtrade-Siegels bei der Kaufentscheidung (Balderjahn/Peyer 2012b).

Kontrollfragen

[1] Wie kann ethischer Konsum definiert werden?

[2] Welche Formen ethischen Konsums können unterschieden werden?

[3] Was wird unter nachhaltigem Konsum verstanden?

[4] Worin unterscheidet sich der nachhaltige Konsum vom ethischen?

[5] Was wird unter dem Umweltbewusstsein verstanden?

[6] Welche Formen sozialen Konsums können unterschieden werden?

[7] Was wird unter dem fairen Konsumbewusstsein verstanden?

3.2 Das Dilemma nachhaltigen Konsums

☐ Lernziele

Nach Lektüre dieses Kapitels sollten Sie …

- die Barrieren nachhaltiger Konsumstile kennen und begründen können.
- darlegen können, warum sich der nachhaltige Konsument in einer Dilemma-Situation befindet.
- die Bedeutung der Zahlungsbereitschaft für den nachhaltigen Konsum erläutern können.
- wissen, wie Motiv- und Wertkonflikte, die beim Kauf nachhaltiger Produkte eintreten, erfasst werden können.

3.2.1 Barrieren und Dilemmata

(1) Barrieren nachhaltigen Konsums

Zwischen dem Bewusstsein eines Konsumenten und seinen tatsächlichen Kaufentscheidungen gibt es häufig eine erhebliche Diskrepanz (*attitude-behavior-gap, ethical-purchase-gap, value-behavior-gap;* vgl. Auger/Devinney 2007, S. 362; Belk 1985; Carrigan/Attalla 2001, S. 564f.; Carrigan et al. 2004, S. 404; Diekmann/Preisendörfer 1992; Kaas 1993, S. 29; Wimmer 1995, S. 270f.). Eine *Metaanalyse* von 128 Studien zum Umweltverhalten ergab im Durchschnitt eine Korrelation zwischen Umweltbewusstsein bzw. Umwelteinstellung und Umweltverhalten von nur r=0.38 (Hines et al. 1987). Ein enttäuschender Wert. Eine neuere Metaanalyse von Bamberg/Möser (2007, S. 20) ergab mit r=0.42 eine Korrelation in ähnlicher Höhe. Unabhängig vom Bewusstsein werden nachhaltige Produkte dann oft nicht gekauft (*Kaufbarrieren*),

- wenn sie teurer sind als herkömmliche Konkurrenzprodukte (*Preisbarriere*).

- wenn durch Kauf und Nutzung liebgewordene Gewohnheiten verändert oder ganz aufgegeben werden müssen (*Gewohnheitsbarriere*).
- wenn Bedürfnisse, etwas für die Umwelt oder für andere zu tun, in Konkurrenz stehen zu Bedürfnissen, die das eigene Wohl oder das der Familie betreffen (*Egoismusbarriere*).
- wenn bei Kauf und Nutzung Unbequemlichkeiten entstehen (*Bequemlichkeitsbarriere*).
- wenn Unsicherheiten über die soziale bzw. ökologische Qualität der Produkte vorliegen (*Unsicherheitsbarriere*).
- wenn den Herstellerinformationen zur Nachhaltigkeit der angebotenen Produkte misstraut wird (*Vertrauensbarriere*).

Die Ursachen der „*Verhaltenslücke*", der Diskrepanz also zwischen dem ökologischen bzw. sozialen Bewusstsein einerseits und dem Konsum andererseits, lassen sich auf drei grundsätzliche *Schlüsselbarrieren* zurückführen (vgl. Balderjahn 2004; Balderjahn/ Will 1997):

- *Wirkungslosigkeitsvermutung*: Konsumenten neigen dazu, die Möglichkeiten, durch eigenes Handeln die Umwelt zu schützen (*perceived consumer effectiveness*), zu unterschätzen (Losung: „*Bringt doch nichts*").

Konsumenten, die aber nicht davon überzeugt sind, selbst einen persönlichen Beitrag zum Umweltschutz leisten zu können, werden ihr Konsumverhalten auch nicht zielorientiert zum Schutze der Umwelt gestalten. Dieser Zusammenhang lässt sich ableiten aus dem Konstrukt der *persönlichen Verhaltenskontrolle* (*locus of control*). Danach ist nur von solchen Personen ein bewusster Beitrag zum Umweltschutz bzw. zur Nachhaltigkeit zu erwarten, die für sich selbst Handlungsfähigkeit in diesem Bereich wahrnehmen (intern kontrollierte Personen). Andererseits wird von solchen Personen, die sich eher von externen Kräften (z.B. dem Schicksal) gelenkt fühlen (extern kontrollierte Personen), kaum ein Beitrag zur Nachhaltigkeit ausgehen (vgl. Gierl/Stumpp 1999). Das *Kontrollbewusstsein* wirkt in diesem Zusammenhang als Moderatorvariable. Einen weiteren Aspekt der Wirkungslosigkeitsvermutung betrifft die Auffassung vieler Menschen, dass sie persönlich nicht für die Umweltverschmutzung verantwortlich sind (vgl. Eckhardt et al. 2010, S. 431). Es wird dann die Meinung vertreten, dass der Staat und die Industrie zuständig sind, etwas für den Umweltschutz zu unternehmen. 40% der im *Greendex 2010* (www.nationalgeographic.com/greendex/) Befragten meinen, dass es sich nicht lohnt, sich selbst für die Umwelt einzusetzen, solange der Staat und die Unternehmen untätig bleiben. Nach der repräsentativen Befragung des *Umweltbundesamtes* von 2010 (UBA 2010) sind 89% der Bürger der Meinung, dass die Industrie einen großen bzw. sehr großen Beitrag zu Umweltschutz leisten kann. 75% meinen das vom Staat und nur 68% sind der Meinung, dass sie selbst als Verbraucher einen Beitrag leisten müssten.

- *Misstrauen:* Konsumenten hegen oft Misstrauen gegenüber anderen, dass diese sich nicht umweltbewusst bzw. nachhaltig verhalten. Sie haben Angst, *„übervorteilt und ausgebeutet zu werden"* und wollen nicht *„die Dummen sein"* *(Opportunismusvorbehalt)*.

Nach dem *Greendex 2010* (www.nationalgeographic.com/greendex/) meinen 34% der Befragten, dass die Menschen in ihrem Land sich nicht umweltfreundlich verhalten. Ein gewichtiger Grund für das Misstrauen anderen gegenüber liegt darin begründet, dass die Umwelt- und Sozialqualität von Produkten in vielen Fällen eine *Vertrauenseigenschaft* darstellt (vgl. Meffert/Kirchgeorg 1995c, S. 98f.). Der Konsument selbst ist kaum in der Lage, soziale und ökologische Eigenschaften von Produkten zu prüfen und den Aussagen der Anbieter wird oft nicht geglaubt. 44% der befragten Personen im *Greendex 2010* vermuten, dass Unternehmen falsche Angaben zu den ökologischen Konsequenzen ihrer Produkte machen (*Vertrauensbarriere*). Nach der *informationsökonomischen Theorie* bestehen hier sog. *Informationsasymmetrien* zwischen Anbietern und Nachfragern von Produkten und Dienstleistungen, da der Anbieter die Qualität seiner Produkte genauer oder jedenfalls sehr viel besser einschätzen kann als der Nachfrager (vgl. Kaas 1993, 1995). Konsumenten empfinden deshalb bei *„Vertrauensgütern"* ein hohes *wahrgenommenes Kaufrisiko* und damit verbunden ein höheres Misstrauen hinsichtlich der Seriosität solcher Angebote. Nur wenn die Konsumenten dem Anbieter vertrauen, werden diese Produkte nachgefragt. Ist das Vertrauen unberechtigt, hat das sogar zur Konsequenz, dass Konsumenten weniger nachhaltige Produkte zulasten nachhaltiger Produkte kaufen (sog. *adverse selection*).

- *Eigennutzmaxime:* Konsumenten handeln primär aus persönlichen Nutzenerwägungen. Eigennutz geht vor Umweltschutz und Solidarität. Aus persönlicher Sicht kann es schlicht rational sein, sich auf Kosten der Allgemeinheit nicht nachhaltig, sondern opportunistisch zu verhalten. Man könnte auch sagen, Altruismus gibt es nicht, sondern nur bestimmte Formen „moralischer Befriedigung".

Nach dieser Hypothese versuchen Menschen in konfliktären Situationen, den persönlichen Nutzen zulasten einer allgemeinen ökologischen und sozialen Wohlfahrt zu maximieren (vgl. auch Eckhardt et al. 2010, S. 430f.). Die Ursache dafür sind spezifische Anreizbedingungen, die sich allgemein als *Dilemma-Situation* kennzeichnen lassen. Die Kollektivguteigenschaft einer intakten Umwelt und eines intakten Gemeinwesens bringt nachhaltigkeitsbewusste Konsumenten in eine Dilemma-Situation (vgl. Belz 1999b; Diekmann 1995; Kaas 1992; Meffert 1993). Nachhaltigkeitsbewusste Konsumenten tragen dann persönlich die oft höheren Kosten (*private costs*) nachhaltigen Konsums (z.B. höhere Produktpreise), der Nutzen daraus für Umwelt und Gesellschaft (*public benefits*) kommt aber sehr häufig der Allgemeinheit kostenlos zugute (z.B. bessere Luftqualität). Solches Verhalten lässt sich insofern nicht ökonomisch, nach dem Modell des *homo oeconomicus* erklären, sondern muss vielmehr als eine Spielart philanthropischer bzw. altruistischer Handlungen interpretiert werden. *Altruismus* kann definiert werden *„as being costly acts that confer economic benefits on other individuals"* (Fehr/Fischbacher 2003). Egoismus und Altruismus müssen nicht zwingend als Gegensätze aufgefasst werden. Altruismus kann sich als strategischer Egoismus entpuppen, wenn das egoistische Individuum aus seinen altruistischen Verhalten persönliche Vorteile ziehen kann, wie z.B. durch eine Steigerung der sozialen Anerkennung (Voland 2009).

(2) Das Dilemma nachhaltigen Konsums

Die Umwelt als *Kollektivgut* erfordert zu ihrem Schutz kooperatives Verhalten der Menschen. Von der Nutzung der Umwelt als öffentliches Gut kann niemand ausgeschlossen werden. Auch Käufer nicht nachhaltiger Produkte dürfen die Umwelt weiterhin für sich beanspruchen. Darüber hinaus können nicht nachhaltigkeitsbewusste Konsumenten die sozialen und ökologischen Kosten ihres Verhaltens teilweise externalisieren, d.h. der Allgemeinheit aufbürden. Es wird in diesem Zusammenhang von *externen Kosten* gesprochen. Da der Konsument auch dann in den Genuss einer besseren Umwelt- und Sozialqualität kommt, wenn er persönlich nichts dazu beiträgt, können im Sozial- und Umweltverhalten unterschiedliche Spielarten opportunistischen Verhaltens festgestellt werden (*Trittbrettfahrer-Phänomen*). Der nachhaltigkeitsbewusste Konsument zahlt, ohne einen über den allgemeinen, allen zugänglichen ökologischen und sozialen Nutzen hinausgehenden persönlichen Nutzen dafür zu bekommen. Dagegen schätzt der opportunistische Konsument (Trittbrettfahrer) zwar gleichfalls eine intakte Umwelt und Gesellschaft und nutzt sie, ohne dafür persönlich zu zahlen (vgl. Abb. 50).

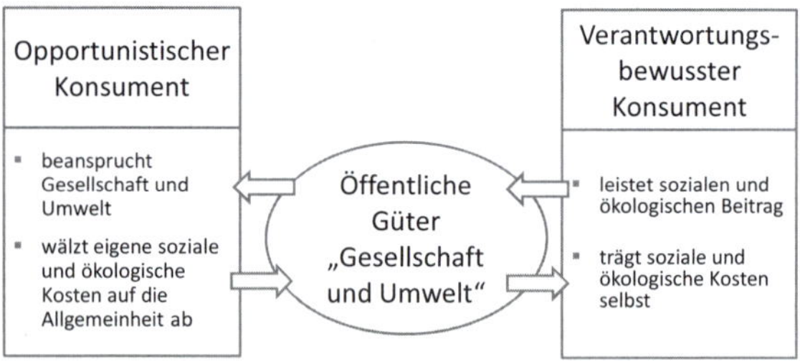

Abb. 50: Das Dilemma nachhaltigen Konsumentenverhaltens

Die individuelle Inanspruchnahme eines öffentlichen Gutes führt nicht nur zu persönlichen Nutzen und Kosten (*private costs and benefits*), sondern auch zu öffentlichen, ökologischen und sozialen Kosten und Nutzen (*public costs and benefits;* vgl. Abb. 51). Der *persön-*

liche Nutzen eines Produkts (*customer value*) ergibt sich aus der Fähigkeit des Produkts, Bedürfnisse des Konsumenten zu befriedigen (z.B. Gesundheit, Sicherheit, Anerkennung). *Persönliche Kosten* entstehen hauptsächlich durch den zu zahlenden Produktpreis und sonstige Nebenkosten (z.B. Porto), aber auch z.B. durch physische Anstrengungen bei der Beschaffung und durch die Dauer der Beschaffung (Zeitkosten). Darüber hinaus können auch erforderliche Änderungen von lieb gewordenen Gewohnheiten zu *„psychischen Kosten"* führen. Kosten- und Nutzenkategorien haben keinen ausschließlich *„monetären Charakter"*. Die Einsparung knapper Ressourcen und eine Reduktion von Schadstoffemissionen durch nachhaltige Konsumstile verbessern beispielsweise die Umweltqualität und stellen insofern einen *Umweltnutzen* dar. *Umweltkosten* sind solche, von der Allgemeinheit zu tragenden Kosten für Umweltschäden, die von einzelnen Individuen bzw. Organisationen verursacht werden. Sie werden auch als *„externe Kosten"* (verursacht durch externe Effekte) bezeichnet. Beim Kauf von Fairtrade-Produkten werden z.B. landwirtschaftliche Kooperationen in Dritte-Welt-Länder unterstützt und gefördert (sozialer Nutzen). Werden Produkte gekauft, die unter gesundheitsgefährdenden Arbeitsbedingungen hergestellt werden, so fallen Mitarbeiterinnen und Mitarbeiter dieser Betriebe bei Krankheit und Invalidität gegebenenfalls den Sozialsystemen einer Kommune bzw. eines Landes zu Lasten (soziale Kosten).

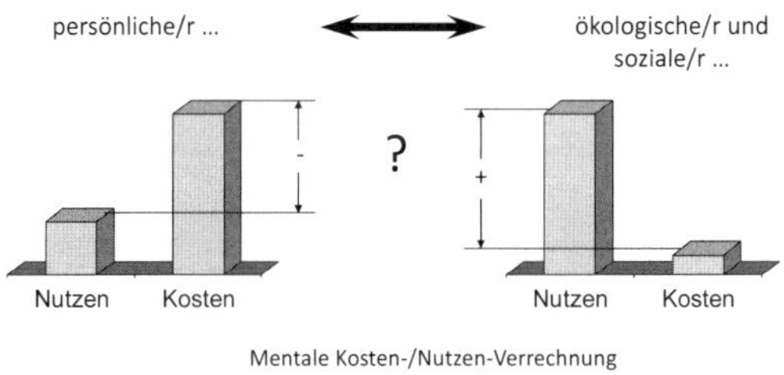

Abb. 51: Umwelthandeln im Dilemma konfliktärer Anreize (Anreizdilemma)

Die *Rational Choice-Theorie* (vgl. Diekmann 1996) berücksichtigt neben monetären Anreizen zur Erklärung von Verhalten explizit auch verhaltenssteuernde Wirkungen psychischer und sozialer Handlungsanreize wie soziale Anerkennung und moralische Motive. Nach dieser Theorie wird das Verhalten durch Präferenzen einerseits und Handlungsrestriktionen andererseits bestimmt (vgl. Balderjahn 1993). *Handlungsrestriktionen* sind knappe Ressourcen (z.B. Geld, Zeit), Opportunitätskosten (Nutzen ausgeschlagener Alternativen), soziale bzw. institutionelle Normen (z.B. Gesetze) und die Qualität an verfügbaren Informationen (Reduzierung von Unsicherheit). Es wird unterstellt, dass sich Individuen zielorientiert, rational und egoistisch unter Unsicherheit auf der Basis von individuellen Kosten-Nutzen-Erwartungen (Anreizbedingungen) verhalten (vgl. Diekmann 1996).

Reisch (1998, S. 18f.) formuliert noch weitere, spezifische Dilemmata, die zur Erklärung nachhaltigen Konsumentenverhaltens herangezogen werden können:

- Das Dilemma zwischen kurzfristigen und langfristigen Wirkungen des Konsums (*time trap*).
- Das Dilemma zwischen lokalen (z.B. kontaminierte Bereiche bei Anwohnern einer Chemiefabrik) und globalen Auswirkungen (z.B. Verschmutzung der Meere) des Konsums (*space trap*).
- Das Dilemma zwischen direkt wahrnehmbaren (z.B. Mülldeponien) und indirekt (über Massenmedien) vermittelten Wirkungen (z.B. Ozonloch, globale Erwärmung) des Konsums (*perception trap*).

3.2.2 Kosten nachhaltigen Konsums und persönliche Zahlungsbereitschaft

(1) Kosten nachhaltigen Konsums

Welche Bedeutung der Wert bzw. Nutzen einer intakten Umwelt im Vergleich zu persönlichen Kosten hat, ist in der empirischen Studie von *Diekmann* (1996, S. 109) gut zu erkennen. Telefonisch wurden 1991 nach dem Zufallsprinzip 393 Bürger der Schweizer Stadt *Bern* und 965 *Münchner* nach ihrem Umweltbewusstsein befragt (vgl. Abb. 52).

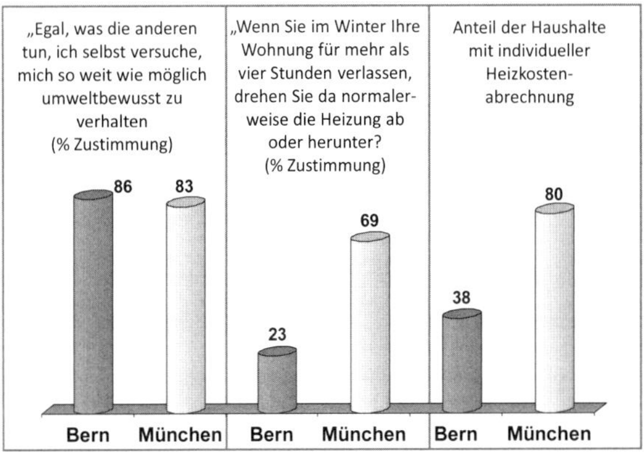

Abb. 52: Das Energiespardilemma

Quelle: Diekmann 1996, S. 109

In beiden Städten gaben über 80% der Befragten an, dass sie sich soweit wie möglich umweltbewusst verhalten. Das Umweltbewusstsein war somit zu diesem Zeitpunkt in beiden Städten fast identisch hoch ausgeprägt. Weiter wurde die Frage gestellt, ob sie die Heizung im Winter herunter drehen, wenn sie das Haus für längere Zeit verlassen. Diese Frage beantworteten allerdings deutlich weniger Berner mit *„ja"* als Münchner. Der Grund dafür ist, dass die Münchner durch das Energiesparen (Nutzen für die Umwelt) auch persönliche Kosten senken konnten, da bei ihnen die Heizkosten verbrauchsabhängig abgerechnet wurden. In *Bern* dagegen wurden die Heizkosten nicht verbrauchsabhängig, sondern auf Basis der Wohnungsgröße umgelegt. Nicht das Umweltbewusstsein (Bedeutung des Umweltnutzens), sondern die Höhe der persönlichen Kosten bestimmt in diesem Fall wesentlich das Verhalten (vgl. Abb. 52).

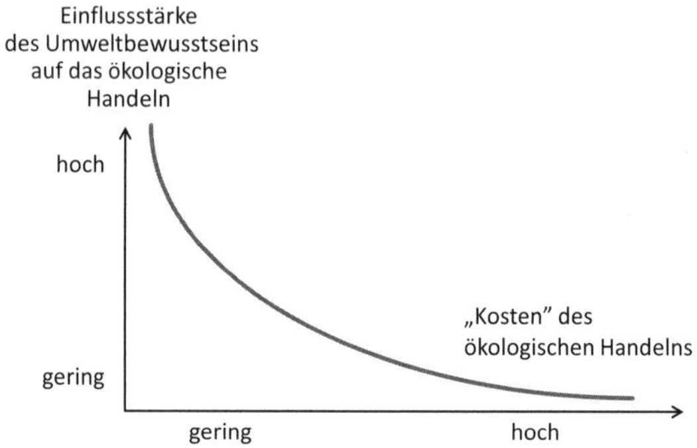

Abb. 53: Die „Low-cost-Hypothese"
Quelle: Diekmann 1996, S. 105ff.

Dieses Ergebnis kann mit Hilfe der sog. *Low-Cost-Hypothese* erklärt werden (Diekmann 1996). Danach verhalten Konsumenten sich vorwiegend nur dann umweltfreundlich, wenn es sie nichts oder vergleichsweise wenig kostet. Das Umweltbewusstsein übt nur dann einen ordentlichen Effekt auf das Verhalten aus, wenn die *„Kosten"* für das Verhalten gering sind (Abb. 53). Nach der *Rational Choice-Theorie* umfasst der Begriff *„Kosten"* jegliche Inanspruchnahme von Ressourcen (z.B. Kraft, Geld, Zeit) und ist nicht nur monetär zu interpretieren. So verursachen auch Veränderungen lieb gewordener Gewohnheiten, wie eine Reduzierung winterlicher Raumtemperaturen von 23°C auf 20°C, für viele psychische Kosten. Wenn die *„Umstellungskosten"* von Gewohnheiten zu hoch sind, dann reicht das Bewusstsein für ein energiesparendes Verhalten oft nicht aus. Wahrnehmbare und deutliche Einsparungen bei den Heizkosten können die meisten Menschen eher dazu bewegen, umweltgerecht die Wohnung zu heizen, als das Bewusstsein dafür. Die Kosten haben hier eine Moderator-Funktion. In der Niedrigkostensituation, dort wo der *„Umweltschutz zum Nulltarif"* zu haben ist, stellt die Umweltverträglichkeit eines Produkts oder einer Leistung einen nahezu kostenlosen Zusatznutzen (*value added*) dar, der vom Konsumenten gerne in Anspruch genommen wird (z.B. Energiesparlampen).

(2) Zahlungsbereitschaft für nachhaltige Produkte

Mit der Höhe des Produktnutzens (*customer value*) steigt allgemein die Zahlungsbereitschaft von Konsumenten für dieses Produkt. Unter der Annahme, dass soziale und ökologische Produkte dem Konsumenten einen *„moralischen Zusatznutzen"* stiften (vgl. Oloko/Balderjahn 2010), kann erwartet werden, dass Konsumenten bereit sind, einen mit der Höhe des moralischen Zusatznutzens korrespondierenden Aufpreis für ein nachhaltiges Produkt zu zahlen. Wie stark der Konsument bereit ist, mehr für ökologische und soziale Produkte zu zahlen, wird durch seine persönliche *Zahlungsbereitschaft* bestimmt (vgl. Balderjahn 2003). In der repräsentativen Erhebung zum Umweltbewusstsein des *Umweltbundesamtes* im Jahr 2010 gaben 41% der Befragten an, Preisaufschläge für klimafreundliche Produkte um bis zu 10% zu akzeptieren. Allerdings sind von den Befragten auch 49% nicht bereit, einen höheren Preis für solche Produkte zu zahlen (UBA 2010, S. 39). In derselben Studie wurde auch nach der Bereitschaft gefragt, für fair gehandelte Produkte wie z.B. Kaffee und Tee einen Aufpreis zu bezahlen. Bei 46% der Befragten war die Bereitschaft dazu stark bzw. sehr stark ausgeprägt (UBA 2010, S. 72). Auch in wissenschaftlichen Studien werden direkte Fragen zur Bereitschaft, höhere Preise zu zahlen, immer noch verwendet (vgl. Castaldo et al. 2009; de Pelsmacker et al. 2005). Antworten auf solche direkten Fragen nach der Zahlungsbereitschaft für ökologische und soziale Produkte können allerdings nicht unerheblich von Effekten der *sozialen Wünschbarkeit* verzerrt sein (Balderjahn/Peyer 2012, S. 350f.). Zu erwarten ist, dass durch direkte Preisabfragen die tatsächliche Zahlungsbereitschaft für faire Produkte aufgrund sozial wünschbaren Antwortverhaltens überschätzt wird (vgl. Brenton/ten Hacken 2006; Devinney et al. 2010, S. 11). Ihre Validität wird in der Literatur auch wegen des durch die Frage induzierten hohen Preisbewusstseins und der hypothetischen Befragungssituation als kritisch beurteilt (vgl. Völckner 2006, S. 44).

Die Bereitschaft von Konsumenten, für Produkte mit einem Fairtrade-Siegel mehr zu zahlen (*Willingness-to-Pay, WTP*), konnte bereits mehrfach empirisch nachgewiesen werden (vgl. u.a. Arnot et al. 2006, S. 561; de Pelsmacker et al. 2005; Peyer/Balderjahn 2007; Profeta 2001). Auger et al. (2003) nutzten im Rahmen ihrer Analyse Kinderarbeit, Mindestlöhne, Arbeits- und Lebensbedingungen der Fabrikarbeiter als ethische Merkmale für Schuhe. Die Messung der Zahlungsbereitschaft erfolgte aus dem gemessenen Mehrwert (*Surplus*) von Fairtrade-Produkten über eine sog. Dollar-Metrik (vgl. Auger et al. 2003, S. 294). Die Abwesenheit von Kinderarbeit erzielte mit $10.29 nach der Passgenauigkeit mit $14.49 den zweithöchsten monetären Wert. Auch die anderen ethischen Attribute liegen mit monetären Werten von über $8 nur knapp dahinter (vgl. Auger et al. 2003, S. 296). Hustvedt/Bernard (2010) setzten eine selbst entwickelte Skala zur sozialen Verantwortung (*Social Responsibility*) ein, um die über Kaufangebote ermittelten Zahlungsbereitschaften erklären zu können. Probanden mit hoher sozialer Verantwortung hatten danach eine um etwa $2 höhere Zahlungsbereitschaft (vgl. Hustvedt/Bernard 2010 S. 622). In einer Studie von Peyer/Balderjahn (2007) konnte mit Hilfe der *Discrete Choice Analyse* für vier unterschiedliche Orangensaft-Marken eine Mehrpreisbereitschaft für Fairtrade gesiegelte Produkte von 4 bis 20 Cent (ca. 2% bis 20%) je nach Marke und Preissegment festgestellt werden. Eine weitere Studie von Balderjahn/Peyer (2012a) zur Erfassung der Zahlungsbereitschaft für Fairtrade-Wein und Fairtrade-Reis setzte die *Conjoint Analyse* ein, um weitgehend unverzerrte personenbezogene Messungen in einer realitätsnahen Entscheidungssituation erhalten zu können. Es ergab sich eine *Mehrpreisbereitschaft* für das Fairtrade-Siegel bei Reis von 0,45€

und für Wein von 1,38€. Bei Reis erhöht das Fairtrade-Siegel in dieser Studie die Bereitschaft, einen um ca. 19% höheren Preis zu zahlen und bei Wein war es ein um ca. 21% höherer Preis. In derselben Studie konnte gezeigt werden, dass Konsumenten mit hohem *Fairness-Bewusstsein* (CFC) eher bereit sind, mehr für ein Fairtrade-Produkt zu zahlen als solche, mit nur gering ausgeprägtem fairen Bewusstsein (Balderjahn/Peyer 2012a). Auch konnte empirisch ein positiver Zusammenhang zwischen CSR und der Zahlungsbereitschaft für Produkte des Unternehmens festgestellt werden (Unternehmensperspektive des fairen Konsums; vgl. Auger et al. 2003; Mohr/ Webb 2005; Sen/Bhattacharya 2001; Sichtmann 2011).

3.2.3 Motivationskonkurrenz und persönliche Konsumwerte

Um nachhaltiges Konsumentenverhalten verstehen zu können, müssen die psychologischen Mechanismen erklärt werden, die die Wahrnehmung nachhaltiger Merkmale von Produkten (z.B. Umwelt- bzw. Fairtrade-Siegel) und Unternehmen (z.B. glaubwürdige CSR) in Kaufentscheidungen übertragen. Bhattacharya et al. (2009) schlagen vor, den *Means-end Chains Ansatz* (vgl. z.B. Balderjahn/Will 1998; Gutman 1982; Reynolds/Gutman 1988; Reynolds/Olson 2001) dafür einzusetzen. Mit diesem Ansatz ist es möglich, die Wertschätzung (*benefits*) eines nachhaltigen Produkts bzw. Unternehmens für den Konsumenten nach Art (funktional, psychologisch) und Stärke zu erfassen. Auch können die erfassbaren, hinter den Kaufentscheidungen liegenden Motive und Werte (*personal values*) einen tieferen Einblick in Konsumentenentscheidungsprozesse gewähren.

Das *Modell der Means-end Chains* liefert zusammen mit der *Laddering-Methode* einen vielversprechenden Ansatz zur Aufdeckung von subjektiv bedeutsamen Zusammenhängen zwischen Produktmerkmalen, Nutzen, Wert- und Zielvorstellungen (vgl. Gutman 1982, Olson/Reynolds 1983, Reynolds/Gutman 1988). *Means-end Chains* repräsentieren hierarchisch organisierte Wissensstrukturen von Konsumenten. Im Falle von Produkten bilden sie den Prozess der Produktwahrnehmung und -bewertung auf unterschiedlichen Abstraktionsniveaus ab (Olson 1989, S. 174). Dieses Modell unterscheidet in seiner einfachsten und grundlegenden Form zwischen Produktattributen, Konsumkonsequenzen und persönlichen Werten und ordnet diese *kognitiven Kategorien* entlang eines zugrunde gelegten Mittel-Zweck-Zusammenhangs. Um die Komplexität der bei Kaufentscheidungen aktivierten kognitiven Kategorien besser abbilden zu können, wird dieses einfache Modell dadurch erweitert, dass für jedes der drei ursprünglichen Abstraktionsniveaus Attribute, Konsequenzen und Werte zwei zusätzliche Kategorien eingeführt werden. Danach können konkrete und abstrakte Produktattribute, funktionale und psychosoziale Konsumkonsequenzen sowie instrumentelle und terminale Werte unterschieden werden. Das Modell der *Means-end Chains* bildet die wahrgenommene Instrumentalität einzelner Produktattribute, einen gewünschten Nutzen zu erhalten bzw. ein Ziel zu erreichen, ab.

Die zur Messung der *Means-end Chains* entwickelte *Laddering-Methode* hat nicht unwesentlich zur Popularität des *Means-end Chains-Modells* beigetragen. Das Laddering besteht aus drei zentralen Bausteinen: dem *Laddering-Interview*, der *inhaltsanalytischen Aufarbeitung* des Datenmaterials sowie der Analyse der entwickelten *Means-end Chains* in Form der *Hierarchical Value Map* (HVM; Abb. 54). Sie wurde von Gutman/Reynolds (Gutman 1982, Reynolds/Gutman 1988) zur direkten Messung von individuellen und aggregierten *Means-end Chains* entwickelt. Es handelt sich dabei um eine spezielle Form des Tiefeninterviews, das durch aufeinander folgende Fragen der Form: *„Warum ist das wichtig für Sie?"* die zugrunde liegenden kaufbezogenen Motive, Gründe und Ziele der Konsumenten aufdecken soll (vgl. Abb. 55). Die Antwort des Probanden auf eine *„Warum"-Frage* bildet jeweils die Grundlage für die nächste *„Warum"-Frage.* Hierdurch soll erreicht werden, dass der Abstraktionsgrad der genannten Gründe von den Attributen über die Konsequenzen zu den Werten und Zielen stetig steigt. Der Fließtext der einzelnen Laddering-Interviews muss im nächsten Schritt *inhaltsanalytisch* ausgewertet werden. Zielstellung ist es, das sehr umfangreiche und individuenspezifische Datenmaterial der Interviews durch die Entwicklung eines *Kategorien-Systems,* das eine vollständige, eindeutige und überschneidungsfreie Zuordnung der individuellen Äußerungen erlaubt, zu reduzieren. Dazu sind zuerst für die von den Probanden formulierten Äußerungen zusammenfassende, übergeordnete Begriffe bzw. Kategorien zu entwickeln. Danach werden diese Kategorien den unterschiedlichen *Inhaltsebenen* Attribute, Konsequenzen und Werte zugeordnet. Die inhaltsanalytische Verkodung ist trotz der vorgegebenen klaren hierarchischen Struktur der *Means-end Chains* eine schwierige und zeitintensive Arbeit, die nur von gut geschulten Personen durchgeführt werden sollte. Zudem sollten für diese Kodierarbeit mehrere Personen eingesetzt und Reliabilitäts-Checks durchgeführt werden.

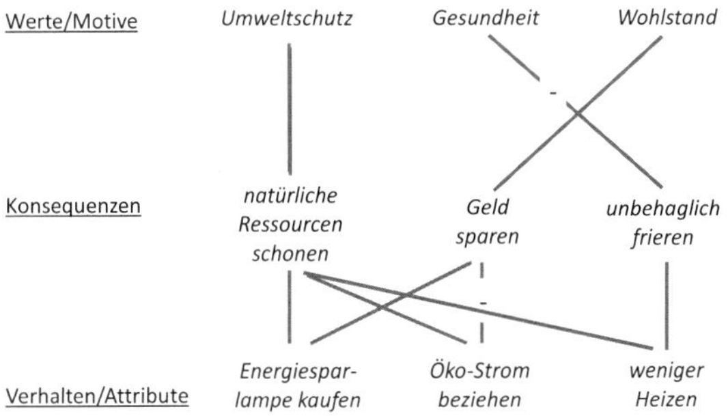

Abb. 54: Motivkonflikte beim Umweltschutz dargestellt an einem fiktiven HVM

Üblicherweise vermittelt man die Ergebnisse einer *Means-end Chains-Studie*, indem man die zwischen Attributen, Konsequenzen und Werten bestehenden Beziehungen in einer baumähnlichen hierarchischen Struktur abbildet. Dieses Diagramm wird als *Hierarchical Value Map* (HVM) bezeichnet (vgl. Gengler et al. 1995). Die HVM bildet in Form eines hierarchischen kognitiven Netzwerks die Zusammenhänge bzw. Assoziationen zwischen den Attributen, Konsequenzen und Werten für ein vorgegebenes Produkt bzw. Objekt ab. Auf der Grundlage der HVM lassen sich mühelos die zentralen Kategorien (häufige Nennungen bzw. starke Vernetzung zu anderen Kategorien) und *dominante Pfade* des *Means-end Chains* identifizieren. Durch die *Means-end Chains-Analyse* können die in einer Konsumhandlung relevanten Werte bzw. Motive (persönliche und soziale Kosten und Nutzenkategorien) und ihre Zusammenhänge ermittelt werden. Es können sich komplementäre Zusammenhänge ergeben (z.B. Umwelt- und Gesundheitsschutz) oder auch konfliktäre (Umweltschutz und Wohlstand; durch ein „-" in Abb. 54 dargestellt).

☐ Praxis

Means-end Chains Analyse für Öko-Bekleidung

Zur Analyse der Motiv- und Wertestruktur bei Öko-Textilien wurden Laddering-Interviews durchgeführt. In der Abb. 55 ist ein Auszug eines dieser Interviews wiedergegeben.

Interviewer:	*Sie haben vorhin gesagt, dass Sie Öko-Textilien in erster Linie mit naturbelassenen, unbehandelten Stoffmaterialien verbinden. [konkretes Attribut] Ich würde nun gerne wissen, inwiefern naturbelassene, unbehandelte Stoffe für Sie von Bedeutung sind.*
Konsument:	*Ich möchte solche Stoffe nicht tragen, Naturstoffe finde ich furchtbar unmodisch. [abstraktes Attribut]*
Interviewer	*Warum ist es für Sie wichtig, modisch gekleidet zu sein?*
Konsument:	*Tja, weil ich eben gerne gut aussehen möchte. [funktionale Konsequenz]*
Interviewer:	*Warum ist es wichtig für Sie, dass Sie gut aussehen?*
Konsument:	*Ich fühle mich dann einfach wohler. [psycho-soziale Konsequenz]*
Interviewer:	*Und warum ist das wichtig für Sie?*
Konsument:	*Also, wenn ich mich wohl fühle, dann bin ich leistungsfähiger. [instrumenteller Wert]*
Interviewer:	*Und warum ist das so?*
Konsument:	*Wenn ich mehr Leistung bringe, habe ich mehr Erfolg im Leben. [terminaler Wert]*
Interviewer:	*Und warum ist Ihnen das wichtig?*
Konsument:	*Na das ist eben so. [Ende]*

Abb. 55: Auszug aus einem Laddering-Interview am Beispiel Öko-Bekleidung

Quelle: Balderjahn/Will 1998

Bei der Beurteilung von Öko-Bekleidung sind die Hautverträglichkeit und der Preis oft kaufentscheidende konkrete Produktmerkmale (vgl. Abb. 56). Dagegen handelt es sich bei subjektiv eingefärbten Einschätzungen darüber, dass die Kleidung modisch oder bequem ist, um abstrakte Produktattribute. Eine weniger gute Erhältlichkeit dieser Kleidung und deren wahrgenommener Beitrag, Ressourcen zu sparen, sind Beispiele für funktionale Konsum-Konsequenzen. Sich unwohl mit der Kleidung zu fühlen und den Aussagen des Anbieters zu misstrauen, sind hingegen Beispiele für psychosoziale Konsum-Konsequenzen. Verantwortung für zukünftige Generationen übernehmen zu wollen, ist in diesem Beispiel ein instrumenteller Wert für ein gutes Gewissen und ein ausgeprägtes Selbstbewusstsein (terminale Werte; Balderjahn 2004, S. 165ff.).

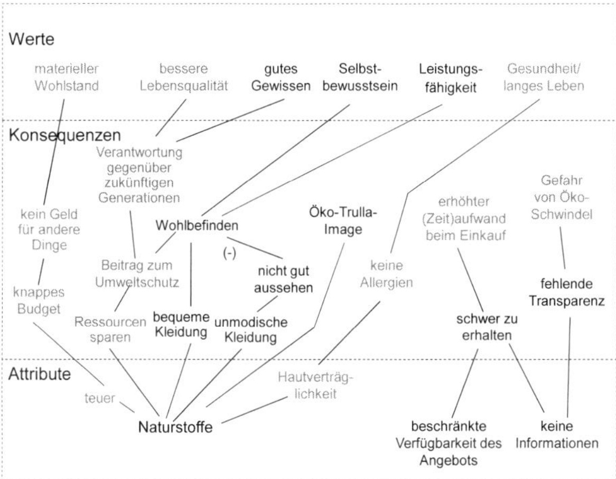

Abb. 56: Beispiel für Öko-Bekleidung

Quelle: Balderjahn/Will 1998

Wie aus der Abb. 56 zu erkennen ist, spiegelt sich die theoretische Struktur des Means-end Chains-Modell nicht immer klar und eindeutig in den empirisch ermittelten HVMs wider. Diese theoretische Struktur (konkrete Attribute – abstrakte Attribute – funktionale Konsequenzen – psychosoziale Konsequenzen – instrumentelle Werte – terminale Werte) dient lediglich dazu, die Ergebnisse von Laddering-Interviews sinnvoll einzuordnen, ohne dass der Anspruch gegeben ist, empirisch diese Struktur zwingend ermitteln zu müssen.

De Ferran/Grunert (2007) setzten die *Means-end Chains-Analyse,* verbunden mit der Laddering-Technik, ein, um bei französischen Weltladen- und Supermarkt-Käufern von Fairtrade-Kaffee die diesen Käufen zugrunde liegenden Motive und Werte zu ermitteln. Bei Fairtrade-Käufern spielten insbesondere Werte der Gleichheit (*equality between humans*) und Verantwortung sowie der Wunsch nach persönlicher Erfüllung (*sense of accomplishment*) eine entscheidende Rolle (vgl. de Ferran/Grunert 2007, S. 224f.). Eine Online-Laddering-Studie von Jägel et al. (2012) zum ethischen Einkauf von Kleidung (*ethical clothing*) bei 98 Probanden lieferte fünf spezifische und abgrenzbare Nutzen- und Wertstrukturen (*value pattern*). Insbesondere konnten Umwelt- und Sozialorientierungen sehr klar anhand verschiedener Wertstrukturen voneinander abgegrenzt werden. Die *„soziale" Means-end Chains-Struktur* (*social concern*) wird geprägt von den Werten nach Gleichheit und sozialer Gerechtigkeit (vgl. Jägel et al., 2012, S. 387). Bhattacharya et al. (2009, S. 261ff.) diskutieren funktionale und psychologische *Benefits* sowie Werte, die bei Kaufentscheidungen für Produkte von Unternehmen mit CSR-Aktivitäten eine Rolle spielen (z.B. Altruismus, persönliches Wohlbefinden). Zudem stellen Bhattacharya et al. (2009, S. 264) fest, dass die *Consumer-Company Identification* durch die zugrunde liegenden *Means-end Benefits* gestärkt wird. Der *Means-end Chains-Ansatz* eignet sich insofern hervorragend, um die Kaufentscheidungen für ökologische und faire Produkte bzw. für Produkte verantwortungsbewusster Unternehmen hinsichtlich der zugrunde liegenden Nutzenkategorien (*benefits*) und Werthaltungen (*values*) erklären zu können. Zudem können diese im Rahmen der *Means-end Chains* hierarchisch angeordneten, funktionalen und psychologischen *Benefits* sowie Werte dazu herangezogen werden, um unterschiedliche nachhaltige Konsumstile zu identifizieren und zu beschreiben.

3.2.4 Förderung nachhaltiger Konsumstile

Aus der *Dilemma-Situation* nachhaltigen Konsums, also dem Balanceakt zwischen öffentlichem Nutzen einer Konsumhandlung einerseits und persönlichem Nutzen andererseits, können vier Möglichkeiten der Förderung sozialer und ökologischer Konsumstile abgeleitet werden (Abb. 57).

Anreizschwerpunkte / Strategietyp	Nutzenanreiz	Kostenanreiz
Anreize zur Förderung nachhaltiger Konsumstile	value added strategy *persönlichen* Nutzen des nachhaltigen Konsums erhöhen!	reduce costs strategy *persönliche* Kosten des nachhaltigen Konsums senken!
Beschränkungen opportunistischer Konsumstile	value deducted strategy *persönlichen* Nutzen opportunistischer Konsumstile verringern!	increase costs strategy *persönliche* Kosten opportunistischer Konsumstile erhöhen!

Abb. 57: Möglichkeiten zur Förderung nachhaltiger Konsumstile

Produkte und Leistungen müssen dem Konsumenten neben der Nachhaltigkeit auch einen eigenen, persönlichen *Zusatznutzen* (*value added strategy*) stiften. So sind beispielsweise Lebensmittel aus kontrolliertem Anbau nicht nur für die Umwelt gut (z.B. geringerer Düngereinsatz), sondern auch für den Verbraucher gesünder. Konsumenten wünschen zwar oft umweltverträglichere Produkte, sie dürfen aber weder teurer als herkömmliche Alternativen sein noch lieb gewordene Gewohnheiten beim Kauf und bei der Verwendung des Produkts (z.B. *Convenience-Eigenschaften*) beeinträchtigen (McDaniel/Rylander 1993, S. 6). Nachhaltige Produkte werden sich umso leichter durchsetzen, je geringer der Kostenunterschied zu den herkömmlichen Produkten ist (*reduce costs strategy*).

Je weniger der Konsument auf herkömmliche Produkte zurückgreifen kann, desto mehr setzen sich nachhaltige Güter durch. Möglichkeiten, *opportunistische Konsumstile zu beschränken*, hat allerdings nur der Gesetzgeber (z.B. Verbot der Verwendung kostengünstiger, aber umweltschädigender Materialien in der Produktion). Der Nutzen nicht nachhaltiger Produkte könnte gesetzlich eingeschränkt werden (*value deducted strategy*; z.B. Innenstadtfahrverbot für Pkw mit hohem Schadstoffausstoß). Da der Kostenunterschied zwischen nachhaltigen und herkömmlichen Produkten entscheidend für die Durchsetzung nachhaltiger Produkte ist, können auch herkömmliche Produkte verteuert werden (*increase costs strategy*). Auch dies ist im Wesentlichen ein Feld nachhaltiger *Steuerungsinstrumente des Staates* (z.B. hohe Abgaben und Steuern auf nicht nachhaltige Produkte; vgl. z.B. Lenk/Bessau 1998).

☐ Kontrollfragen

[1] Welche Barrieren nachhaltiger Konsumstile gibt es?

[2] Was wird unter der Eigennutz-Barriere verstanden und wie kann diese Kaufbarriere begründet werden?

[3] Wie kann die Dilemma-Situation nachhaltigen Konsums beschrieben werden?

[4] Welche Rolle spielt die persönliche Zahlungsbereitschaft beim Kauf nachhaltiger Produkte?

[5] Was ist ein *Means-end Chains-Modell* und was kann damit dargestellt werden?

[6] Welche Strategien zur Förderung nachhaltiger Konsumstile können unterschieden werden?

Literatur

Agenda 21: Konferenz der Vereinten Nationen für Umwelt und Entwicklung, Rio de Janeiro, Juni 1992.

Ajzen, I.: The Theory of Planned Behavior, in: Organizational Behavior and Human Decision Processes, Vol. 50 (1991), S. 179-211.

Akademie der Wissenschaften zu Berlin: Umweltstandards: Grundlagen, Tatsachen und Bewertungen am Beispiel des Strahlenrisikos, Forschungsbericht 2, Berlin, New York 1992.

Anderson, W.; Cunningham, W.: The socially conscious consumer, in: Journal of Marketing, Vol. 36 (1972), No. 3, S. 23-31.

Anderson, W.; Henion, K.; Cox, I.: Socially vs. ecologically responsible consumers. AMA Combined Conference Proceedings 1974, S. 304-311.

Ansoff, I.: Strategic issue management, in: Strategic Management Journal, Vol. 1 (1980), No. 2, S. 131-148.

Antil, J.; Bennett, P.: Construction and validation of a scale to measure socially responsible consumption behavior, in: Henion, K.; Kinnear, T. (Hrsg.), The conserver society, Chicago, Ill.: American Marketing Ass. 1979, S. 51-68.

Apple: Apple Supplier Responsibility. Progress Report 2012 (http://images.apple.com/supplierresponsibility/pdf/Apple_SR_2012_Progress_Report.pdf).

Arbuthnot, J.; Lingg, S.: A comparison of French and American environmental behaviors, knowledge, and attitudes, in: International Journal of Psychology, Vol. 10 (1975), No. 4, S. 275-281.

Arnot, C.; Boxall, P.; Cash, S.: Do ethical consumers care about price? A revealed preference analysis of fair trade coffee purchases, in: Canadian journal of agricultural economics, Vol. 54 (2006), No. 4, S. 555-565.

Aßländer, M.S.: Initiativen unternehmerischer Verantwortungsübernahme – Zwischen Freiwilligkeit und Soft Law, in: FORUM Wirtschaftsethik, 19. Jg. (2011), Nr. 1, S. 7-15.

Auger, P.; Burke, P.; Devinney, T.; Louviere, J.: What will consumers pay for social product features?, in: Journal of Business Ethics, Vol. 42 (2003), No. 3, S. 281-304.

Auger, P.; Devinney, T.: Do what consumers say matter? The misalignment of preferences with unconstrained ethical intentions, in: Journal of Business Ethics, Vol. 76 (2007), No. 4, S. 361-383.

Backhaus, K.; Schneider, H.: Strategisches Marketing, 2. Aufl., Stuttgart 2009.

Balderjahn, I.: Das umweltbewußte Konsumentenverhalten, Berlin 1986.

Balderjahn, I.: Personality Variables and Environmental Attitudes as Predictors of Ecologically Responsible Consumption Patterns, in: Journal of Business Research, Vol. 17 (1988), S. 51-56.

Balderjahn, I.: Marktreaktionen von Konsumenten, Berlin 1993.

Balderjahn, I.; Mennicken, C.: Das Management ökologischer Risiken und Krisen: Verhaltenswissenschaftliche Grundlagen, in: Albach, H.; Dyckhoff, H. (Hrsg.), Betriebliches Umweltmanagement 1996, Zeitschrift für Betriebswirtschaft (ZfB), Ergänzungsheft 2/96, München 1996, S. 23-49.

Balderjahn, I.: Das Management ökologischer Risiken und Krisen. Eine verhaltenswissenschaftliche Betrachtung, in: Weber, J. (Hrsg.), Umweltmanagement, Stuttgart 1997, S. 75-95.

Balderjahn, I.: Erfassung der Preisbereitschaft, in: Diller, H.; Herrmann, A. (Hrsg.), Handbuch Preispolitik, Wiesbaden 2003, S. 387-404.

Balderjahn, I.: Nachhaltiges Marketing-Management, Stuttgart 2004.

Balderjahn, I.: Umweltschutz und Unternehmung, in: Köhler, R.; Küpper, H.-U.; Pfingsten, A. (Hrsg.), Handwörterbuch der Betriebswirtschaftslehre, 6. Aufl., Stuttgart 2007, Sp. 1761-1770.

Balderjahn, I.; Hansen, U.: Ökologisches Marketing, in: Diller, H. (Hrsg.), Vahlens Großes Marketing Lexikon, 2. Aufl., München 2001, Sp. 1214-1217.

Balderjahn, I.; Peyer, M.: Soziales Konsumbewusstsein: Skalenentwicklung und -validierung, in: Corsten, H.; Roth, S. (Hrsg.), Nachhaltigkeit – Unternehmerisches Handeln in globaler Verantwortung, Wiesbaden 2012a, S. 93-112.

Balderjahn, I.; Peyer, M.: Das Bewusstsein für fairen Konsum: Konzeptualisierung, Messung und Wirkung, in: Die Betriebswirtschaft (DBW), 72. Jg. (2012b), Heft 4, S. 343-364.

Balderjahn, I.; Scholderer, J.: Konsumentenverhalten und Marketing, Stuttgart 2007.

Balderjahn, I.; Specht, G.: Einführung in die Betriebswirtschaftslehre, 6. Aufl., Stuttgart 2011.

Balderjahn, I.; Will, S.: Umweltverträgliches Konsumentenverhalten - Wege aus einem sozialen Dilemma, Marktforschung und Management (M & M), 41. Jg. (1997), Heft 4, S. 140-145.

Balderjahn, I.; Will, S.: Laddering: Messung und Analyse von Means-End Chains, Marktforschung und Management (M & M), 42. Jg. (1998), Heft 2, S. 68-71.

Bamberg, S.; Möser, G.: Twenty years after Hines, Hungerford, and Tomera: A new meta-analysis of psycho-social determinants of pro-environmental behaviour, in: Journal of Environmental Psychology, Vol. 27 (2007), S. 14-25.

Barnett, C.; Cafaro, P.; Newholm, T.: Philosophy and Ethical Consumption, in: Newholm, T.; Shaw, D.; Harrison, R. (Hrsg.), The Ethical Consumer, London 2005, S. 11-24.

Bech-Larsen, T.; Grunert, K.G.: Konsumentscheidungen bei Vertrauenseigenschaften, in: Marketing ZFP, 23. Jg. (2001), S. 188-197.

Becker, U.: Risikowahrnehmung der Öffentlichkeit und neue Konzepte der Risikokommunikation, in: Bayerische Rück (Hrsg.), Risiko ist ein Konstrukt, München 1993, S. 343-359.

Belk, R.: Issues in the intention behavior discrepancy, in: Sheth, J.N. (Hrsg.), Research in Consumer Behavior, Vol. 1 (1985), S. 1-34.

Belz, F.-M.: Stand und Perspektiven des Öko-Marketing, in: Die Betriebswirtschaft (DBW), 59. Jg. (1999a), S. 809-829.

Belz, F.-M.: Integratives Öko-Marketing, in: Bellmann, K. (Hrsg.), Betriebliches Umweltmanagement in Deutschland, Wiesbaden 1999b, S. 163-189.

Belz, F.-M.; Karg, G.; Witt, D.: Nachhaltiger Konsum und Verbraucherpolitik im 21. Jahrhundert, Marburg 2007.

Belz, F.-M.; Peattie, K.: Sustainability marketing. A global perspective, Chichester 2009.

Beyer-Stehl, K.: Die Business Social Compliance Initiative der Foreign Trade Association, in: FORUM Wirtschaftsethik, 18. Jg. (2010), Nr. 2, S. 19-25.

Bezençon, V.; Blili, S.: Ethical products and consumer involvement: what's new?, in: European Journal of Marketing, Vol. 44 (2010), No. 9/10, S. 1305-1321.

Bhattacharya, C.B.; Korschun, D.; Sen, S.: Strengthening Stakeholder–Company Relationships Through Mutually Beneficial Corporate Social Responsibility Initiatives, in: Journal of Business Ethics, Vol. 85 (2009), S. 257-272.

Bhattacharya, C.B.; Sen, S.: Consumer-company identification: A framework for understanding consumers´ relationship with companies, in: Journal of Marketing, Vol. 67 (2003), No. 2, S. 76-88.

Bielak, D.; Bonini, S.M.; Oppenheim, J.M.: CEOs on strategy and social issues, in: The McKinsey Quarterly, October 2007.

Bleicher, K.: Leitbilder, 2. Aufl., Stuttgart, Zürich 1994.

BMAS (Bundesministerium für Arbeit und Soziales): Nationale Strategie zur gesellschaftlichen Verantwortung von Unternehmen – Aktionsplan CSR – der Bundesregierung", Bonn 2010.

BMAS (Bundesministerium für Arbeit und Soziales): Die DIN ISO 26000 „Leitfaden zur gesellschaftlichen Verantwortung von Organisationen" – Ein Überblick –, Bonn 2011.

BMU (Bundesministerium für Umwelt, Naturschutz und Reaktorsicherheit): Wirtschaftliche Globalisierung und Umwelt, Berlin 2002.

BMU (Bundesministerium für Umwelt, Naturschutz und Reaktorsicherheit): EU-Nachhaltigkeitsstrategie, Berlin 2011a (www.bmu.de/europa_und_umwelt/eu-nachhaltigkeitsstrategie/doc/6733.php).

BMU (Bundesministerium für Umwelt, Naturschutz und Reaktorsicherheit): Verantwortung neu denken. Risikomanagement und CSR, Berlin 2011b (www.bmu.de/files/pdfs/allgemein/application/pdf/broschuere_csr_veranwortung_bf.pdf).

BMU (Bundesministerium für Umwelt, Naturschutz und Reaktorsicherheit): Kreislaufwirtschaftsgesetz – KrWG, 2012a (www.bmu.de/abfallwirtschaft/abfallpolitik/kreislaufwirtschaft/doc/1954.php).

BMU (Bundesministerium für Umwelt, Naturschutz und Reaktorsicherheit): Europäisches Umweltzeichen, 2012b (www.bmu.de/produkte_und_umwelt/umweltzeichen/europaeisches_umweltzeichen/doc/39040.php).

BMU (Bundesministerium für Umwelt, Naturschutz und Reaktorsicherheit): GreenTech made in Germany 3.0 Umwelttechnologie-Atlas für Deutschland, Berlin 2012c (www.bmu.de/wirtschaft_und_umwelt/downloads/publ/49125.php).

Bogun, R.: Konsum, Umweltverbrauch und soziale Ungleichheit – eine Frage "unseres Lebensstils"? artec-paper 179 (artec Forschungszentrum Nachhaltigkeit), Universität Bremen 2012.

Bohlen, G.M.; Schlegelmilch, B.; Diamantopoulos, A.: Measuring ecological concern: a multi-construct perspective, in: Journal of Marketing Management, Vol. 9 (1993), No. 4, S. 415-430.

Brauer, M.N./Steffen, K.-D./Biermann, S./Schuler, A.H.: Compliance Intelligence, Stuttgart 2009.

Brenton, S.; ten Hacken, L.: Ethical consumerism: Are unethical labour practices important to consumers, in: Journal of Research for Consumers, Vol. 6 (2006), No. 11, S. 1-11.

Brinkmann, J.; Peattie, K.: Consumer ethics research: Reframing the debate about consumption for good, in: Electronic Journal of Business Ethics and Organization Studies, Vol. 13 (2008), S. 22-31.

Brown, T.J.; Dacin, P.A.: The Company and the Product: Corporate Associations and Consumer Product Responses, in: Journal of Marketing, Vol. 61 (1997), S. 68-84.

Bruhn, M.: Marketing, 11. Aufl., Wiesbaden 2012.

BSR (Business for Social Responsibility); GlobeScan: State of Sustainable Business Poll 2011 (www.globescan.com/clients/case-studies/bsr.html.).

Bundesregierung, Die: Nationale Nachhaltigkeitsstrategie. Fortschrittsbericht 2012 (http://www.bundesregierung.de/Content/DE/StatischeSeiten/Breg/Nachhaltigkeit/0-B%C3%BChne/2012-04-16-fortschrittsbericht-grundsatzartikel.html).

Carrigan, M.; Attalla, A.: The myth of the ethical consumer: Do ethics matter in purchase behaviour?, in: Journal of Consumer Marketing, Vol. 18 (2001), S. 560-577.

Carrigan, M.; Szmigin, I.; Wright, J.: Shopping for a better world? An interpretive study of the potential for ethical consumption within the older market, in: Journal of Consumer Marketing, Vol. 21 (2004), S. 401-417.

Carroll, A.: A three-dimensional conceptual model of corporate performance, in: Academy of Management Review, Vol. 4 (1979), No. 4, S. 497-505.

Carroll, A.: The pyramid of corporate social responsibility: Toward the moral management of organizational stakeholders, in: Business Horizons, Vol. 34 (1991), No. 4, S. 39-48.

Carter, S.J.; Ball, D.F.; Baron, P.J.; Elliot, D.: Environmental Auditing: Management Strategy, in: Business and the Environment, Vol. 4 (1995), S. 86-94.

Castaldo, S.; Perrini, F.; Misani, N.; Tencati, A.: The missing link between corporate social responsibility and consumer trust: The case of fair trade products, in: Journal of Business Ethics, Vol. 84 (2009), S. 1-15.

Cherrier, H.: Anti-consumption discourses and consumer-resistant identities, in: Journal of Business Research, Vol. 62 (2009), No. 2, S. 181–190.

Choi, J.-S.; Kwak, Y.-M.; Choe, C.: Corporate social responsibility and corporate financial performance: Evidence from Korea, in: Australian Journal of Management, Vol. 35 (2010), S. 291-311.

Clarkson, M.B.: A Stakeholder Framework for Analysing and Evaluating Corporate Social Performance, in: Academy of Management Review, Vol. 20 (1995), No. 1, S. 92-117.

Claus, T.; Kramer, M.; Křivánek, T.: Umweltorientierte Beschaffung und Logistik, in: Kramer, M.; Strebel, M.; Kayser, G. (Hrsg.), Band III: Operatives Umweltmanagement im internationalen und interdisziplinären Kontext, Wiesbaden 2003, S. 31-70.

Closs, D.; Speier, C.; Meacham, N.: Sustainability to support end-to-end value chains: The role of supply chain management, in: Journal of the Academy of Marketing Science, Vol. 39 (2011), No. 1, S. 101-116.

Crane, A.: Unpacking the ethical product, in: Journal of Business Ethics, Vol. 30 (2001), S. 361-373.

Davis, K.: The Case for and Against Business Assumption of Social Responsibilities, in: Academy of Management Journal, Vol. 16 (1973), No. 2, S. 312-323.

Dawson, L.M.: The Human Concept: New Philosophy for Business, in: Business Horizons, Vol. 12 (1969), No. 12, S. 29-39.

DCGK (Regierungskommission Deutscher Corporate Governance Kodex): Deutscher Corporate Governance Kodex, 15. Mai 2012.

de Ferran, F.; Grunert, K.G.: French fair trade coffee buyers' purchasing motives: an exploratory study using means-end chains analysis, in: Food Quality and Preference, Vol. 18 (2007), S. 218-229.

de Pelsmacker, P.; Driesen, L.; Rayp, G.: Do consumers care about ethics? Willingness to pay for fair-trade coffee, in: Journal of Consumer Affairs, Vol. 39 (2005), S. 363-385.

de Pelsmacker, P.; Janssens, W.: A model for fair trade buying behaviour: The role of perceived quantity and quality of information and of product-specific attitudes, in: Journal of Business Ethics, Vol. 75 (2007), S. 361-380.

de Pelsmacker, P.; Janssens, W.; Sterckx, E.; Mielants, C.: Fair-trade beliefs, attitudes and buying behaviour of Belgian consumers, in: International Journal of Nonprofit & Voluntary Sector Marketing, Vol. 11 (2006), S. 125-138.

DeSimone, L.; Popoff, F.: Eco-Efficiency: the Business Link to Sustainable Development, MIT Press, Cambridge 1997.

Devinney, T.; Auger, P.; Eckhardt, G.: The myth of the ethical consumer, Cambridge 2010.

Devinney, T.; Auger, P.; Eckhardt, G.; Birtchnell, T.: The other CSR: Consumer social responsibility, in: Stanford Social Innovation Review, Vol. 4 (2006), No. 3, S. 30-37.

DG Environment of the European Commission: Study on the Costs and Benefits of EMAS to Registered Organisations, Contract No. 07.0307/2008/517800/ETU/G.2, Brüssel 2009.

Diekmann, A.: Umweltbewußtsein oder Anreizstrukturen, in: Diekmann, A.; Franzen, A. (Hrsg.), Kooperatives Umwelthandeln, Zürich 1995, S. 39-68.

Diekmann, A.: Homo ÖKOnomicus, in: Diekmann, A.; Jaeger, C.C. (Hrsg.), Umweltsoziologie, Opladen 1996, S. 105ff.

Diekmann, A.; Preisendörfer, P.: Persönliches Umweltverhalten. Diskrepanzen zwischen Anspruch und Wirklichkeit, in: Kölner Zeitschrift für Soziologie und Sozialpsychologie, 44. Jg. (1992), S. 226-251.

Diekmann, A.; Preisendörfer, P.: Umweltsoziologie. Eine Einführung, Rororo Rowohlts Enzyklopädie, Bd. 55595, Reinbek 2001.

Dolan, P.: The sustainability of "sustainable consumption", in: Journal of Macromarketing, Vol. 22 (2002), S. 170-181.

Domsch, M.E.; Kleiminger, K.; Sticksel, P.: Umweltorientierte Personalentwicklung, in: Weber, J. (Hrsg.), Umweltmanagement, Stuttgart 1997, S. 97-123.

Domschke, W.; Scholl, A.: Grundlagen der Betriebswirtschaftslehre, 4. Aufl., Berlin u.a. 2008.

Du, S.; Bhattacharya, C.B.; Sen, S.: Reaping relational rewards from corporate social responsibility: The role of competitive positioning, in: International Journal of Research in Marketing, Vol. 24 (2007), S. 224-241.

Dunlap, R.E.; van Liere, K.D.: The „New Environmental Paradigm", in: The Journal of Environmental Education, Vol. 40 (2008), S. 19-28.

DVFA/EFFAS: KPIs for ESG. A Guideline for the Integration of ESG into Financial Analysis and Corporate Valuation, Version 3.0, Frankfurt am Main 2010.

Dyckhoff, H.: Produktion und Umwelt, in: Junkernheinrich, M.; Klemmer, P.; Wagner, G.R. (Hrsg.), Handbuch zur Umweltökonomie, Berlin 1995, S. 220-224.

Dyckhoff, H.: Umweltmanagement, Berlin u.a. 2000.

Dyckhoff, H.; Souren, R.: Nachhaltige Unternehmensführung, Berlin u.a. 2008.

Dyllick, T.: Ökologisch bewusste Unternehmensführung, in: Die Unternehmung, 46. Jg. (1992a), S. 391-413.

Dyllick, T.: Politische Legitimität, moralische Autorität und wirtschaftliche Effizienz als externe Lenkungssysteme der Unternehmung, in: Sander, M. (Hrsg.), Politische Prozesse in Unternehmen, 2. Aufl., Heidelberg (1992b), S. 205-230.

Dyllick, T.; Belz, F.-M.; Schneidewind, U.: Ökologie und Wettbewerbsfähigkeit, München, Wien 1997.

Dyllick, T.; Hockerts, K.: Beyond the Business Case for Corporate Sustainability, in: Business Strategy and the Environment, Vol. 11 (2002), S. 130-141.

Dyllick, T.; Schaltegger, S.: Nachhaltigkeitsmanagement mit einer Sustainability Balanced Scorecard, in: UmweltWirtschaftsForum, 9. Jg. (2001), S. 68-73.

Eckhardt, G.M.; Belk, R.; Devinney, T.M.: Why don´t consumers consume ethically?, in: Journal of Consumer Behaviour, Vol. 9 (2010), S. 426-436.

EEA (European Environment Agency): The DPSIR framework, 2011 (www.eea.europa.eu/publications/92-9167-059-6-sum/page002.html).

Eisenberg, N.; Mussen, P.: The roots of prosocial behavior in children. Cambridge 1989.

Elkington, J.: Cannibals with Forks: the Triple Bottom Line of the 21st Century Business, Oxford 1997.

Ellen, P.S.; Webb, D.J.; Mohr, L.A.: Building Corporate Associations: Consumer Attribution for Corporate Socially Responsible Programs, in: Journal of the Academy of Marketing Science, Vol. 34 (2006), No. 2, S. 147-157.

Emons, W.: Credence goods and fraudulent experts, in: RAND Journal of Economics, Vol. 28, (1997), No. 1, S. 107-119.

Emons, W.: Credence goods monopolists, in: International Journal of Industrial Organization, Vol. 19 (2001), S. 375-389.

Enquete-Kommission: Konzept Nachhaltigkeit. Vom Leitbild zur Umsetzung, Abschlussbericht der Enquete-Kommission „Schutz des Menschen und der Umwelt, Drucksache 13/11200, Bonn 1998.

Ernst & Young: SAAS News, Ausgabe 12, Herbst 2009.

Ernst & Young: Business Risk Report 2010. The top 10 risks for global business, (www.ey.com/businessrisk 2010).

Ernst & Young: Deutschlands Top-Unternehmen 2011: Erwartungen und Wirklichkeit, (http://www.ey.com/DE/de/About-us/Publikationen_Studien_2011).

Ernst & Young: Nachhaltige Unternehmensführung – Lage und aktuelle Entwicklungen im Mittelstand, 2012.

Europäische Kommission: Europäische Rahmenbedingungen für die soziale Verantwortung der Unternehmen (Grünbuch), Brüssel 2001.

Europäische Kommission: Mitteilung der Kommission an das europäische Parlament, den Rat, den europäischen Wirtschafts- und Sozialausschuss und den Ausschuss der Regionen: Eine neue EU-Strategie (2011-14) für die soziale Verantwortung der Unternehmen (CSR), Brüssel 2011, (http://ec.europa.eu/enterprise/policies/sustainable-business/files/csr/new-csr/act_de.pdf).

European Commission: ABC of the main instruments of corporate Social Responsibility, Luxembourg 2004.

Fehr, E.; Fischbacher, U.: The nature of human altruism, in: Nature 425 (2003), S. 785-791.

Foscht, T.; Swoboda, B.: Käuferverhalten. 4. Aufl. Wiesbaden 2011.

Freble, J.F.: Toward a Comprehensive Model of Stakeholder-Management, in: Business and Society Review, Vol. 110 (2005), S. 407-431.

Freeman, R.E.: Strategic Management: A Stakeholder Approach, Boston 1984.

Fritz, W.; von der Oelsnitz, D.: Marketing, 4. Aufl., Stuttgart u.a. 2006.

Gardner, G.T.; Stern, P.C.: Environmental Problems and human behavior. Boston et al. 1996.

Gatesleben, B.; Vlek, Ch.: Household Consumption, Quality of Life, and Environmental Impacts: A Psychological Perspective and Empirical Study, in: Noorman, K.J.; Uiterkamp, T.S. (Hrsg.), Free Households? Domestic Consumers, Environment and Sustainability, London 1998, S. 141-183.

Gengler, C.E.; Klenosky, D.B.; Mulvey, M.S.: Improving the graphic representation of means-end results, in: International Journal of Research in Marketing, Vol. 12 (1995), S. 245-256.

Germanwatch: Deutschland auf dem Weg in eine „Green and Fair Economy"? 2012 (http://germanwatch.org/de/download/3900.pdf).

Gierl, H.; Stumpp, S.: Der Einfluß von Kontrollüberzeugungen und globalen Einstellungen auf das umweltbewußte Konsumentenverhalten, in: Marketing ZFP, 21. Jg. (1999), S. 121-129.

Giljum, S. et al.: Wissenschaftliche Untersuchung und Bewertung des Indikators „Ökologischer Fußabdruck", Forschungsbericht 363 01 135, UBA-FB 001089, Umweltbundesamt 2007.

Global Footprint Network: National Footprint Account for Germany. Partner Edition. Global Footprint Network, Oakland, CA. 2006 (www.footprintnetwork.org).

GlobeScan: The Regeneration Project. Unfinished business, 2011a (www.globescan.com/pdf/Regeneration_Project-Unfinished_business.pdf).

GlobeScan: High Trust and Global Recognition Levels make Fairtrade an Enabler of Ethical Consumer Choice. Global Poll 2011b (www.globescan.com/news_archives/flo_business/).

Glöckner, A.; Balderjahn, I.; Peyer, M.: Die LOHAS im Kontext der Sinus-Milieus, in: Marketing Review St. Gallen, Nr. 5/2010, S. 36-41.

Göbel, E.: Das Management der sozialen Verantwortung, Berlin 1992.

Greenacre, M.: Theory and Application of Correspondence Analysis, London 1984.

Gudet, C.: Risiko- und Reputationsmanagement als neue Aufgaben einer nachhaltigen Unternehmensstrategie, in: UmweltWirtschaftsForum, 10. Jg. (2002), S. 30-33.

Gutman, J.: A Means-End Chain Model Based on Consumer Categorization Processes, in: Journal of Marketing, Vol. 46 (1982), S. 60-72.

Habisch, A.: Die Corporate-Citizenship-Herausforderung: Gesellschaftliches Engagement als Managementaufgabe, in: Gazdar, K.; Habisch, A.; Kirchhoff, K.R.; Vaseghi, S. (Hrsg.), Erfolgsfaktor Verantwortung, Berlin, Heidelberg 2006, S. 33-49.

Hahn, T.; Wagner, M.; Figge, F.; Schaltegger, S.: Wertorientiertes Nachhaltigkeitsmanagement mit einer Sustainability Balanced Scorecard, in: Schaltegger, S.; Dyllick, T. (Hrsg.), Nachhaltig managen mit der Balanced Scorecard, Wiesbaden 2002, S. 43-94.

Hansen, U.: Marketingethik, in: Diller, H. (Hrsg.), Vahlens großes Marketinglexikon, 2. Aufl., München 2001, Sp. 970-972.

Hansen, U.; Schrader, U.: Zukunftsfähiger Konsum als Ziel der Wirtschaftstätigkeit, in: Korff, W. (Hrsg.), Handbuch der Wirtschaftsethik, Band 1-4, 1999, S. 463-486.

Hansen, U.; Schrader, U.: Nachhaltiger Konsum – Leerformel oder Leitprinzip, in: Schrader, U.; Hansen, U. (Hrsg.), Nachhaltiger Konsum, Frankfurt,New York 2001, S. 17-45.

Hansen, U.; Schrader, U.: Corporate Social Responsibility als aktuelles Thema der Betriebswirtschaftslehre, in: Die Betriebswirtschaft (DBW), 65. Jg. (2005), S. 373-395.

Harrison, R.; Newholm, T.; Shaw, D.: The ethical consumer, London 2005.

Heckhausen, J.; Heckhausen, H.: Motivation und Handeln, 3. Aufl., Berlin u.a. 2006.

Hines, J.M.; Hungerford, H.R.; Tomera, A.N.: Analysis and Synthesis of Research on Responsible Environmental Behaviour. A Meta Analysis. in: Journal of Environmental Education, Vol. 18 (1987), S. 1-8.

Hiscox, M.; Smyth, N.: Is there consumer demand for improved labor standards? Evidence from field experiments in social labeling, Harvard 2006.

Hofstede, G.: Lokales Denken, globales Handeln, 2. Aufl., München 2001.

Howard, P.H.; Allen, P.: Beyond Organic and Fair Trade? An Analysis of Ecolabel Preferences in the United States, in: Rural Sociology, Vol. 75 (2010), S. 244–269.

Hseueh, L.M.; Gerner, J.L.: Effect of thermal improvements in housing on residential energy demand, in: Journal of Consumer Affairs, Vol. 27 (1993), No. 1, S. 87-105.

Hulpke, H.: Aufgaben des Konfliktmanagements im Umweltschutz unter besonderer Berücksichtigung von Risikoquellen, in: Wagner, G.R. (Hrsg.), Ökonomische Risiken und Umweltschutz, München 1992, S. 170-183.

Human Rights Council: Guiding Principles on Business and Human Rights: Implementing the United Nations "Protect, Respect and Remedy" Framework, 2011 (http://www.business-humanrights.org/GettingStartedPortal/Home).

Humbert, S.; Margni, M.; Jolliet, O.: IMPACT 2002+. User Guide, Draft for version 2.1, Lausanne 2005.

Hustvedt, G.; Bernard, J.: Effects of social responsibility labelling and brand on willingness to pay for apparel, in: International Journal of Consumer Studies, Vol. 34 (2010), No. 6, S. 619-626.

IAA (Internationales Arbeitsamt): Dreigliedrige Grundsatzerklärung über multinationale Unternehmen und Sozialpolitik, Genf 2006.

imug (Hrsg.): Unternehmenstest – Neue Herausforderungen für das Management der sozialen und ökologischen Verantwortung, München 1997.

Informationsdienst Holz: Ökobilanzen Holz, Absatzförderungsfonds der deutschen Forst- und Holzwirtschaft (Hrsg.), 12/1999, Bonn 1999.

ISO (International Organization for Standardization): ISO (Environmental management: The ISO 14000 family of International Standards, Genf 2009 (www.iso.org/iso/home/standards/management-standards/iso14000.htm).

ISO (International Organization for Standardization): ISO 26000. Project Overview, Genf 2010a (www.iso.org/iso/iso_26000_project_overview.pdf).

ISO (International Organization for Standardization): Discovering ISO 26000, Genf 2010b (www.iso.org/iso/discovering_iso_26000.pdf).

Jägel, T.; Keeling, K.; Reppel, A.; Gruber, T.: Individual values and motivational complexities in ethical clothing consumption: A means-end approach, in: Journal of Marketing Management, Vol. 28 (2012), S. 373-396.

Jolliet, O.; Margni, M.; Charles, R.; Humbert, S.; Payet, J.; Rebitzer, G.; Rosenbaum, R.: IMPACT 2002+: A New Life Cycle Impact Assessment Methodology, in: International Journal of Life Cycle Assessment, Vol. 8 (2003), No. 6, S. 324-330.

Jost, A.; Wiedmann, K.-P.: Dialog und Kooperation mit Konsumenten, Arbeitspapier Nr. 98, Institut für Marketing, Universität Mannheim, Mannheim 1993.

Kaas, K.P.: Marketing für umweltfreundliche Produkte. Ein Ausweg aus den Dilemmata der Umweltpolitik?, in: Die Betriebswirtschaft (DBW), 52. Jg. (1992), Nr. 4, S. 473-487.

Kaas, K.P.: Informationsprobleme auf Märkten für umweltfreundliche Produkte, in: Wagner, G.-R. (Hrsg.), Betriebswirtschaft und Umweltschutz, Stuttgart 1993, S. 29-43.

Kaas, K.P.: Marketing und Umwelt, in: Junkernheinrich, M.; Klemmer, P.; Wagner, G.-R. (Hrsg.), Handbuch zur Umweltökonomie, Berlin 1995, S. 112-116.

Kaplan, R.S./Norton, D.P.: Balanced Scorecard: Strategien erfolgreich umsetzen, Stuttgart 1997.

Kepplinger, H.M.: Bis zum Platzen, in: Der Tagesspiegel vom 17. Juni 2012.

Kilbourne, W.; McDonagh, P.; Prothero, A.: Sustainable Consumption and the Quality of Life: A Macromarketing Challenge to the Dominant Social Paradigm, in: Journal of Markomarketing, Vol. 17 (1997), S. 4-24.

Kinnear, T.C.; Taylor, J.R.: The Effect of Ecological Concern on Brand Perception, in: Journal of Marketing Research, Vol. 10 (1973), S. 191-197.

Kinnear, T.C.; Taylor, J.R.; Sadrudin, A.A.: Ecologically Concerned Consumers: Who Are They?, in: The Journal of Marketing, Vol. 38 (1974), No. 2, S. 20-24.

Kirchgässner, G.: Homo oeconomicus. Das ökonomische Modell individuellen Verhaltens und seine Anwendung in den Wirtschafts- und Sozialwissenschaften. 2. Aufl., Tübingen 2000.

Kirchgeorg, M.: Nachhaltigkeits-Marketing, in: UmweltWirtschaftsForum, 10. Jg. (2002), S. 4-11.

Klein, J.G.; Smith, N.C.; John, A.: Why we boycott: Consumer motivations for boycott participation, in: Journal of Marketing, Vol. 68 (2004), S. 92-109.

Kleinfeld, A.; Henze, B.: Wenn der Maßstab fehlt – oder wann ist CSR (unternehmens)ethisch vertretbar?, Tagungsband der DNWE Jahrestagung 2008, Corporate Social Responsibility – Reichweiten der Verantwortung, Bonn 2008, S. 49-72.

Kleinfeld, A.; Kettler, A.: Unternehmensethik auf dem Vormarsch. ISO 26000 macht Ethik zur Norm globalen Wirtschaftshandelns, in: FORUM Wirtschaftsethik, 19. Jg. (2011), S. 16-26.

Krewitt, W.; Schlossmann, B.: Externe Kosten der Stromerzeugung aus erneuerbaren Energien im Vergleich zur Stromerzeugung aus fossilen Energieträgern, Fraunhofer Institut für System- und Innovationsforschung (ISI), Karlsruhe 2006.

Kuhn, Th.: Unternehmerische Verantwortung in der ökologischen Krise, Bern u.a. 1993.

Küpper, H.-U.: Entscheidung und Verantwortung im institutionellen Rahmen, in: Korff, W. (Hrsg.), Handbuch der Wirtschaftsethik. Band 3: Ethik wirtschaftlichen Handelns, Gütersloh 1999, S. 39-67.

Küpper, H.-U.: Entscheidungsfreiheit als Grundlage wirtschaftswissenschaftlicher Forschung – Bezüge zwischen Betriebswirtschaftslehre, Ethik und Neurobiologie, Discussion paper 2006 – 07, Munich School of Management, University of Munich 2006.

Leisinger, K.M.: Der UN Global Compact, in: FORUM Wirtschaftsethik 14. Jg. (2006) Nr. 1, S. 18

Lenk, T.; Bessau, D.: Umweltökonomische Indikatoren und Instrumente zur Umsetzung des Sustainability Development, in: WISU, 27. Jg. (1998), S. 171-177.

Leonard-Barton, D.: Voluntary Simplicity Lifestyles and Energy Conservation, in: Journal of Consumer Research, Vol. 8 (1981), No. 3, S. 243-252.

Liebe, F.: Issue Management, in: Zeitschrift für Betriebswirtschaft, 64. Jg. (1994), S. 359-383.

Lindenmeier, J.; Tscheulin, D.K.: Konsumentenboykott: State-of-the-Art und Forschungsdirektiven, in: Zeitschrift für Betriebswirtschaft (ZfB), 78. Jg. (2008), Nr. 5, S. 553-579.

Loew, T.; Ankele, K.; Braun, S.; Clausen, J.: Bedeutung der internationalen CSR-Diskussion für Nachhaltigkeit und die sich daraus ergebenden Anforderungen an Unternehmen mit Fokus Berichterstattung. Berlin, Münster 2004.

Loew, T.; Braus, S: Organisatorische Umsetzung von CSR, Berlin 2006 (www.4sustainability.org).

Loew, T.; Clausen, J.; Rohde, F.: CSR und Risikomanagement. Berlin und Hannover 2011 (www.4sustainability.org).

Lohmann, D.: Umweltpolitische Kooperationen von Staat und Unternehmen, in: Dyckhoff, H. (Hrsg.), Umweltmanagement, Berlin u.a. 2000, S. 169-194.

Luo, X.; Bhattacharya, C.B.: Corporate Social Responsibility, Customer Satisfaction, and Market Value, in: Journal of Marketing, Vol. 70 (2006), S. 1-18.

Macharzina, K.; Wolf, J.: Unternehmensführung, 7. Aufl., Wiesbaden 2010.

Maignan, I.: Consumers' perceptions of corporate social responsibilities: A cross-cultural comparison, in: Journal of Business Ethics, Vol. 30 (2001), S. 57-72.

Maloney, M.; Ward, M.: Ecology: Let's hear from the people. An Objective Scale for the Measurement of Ecological Attitudes and Knowledge, in: American Psychologist, Vol. 28 (1973), No. 7, S. 583-586.

Margolis, J.D./Walsh, J.P.: Misery loves companies. Rethinking social initiatives by business, in: Administrative Science Quarterly, Vol. 48, Nr. 2 (2003), S. 268-305.

McDaniel, S.W.; Rylander, D.H.: Strategic green marketing, in: Journal of Consumer Marketing, Vol. 10 (1993), S. 4-10.

McWilliams, A.; Siegel, D.S.; Wright, P.M.: Corporate Social Responsibility: Strategic Implications, in: Journal of Management Studies, Vol. 43 (2006), S. 1-18.

Meadows, D.L.; Meadows, D.H.; Zahn, E.: Die Grenzen des Wachstums. Bericht des Club of Rome zur Lage der Menschheit, München 1972.

Meffert, H.: Umweltbewußtes Konsumentenverhalten, in: Marketing ZFP, 15. Jg. (1993), S. 51-54.

Meffert, H.: Corporate Social Responsibility – mehr als eine Modelwelle, in: zfo – Zeitschrift für Führung und Organisation, 77. Jg. (2008), Nr. 6, S. 381-383.

Meffert, H.; Bruhn, M.: Das Umweltbewußtsein von Konsumenten – Ergebnisse einer empirischen Untersuchung in Deutschland im Längsschnittvergleich, Wissenschaftliche Gesellschaft für Marketing und Unternehmensführung e.V., Arbeitspapier Nr. 99, Münster 1996.

Meffert, H.; Burmann, C.; Kirchgeorg, M.: Marketing, 11. Aufl., Wiesbaden 2012.

Meffert, H.; Kirchgeorg, M.: Ökologisches Marketing, in: UmweltWirtschaftsForum, 3. Jg. (1995a), Nr. 1, S. 18-27.

Meffert, H.; Kirchgeorg, M.: Fallbeispiel: Shell. Ein Unternehmen zieht aufs Meer, um sein Vertrauen zu verlieren, in: absatzwirtschaft, 38. Jg. (1995b), Sondernummer Oktober 1995, S. 154-156.

Meffert, H.; Kirchgeorg, M.: Einsatz der ökologischen Zertifizierung im Marketing, in: Klemmer, P.; Meuser, T. (Hrsg.), EG-Umweltaudit, Wiesbaden 1995c, 95-122.

Meffert, H.; Kirchgeorg, M.: Ökologieorientiertes Konsumentenverhalten als markt- und wettbewerbsstrategische Herausforderung für das Umweltmanagement, in: Steger, U. (Hrsg.), Handbuch des integrierten Umweltmanagements, München 1997, S. 217-239.

Meffert, H.; Kirchgeorg, M.: Marktorientiertes Umweltmanagement, 3. Aufl., Stuttgart 1998.

Meffert, H.; Rauch, C.; Lepp, H.L.: Sustainable Branding – mehr als ein neues Schlagwort?!, in: Marketing Review St. Gallen 2010, Heft 5, S. 28-35.

Mileti, D.S.; Sorensen, J.H.: Determinants of Organizational Effectiveness in Responding to Low Probability Catastrophic Events, in: Columbia Journal of World Business, Vol. 22 (1987), S. 13-21.

Miller, K.; Sturdivant, F.: Consumer responses to socially questionable corporate behavior: An empirical test, in: Journal of Consumer Research, Vol. 4 (1977), S. 1-7.

Mitroff, I.I.: Crisis Management and Environmentalism: A Natural Fit, in: California Management Review, Vol. 36 (1994), S. 101-113.

Mitroff, I.I.; Pauchant, T.C.; Shrivastava, P.: The Structure of Man-made Organizational Crisis. Conceptual and empirical Issues in the Development of a general Theory of Crisis Management, in: Technological Forecasting and Social Chance, Vol. 33 (1988), S. 83-107.

Mohr, L.; Webb, D.: The effects of corporate social responsibility and price on consumer responses, in: The Journal of Consumer Affairs, Vol. 39 (2005), S. 121-147.

Mohr, L.; Webb, D.; Harris, K.: Do consumers expect companies to be socially responsible? The impact of corporate social responsibility on buying behavior, in: The Journal of Consumer Affairs, Vol. 35 (2001), No. 1, S. 45-72.

Müller, S.; Wünschmann, S.; Wittig, K.; Hoffmann, S.: Umweltbewusstes Konsumentenverhalten im interkulturellen Vergleich, Göttingen 2007.

Müller-Christ, G.: Umweltmanagement, München 2001.

Mutz, G.; Korfmacher, S.: Sozialwissenschaftliche Dimensionen von Corporate Citizenship in Deutschland, in: Backhaus-Maul, H.; Brühl, H. (Hrsg.), Bürgergesellschaft und Wirtschaft – zur neuen Rolle von Unternehmen, Berlin 2003, S. 45-62.

OECD (Organisation for Economic Co-operation and Development): OECD-ILO-Konferenz zur Gesellschaftlichen Verantwortung von Unternehmen, Paris 2008.

Oloko, S.; Balderjahn, I.: On the Moral Value of Cause related Marketing, in: Marketing ZFP, 33. Jg. (2011), No. 2, S. 159-170.

Olson, J.C.: Theoretical Foundations of Means-End Chains, in: Werbeforschung & Praxis, 34. Jg. (1989), S. 174-178.

Olson, J.C.; Reynolds, T.: Understanding Consumers´ Cognitive Structures – Implications for Advertising Strategy, in: Percy, L; Woodside, A. (Hrsg.), Advertising and Consumer Psychology, Lexington, Mass. 1983, S. 77-90.

Ottman, J.A.: Green Marketing, Illinois 1994.

Pauchant, T.C.; Mitroff, I.I.: Transforming the Crisis-Prone Organization. Preventing Individual, Organizational, and Environmental Tragedies, San Francisco 1992.

Peyer, M.; Balderjahn, I.: Zahlungsbereitschaft für sozialverträgliche Produkte, in: Jahrbuch der Absatz- und Verbrauchsforschung, 53. Jg (2007), Nr. 3, S. 267-288.

Pfriem, R.: Unternehmenspolitik in sozialökologischen Perspektiven, Marburg 1995.

Pfriem, R.; Fischer, D.: Anspruchsgruppen, in: Schulz, W.F.; Burschel, C.J.; Weigert, M. (Hrsg.), Lexikon Nachhaltiges Wirtschaften, München, Wien 2001, S. 13-20.

Pomering, A.; Dolnicar, S.: The limitations of consumer response to CSR: An empirical test of Smith's proposed antecedents, University of Wollongong 2006.

Poortinga, W.; Steg, L.; Vlek, C.: Values, Environmental Concern, and Environmental Behavior, in: Environment and Behavior, Vol. 36 (2004), No. 1, S. 70-93.

Porter, M.E.; Kramer, M.R.: The Competitive Advantage of Corporate Philanthropy, in: Harvard Business Review, Vol. 80 (2002), No. 12, S. 56-68.

Porter, M.E.; Kramer, M.R.: Strategy & Society, in: Harvard Business Review, Vol. 84 (2006), No. 12, S. 78-92.

Profeta, A.: Zur Zahlungsbereitschaft für fair gehandelten Kaffee. Eine Conjoint-Analyse, Göttingen: Institut für Agrarökonomie 2001.

Projektgruppe Ökologische Wirtschaft (Hrsg.): Produktlinienanalyse. Bedürfnisse, Produkte und ihre Folgen. Wege aus der Krise, Bd. 4, Köln 1987.

PUMA: PUMA's Environmental Profit and Loss Account for the year ended 31 December 2010, 2011 (http://about.puma.com/wp-content/themes/aboutPUMA_theme/financial-report/pdf/EPL080212final.pdf).

Raabe, T.: Makromarketing, in: Tietz, B.; Köhler, R.; Zentes, J. (Hrsg.), Handwörterbuch des Marketing, 2. Aufl., Stuttgart 1995, Sp. 1429-1434.

Reilly, A.H.: Are Organizations Ready for Crisis? A Managerial Scorecard, in: Columbia Journal of World Business, Vol. 22 (1987), S. 79-88.

Reisch, L.A.: Sustainable Consumption: Three Questions about a fuzzy concept, Research Group „Consumption, Environment, and Culture“, Working Paper No. 13, Copenhagen Business School 1998.

Reisch, L.A.; Scherhorn, G.: Auf der Suche nach dem ethischen Konsum, in: Der Bürger im Staat, 48. Jg. (1998), Heft 2, S. 92-99.

Reynolds, T.; Gutman, J.: Laddering Theory, Method, Analysis, and Interpretation, in: Journal of Advertising Research, Vol. 28 (1988), S. 11-31.

Reynolds, T.J.; Olson, J.C. (Hrsg.): Understanding Consumer Decision Making: The Means-end Approach to Marketing and Advertising Strategy, New Jersey 2001.

Roberts, J.A.: Profiling levels of socially responsible consumer behavior: A cluster analytic approach and its implications for marketing, in: Journal of Marketing Theory & Practice, Vol. 3 (1995), No. 4, S. 97-117.

Roberts, J.A.; Bacon, D.R.: Exploring the Subtle Relationships between Environmental Concern and Ecologically Conscious Consumer Behavior, in: Journal of Business Research, Vol. 40 (1997), S. 79-89.

Santarius, T.: Der Rebound-Effekt – Über die unerwünschten Folgen der erwünschten Energieeffizienz. Wuppertal Institut für Klima, Umwelt, Energie GmbH, Wuppertal 2012.

Schaltegger, S.; Dyllick, T.: Nachhaltig managen mit der Balanced Scorecard: Einführung, in: Schaltegger, S.; Dyllick, T. (Hrsg.), Nachhaltig managen mit der Balanced Scorecard, Wiesbaden 2002, S. 19-39.

Schaltegger, S.; Wagner, M.: Management unternehmerischer Nachhaltigkeitsleistung, in: Göllinger, T. (Hrsg.), Bausteine einer nachhaltigkeitsorientierten Betriebswirtschaftslehre, Marburg 2006, S. 157-176.

Scherer, A.G.; Picot, A.: Unternehmensethik und Corporate Social Responsibility – Herausforderungen an die Betriebswirtschaftslehre, in: zfbf-Sonderheft, 58 Jg. (2008), S. 1-25.

Schlegelmilch, B.; Bohlen, G.; Diamantopoulos, A.: The link between green purchasing decisions and measures of environmental consciousness, in: European Journal of Marketing, Vol. 30 (1996), No. 5, S. 35-55.

Schmid, U.: Ökologisch nachhaltiges Management, in: WiSt, 28. Jg. (1999), S. 285-291.

Schneidewind, U.; Hummel, J.; Belz, F.-M.: Instrumente zur Umsetzung von COSY (Company oriented Sustainability) in Unternehmen und Branchen, in: UmweltWirtschaftsForum, 5. Jg. (1997), S. 36-44.

Scholl, H.J.: Applying Stakeholder Theory to E-Government: Benefits and Limits, in: Proceedings of the 1st IFIP Conference on E-Commerce and E-Government, Zürich 2001.

Schrader, U.; Hansen, U. (Hrsg.): Nachhaltiger Konsum, Frankfurt, New York 2001.

Schwartz, S.H.: Normative influence on altruism, in: Berkowitz, l. (Hrsg.), Advances in experimental social psychology, Vol. 10 (1977), S. 221-279.

Schwerk, A.: Strategisches gesellschaftliches Engagement und gute Governance, in: Backhaus-Maul, H.; Biedermann, C.; Nährlich, S.; Polterauer, J. (Hrsg.), Corporate Citizenship in Deutschland, 2. Aufl., Opladen 2010, S. 173-199.

Seidel, E.; Clausen, J.; Seifert, E.K.: Umweltkennzahlen, München 1998.

Sen, S.; Bhattacharya, C.B.: Does doing good always lead to doing better? Consumer reactions to corporate social responsibility, in: Journal of Marketing Research, Vol. 38 (2001), S. 225-243.

Sen, S.; Bhattacharya, C.B.; Korschun, D.: The role of Corporate Social Responsibility in Strengthening multiple stakeholder relationships: A filed experiment, in: Journal of the Academy of Marketing Science, Vol. 34 (2006), No. 2, S. 158-166.

Shaw, D.; Grehan, E.; Shiu, E.; Hassan, L.; Thomson, J.: An exploration of values in ethical consumer decision making, in: Journal of Consumer Behaviour, Vol. 4 (2005), No. 3, S. 185-200.

Shaw, D.; Hogg, G.; Wilson, E.; Shiu, E.; Hassan, L.: Fashion victim: The impact of fair trade concerns on clothing choice, in: Journal of Strategic Marketing, Vol. 14 (2006a), S. 427-440.

Shaw, D.; Newholm, T.: Voluntary Simplicity and the Ethics of Consumption, in: Psychology & Marketing, Vol. 19 (2002), S. 167-185.

Shaw, D.; Newholm, T.; Dickinson, R.: Consumption as voting: an exploration of consumer empowerment, in: European Journal of Marketing, Vol. 40 (2006b), S. 1049-1067.

Shaw, D.; Shiu, E.: An assessment of ethical obligation and self-identity in ethical consumer decision-making: A structural equation modelling approach, in: International Journal of Consumer Studies, Vol. 26 (2002), S. 286-293.

Shaw, D.; Shiu, E.: Ethics in consumer choice: A multivariate modelling approach, in: European Journal of Marketing, Vol. 37 (2003), S. 1485-1498.

Sheth, J.; Sethia, N.; Srinivas, S.: Mindful consumption. A customer-centric approach to sustainability, in: Journal of the Academy of Marketing Science, Vol. 39 (2011), No. 1, S. 21-39.

Sichtmann, Ch.: Corporate Social Responsibility und die Zahlungsbereitschaft von Konsumenten, in: Marketing ZfP, 33. Jg. (2011), Nr. 2, S. 87-97.

Smith, N.: Changes in corporate practices in response to public interest advocacy and actions: The role of consumer boycotts and socially responsible consumption in promoting corporate social responsibility, in: Bloom, P.; Gundlach, G. (Hrsg.), Handbook of marketing and society, Thousand Oaks 2001, S. 140-161.

Souren, R.; Wagner, G.R.: Unternehmensethik und CSR im Lichte des Nachhaltigkeitsmanagements – Eine literaturbezogene Analyse, in: Die Unternehmung, 64. Jg. (2010), Nr. 4, S. 422-436.

Staehle, W.H.: Management, 8. Aufl., München 1999.

Staehle, W.H.; Nork, M.E.: Umweltschutz und Theorie der Unternehmung, in: Steger, U. (Hrsg.), Handbuch des Umweltmanagements, München 1992, S. 67-82.

Stahl, B.C.: Das kollektive Subjekt der Verantwortung, in: Zeitschrift für Wirtschafts- und Unternehmensethik (zfwu), 2000, Nr. 1/2, S. 225-236.

Stahlmann, V.: Umweltverantwortliche Unternehmensführung, München 1994.

Stahlmann, V.: Ökobilanzen, in: Winter, G. (Hrsg.), Das umweltbewusste Unternehmen, 6. Aufl., München 1998, S. 759-784.

Stahlmann, V.; Clausen, J.: Umweltleistung von Unternehmen, Wiesbaden 2000.

Steger, U.: Corporate Diplomacy, München 2003.

Steger, U.; Antes, R.: Unternehmensstrategien und Risiko-Management, in: Steger, U. (Hrsg.), Umwelt-Auditing. Ein neues Instrument der Risikovorsorge, Frankfurt/Main 1991, S. 13-44.

Steinmann, H.; Schreyögg, G.: Management, 6. Aufl., Wiesbaden 2005.

Steinmann, H.; Zerfaß, A.: Privates Unternehmertum und öffentliches Interesse, in: Wagner, G.R. (Hrsg.), Betriebswirtschaft und Umweltschutz, Stuttgart 1993, S. 3-26.

Stephan, G.: Ökonomie der Abfallwirtschaft, in: Junkernheinrich, M.; Klemmer, P.; Wagner, G.R. (Hrsg.), Handbuch zur Umweltökonomie, Berlin 1995, S. 148-153.

Stiftung Warentest: Jeans CSR. Viele Anbieter mauern, Berlin 2011 (www.test.de/Jeans-CSR-Viele-Anbieter-mauern-4281449-0/).

Stolle, D.; Hooghe, M.; Micheletti, M.: Politics in the Supermarket: Political Consumerism as a Form of Political Participation, International Political Science Review, Vol. 26 (2005), S. 245-269.

Stubbart, C.I.: Improving the Quality of Crisis Thinking, in: Columbia Journal of World Business, Vol. 22 (1987), S. 89-99.

Sutton, R.J.; Al-Khatib, J.: Cross-National Comparisons of Consumers´ Environmental Concerns, in: Journal of Euromarketing, Vol. 4 (1994), S. 45-62.

Teichert, V.: Umweltinformationssysteme im Betrieb und Arbeitnehmerinteressen, Schriftenreihe des IÖW 82/94, Berlin 1994.

Thommen, J.-P.; Achleitner, A.-K.: Allgemeine Betriebswirtschaftslehre, 6. Aufl., Wiesbaden 2009.

UBA (Umweltbundesamt): Nachhaltiges Deutschland, Berlin 1997.

UBA (Umweltbundesamt): Handbuch Umweltcontrolling, 2. Aufl., München 2001.

UBA (Umweltbundesamt): Umweltbewusstsein in Deutschland 2010, Berlin 2010 (www.umweltdaten.de/publikationen/fpdf-l/4045.pdf).

Ulrich, P.: Wirtschaftsethik und Unternehmensverfassung: Das Prinzip des unternehmenspolitischen Dialogs, in: Ulrich, H. (Hrsg.), Management-

Philosophie für die Zukunft. Gesellschaftlicher Wertewandel als Herausforderung an das Management, Bern, Stuttgart 1981, S. 57-75.

Umweltgutachterausschuss: Fördermöglichkeiten und Privilegierungen für EMAS-Organisationen, Berlin 2011.

UNCSD (United Nations Conference on Sustainable Development): "The Future We Want", 2012 (www.uncsd2012.org/thefuturewewant.html).

UNEP (United Nations Environment Programme): Report on the automotive industry as a partner for sustainable development, United Kingdom 2002.

UNEP (United Nations Environment Programme): Global Environment Outlook: Geo 4, Kenya 2007.

UNEP (United Nations Environment Programme): Introduction. Setting the stage for a green economy transition, 2011 (www.unep.org/greeneconomy).

van Dam, Y.K.; Apeldoorn, P.A.: Sustainable Marketing, in: Journal of Macromarketing, Vol. 16 (1996), S. 45-56.

von der Oelsnitz, D.: Individuelles Problemlösungsverhalten im Krisenfall – Eine verhaltenspsychologische Analyse stressbedingter Verhaltensstereotype bei Krisenmanagern, Arbeitspapier Nr. 93/4 des Instituts für Wirtschaftswissenschaften der Technischen Universität Braunschweig, Braunschweig 1993.

von Werder, A.: Neue Entwicklungen der Corporate Governance in Deutschland, in: zfbf, 63. Jg. (2011), S. 48-62.

Varadarajan, R.; Menon, A.: Cause Related Marketing: A Co-Alignment of Marketing Strategy and Corporate Philanthropy, in: Journal of Marketing, Vol. 52 (1988), S. 58-74.

Visser, W.; Matten, D.; Pohl, M.; Tolhurst, N.: The A to Z of Corporate Social Responsibility, Chichester, West Sussex 2007.

Voland, E.: Tue Gutes und rede darüber! Philanthropie – ein evolutionäres Produkt?, in: Forschung & Lehre, 16. Jg. (2009), Nr. 8, S. 556-557.

Völckner, F.: Methoden zur Messung individueller Zahlungsbereitschaften: Ein Überblick zum State of the Art, in: Journal für Betriebswirtschaft, Vol. 56 (2006), S. 33-60.

Wagner, G.R.: Betriebswirtschaftliche Umweltökonomie, Stuttgart 1997.

Wagner, G.R.; Janzen, H.: Umwelt-Auditing als Teil des betrieblichen Umwelt- und Risikomanagements, in: Betriebswirtschaftliche Forschung und Praxis, 46. Jg. (1994), S. 573-604.

WCED (World Commission on Environment and Development): Our Common Future. Oxford 1987.

Wiedemann, P.M.; Karger, C.R.: Mediationsverfahren und ihre Nutzungsmöglichkeiten für Unternehmen, in: Freimann, J.; Hildebrandt, E. (Hrsg.), Praxis der betrieblichen Umweltpolitik, Wiesbaden 1995, S. 235-251.

Wimmer, F.: Umweltbewusstsein, in: Junkernheinrich, M.; Klemmer, P.; Wagner, G.-R. (Hrsg.), Handbuch zur Umweltökonomie, Berlin 1995, S. 268-274.

Witte, E.: Die Unternehmenskrise – Anfang vom Ende oder Neubeginn?, in: Bratschitsch, R.; Schnellinger, W. (Hrsg.), Unternehmenskrisen – Ursachen, Früherkennung, Bewältigung, Stuttgart 1981, S. 7-24.

Wood, D.J.: Corporate social performance revisited, in: Academy of Management Review, Vol. 16 (1991), No. 4, S. 691-718.

World Economic Forum: Global Risks 2011. Executive Summary, Sixth Edition, Genf 2011.

Wörz, M.: System und Dialog, Stuttgart 1994.

Zerfaß, A.; Scherer, A.G.: Unternehmungsführung und Öffentlichkeitsarbeit, in: Die Betriebswirtschaft (DBW), 55. Jg. (1995), S. 493-512.

Zimmer, M.R.; Stafford, T.F.; Stafford, M.R.: Green Issues: Dimensions of Environmental Concern, Journal of Business Research, Vol. 30 (1994), S. 64-74.

zu Knyphausen-Aufseß, D.; Picot, A.: Unternehmensethik aus der Perspektive von Organisationsforschung und -lehre. Ein selektiver Überblick, in: Die Unternehmung, 64. Jg. (2010), S. 391-421.

zu Knyphausen-Aufseß, D.; Rumpf, M.; Schweizer, L.: System und Umwelt: Theoretische Perspektiven und der Fall „Brent Spar“, in: Leisten, R.; Krcal, H.-C. (Hrsg.), Nachhaltige Unternehmensführung, Wiesbaden 2003, S. 101-127.

Stichwörter

F

G

H

I

T